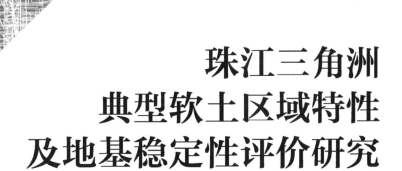

珠江三角洲
典型软土区域特性
及地基稳定性评价研究

周晖 / 著

北京大学出版社
PEKING UNIVERSITY PRESS

内容简介

以珠江三角洲区域性软土工程特性的微细观试验分析为基础，对软土微观结构形态和特征变化进行定性和定量分析，确定软土强度、渗流固结、流变等工程特性与微观结构参数的关联性及定量关系，建立基于微观分析的固结方程，基于颗粒—水—电解质系统的微观渗流模型和流变相物质模型。由微观物理机制解释软土工程特性及其变化规律，揭示软土工程性质与微观组织结构、物质成分的关联机制和力学行为机制，在微细观层面明确软土工程特性的物质基础和内在因素。结合珠江三角洲地区的实际工程案例，对地基稳定性进行综合分析，并提出软土地基沉降灾害防治对策、建议和措施，为沿海地区大量淤泥和污泥的资源化利用及大面积软土地基加固处理提供新的技术、方法和工艺。

图书在版编目(CIP)数据

珠江三角洲典型软土区域特性及地基稳定性评价研究/周晖著. —北京：北京大学出版社，2022. 1
ISBN 978 - 7 - 301 - 32803 - 3

Ⅰ.①珠… Ⅱ.①周… Ⅲ.①珠江三角洲—软土—地基稳定性—研究
Ⅳ.①TU470

中国版本图书馆 CIP 数据核字(2021)第 274239 号

书　　　名	珠江三角洲典型软土区域特性及地基稳定性评价研究 ZHUJIANG SANJIAOZHOU DIANXING RUANTU QUYU TEXING JI DIJI WENDINGXING PINGJIA YANJIU	
著作责任者	周　晖　著	
策划编辑	杨星璐	
责任编辑	林秀丽	
标准书号	ISBN 978 - 7 - 301 - 32803 - 3	
出版发行	北京大学出版社	
地　　　址	北京市海淀区成府路 205 号　100871	
网　　　址	http://www.pup.cn　新浪微博：@北京大学出版社	
电子信箱	pup_6@163.com	
电　　　话	邮购部 010 - 62752015　发行部 010 - 62750672　编辑部 010 - 62750667	
印刷者	北京中科印刷有限公司	
经销者	新华书店	
	720 毫米 × 1020 毫米　16 开本　23. 75 印张　418 千字 2022 年 1 月第 1 版　2022 年 1 月第 1 次印刷	
定　　　价	96. 00 元	

前　　言

近年来，随着我国沿海地区经济实力大幅提升和发展规模不断扩大，已出现建设用地的供需矛盾，有限的土地资源难以满足居住、工业、商业、交通和城市绿化等的建设需要，而有效解决矛盾的途径就是围海造陆。目前，广州港南沙港区、厦门港海沧港区、天津港大港港区、唐山港曹妃甸港区、营口港仙人岛港区、洋山深水港区、烟台港西港区，以及深圳港、宁波港、苏州港和连云港等都运用吹填技术实现了围海造陆。围海吹填的基本思路是利用吹填施工工艺把海底淤泥质土吹上来形成陆域，然后再对其大面积的超软弱淤泥地基进行排水固结处理。这类软土地基具有天然含水量高、孔隙率大、压缩性高、流变性显著、强度低、渗透性差等工程性质。

随着粤港澳大湾区世界级城市群的建设，珠江三角洲地区围海造陆工程蓬勃发展，需要消耗巨量的岩土填料，解决岩土填料供给矛盾的有效途径就是让软土替代岩土填料，既可以就地取材，又有利于保护环境。因而珠江三角洲地区大量的软土需要加固处理，以满足工程建设的实际需要。软土的颗粒小、比表面积大、表面电荷富集，孔隙尺度大、孔隙液富含电解质离子，使颗粒表面吸附结合水膜，成为显著影响软土工程特性的重要微观物质因素，因此软土地基加固工程中出现的问题并非都能通过宏观研究解决。软土的工程特性在很大程度上受到其微观性质的影响和控制。但长期以来，人们主要从宏观层面对软土的工程特性进行研究，因而难以抓住决定软土工程性质的本质因素。

针对上述问题，《珠江三角洲典型软土区域特性及地基稳定性评价研究》一书，从宏、微观试验及理论分析出发，对珠江三角洲区域软土工程特性及其成因的机理进行研究。运用计算机图像数字化处理技术，对各种荷载组合作用下软土微观结构形态和特征变化的实时观测图像进行量化分析，确定软土特性与微观结构参数的相关性及定量关系；由微观物理力学机制解释软土工程特性及其变化规律，以及区域软土特性成因的微观机理；揭示软土特性与微观组织结构、物质成分的关联机制和力学行为机制；在微细观层面上明确区域软土工程特性的物质基础和内在因素。针对大面积围海造陆工程吹填淤泥土地基的工程特性和物理力学性质，基于微观时效变形模型、微观渗流模型、流变模型的初步研究成果，提出了适用于超软弱吹填淤泥土地基加固的方法和工艺，并在广州南沙、厦门的吹填淤泥地基加固中成功应用，具备了应用技术创新的条件。最后，结合珠江三角洲地区典型实际工程案例对软土地基沉降进行定量分析，预测最终沉降量，得到软土地基预测最终沉降量图，并提出软土地基沉降灾害防治的对策建议和措施。

本书的出版，有助于土木建筑工程设计、施工、测量人员从微细观角度对软土地基加固及处理有全新的理解和认识，有助于岩土工程技术科研人员从微细观角度对软土的工程特性进行深入研究。本书对软土地基的加固与处理提供了有益的借鉴。

本书为广东省教育厅科研项目（2018GKTSCX019）、广东省高职院校第一批高水平专业群项目（GSPZYQ2020016）、第二批国家级职业教育教师教学创新团队–智能建造技术教师教学创新团队、广州番禺职业技术学院第一批校级教师教学创新团队–建筑工程技术专业教师教学创新团队的研究成果。由于作者水平有限，不妥之处，敬请批评指正。

周　晖

2021.9

目　　　录

第一章

绪　　论

1.1　研究背景

　　软土是一种物理力学性质复杂的天然工程建设材料，是由固体颗粒、孔隙水、空气和土颗粒间的胶凝物等组成的多相介质，具有天然含水量高、孔隙率大、压缩性高、流变性显著、强度低、渗透性差的工程性质。我国软土分布广泛，如上海和广州等地的三角洲相沉积软土，天津、大连、宁波等地的滨海相沉积软土，福州闽江口地区的溺谷相沉积软土等。由软土工程性状研究可知，软土的宏观物理力学性质实质上受其微细观因素的影响和控制，主要的微细观因素有：土的矿物和化学成分；土的结构特征，即土粒形态学、几何学和能量学特征（吴义祥，1991）；土粒的表面物理化学性质，如比表面积、阳离子交换量和表面电位等；孔隙水的物理化学性质，如结合水状态、黏滞性和离子浓度等。

　　目前，软土宏观领域的研究已相对成熟、完善，而软土微细观领域的研究仍处于发展阶段。宏观领域研究是将土体看作一均匀连续体，采用连续介质力学和不可逆热力学的理论，探讨土体强度、固结和渗透等工程特性的客观规律与内在联系；细观领域研究主要是结合宏观研究以确定土体的主要物理力学特性；微观领域研究主要是从内在机理上分析土体强度、固结和渗透等特性，研究微观因素对其宏观物理力学性质的作用原理和影响方式。微细观领域的研究需要借助于先进的仪器和测试技术，诸如 X 射线衍射仪、环境扫描电子显微镜、压汞仪、比表面积测试仪等，研究土体的矿物组分及比例、颗粒（孔隙）尺度及分布、比表面积和表面电荷量、结合水含量和状态等与土体强度、固结和渗透性的内在必然联系和定量关系。

　　20 世纪 20 年代，现代土力学的奠基人太沙基就已经提出：评价黏性土的变形与强度特性时应当注意其微观结构的重要性。此后，很多学者开展了土体微观结构的研究，并提出许多新的概念和微观结构模型（施斌，1996）。1973 年召开的首届国际土结构会议就土体微结构观测和分析方法、土体微观性质与其变形和破坏机理的关系进行探讨，标志土体微观结构研究进入了一个新阶段。20 世纪 80—90 年代，施斌（1997）建立了黏性土的变形、蠕变方面的微观力学模型。相对而言，我国的土体微细观研究起步较晚，谭罗荣（1983）、施斌等（1988）、高国瑞（1990）对海相沉积黏土、膨胀土、黄土等特殊土体的微细观结构特征与工程特性进行了较为详细的研究。21 世纪初，张敏江等（2005）、房后国等（2007）、梁健伟（2010）利用各种先进的图像观测和处理技术，结合三轴压缩、流变固结等宏观力学实验开展土体的微观定量分析和微观结构参数研究，初步揭示了软土强度和变形的微观结构控制机理。

许多工程实践表明，并非所有的工程问题都能通过宏观研究解决。对美国、澳大利亚及我国滨海地区的盐渍土地基采用普通软土地基的加固方法，收效甚微（Al-amoudi O S B 等，1995；Abduliauwad S N 等，1995；柴寿喜等，2007）；对广州、南沙等地的极细颗粒海相淤泥土地基进行加固时也发现，吹填淤泥土的固结度、加固效果等技术指标与基于太沙基渗流固结理论的设计结果存在明显差距（谷任国等，2009；张功新，2006）。分析常规软土地基处理方法对特殊软土地基失效的主要原因，可归结为极细土颗粒自身的比表面积大、带电现象明显、吸附的结合水膜厚，颗粒-水-电解质系统的相互作用对其工程特性产生了显著影响（梁建伟等，2009）。土体的宏观物理力学特性受各种微细观因素共同影响，微细观特征变化是导致宏观特征变化的主因和根源。因此，需要进一步结合土体的宏观物理力学试验及微细观参数测试，从微细观的角度对软土的工程特性开展研究，探讨影响软土强度、固结和渗透特性等物理力学性质的物质基础、物理机制、控制因素及与各种微观参数的定量关系。

在开展研究之前，首先对软土的强度、固结与渗透特性的宏观、微观、细观领域的研究现状及土体微细观结构模型与工程特性的相关性研究成果进行回顾；再针对实际工程与试验研究中存在的问题，提出主要研究思路和研究内容。

1.2 土体工程特性的研究现状

1.2.1 土体强度特性的研究现状

1. 宏观领域研究现状

1776 年，法国科学家库仑最早提出了土的抗剪强度宏观理论，他针对砂土剪切试验提出了砂土的抗剪强度公式，而后考虑黏聚力的作用又提出了黏性土的抗剪强度公式。1910 年，德国科学家莫尔提出抗剪强度包线在较大应力范围内往往呈曲线形状的观点。莫尔-库仑强度理论描述了平面应变条件下，土体单元任一截面上的法向应力和剪应力，可通过莫尔圆与抗剪强度包线是否相切的几何关系，判断土体是否达到极限平衡状态。然而，土体是由固相、液相和气相组成的三相体，在固结压力作用下，土体所承受的法向应力由土颗粒与孔隙水共同承担，而剪应力只能由土颗粒承担。1936 年，太沙基由此提出了饱和土的有效应力理论，认为土的抗剪强度可以表示为剪切面上有效法向应力的函数。另外，在对非饱和土的强度性状的研究方面，学者们普遍认为孔隙水对土体强度的影响非常复杂，其黏聚力与土的内在膨胀力或吸力有关，其数值通过试验不易测定，Bishop 等 (1960)、Fredlund 等 (1978)、缪林昌等 (1999)、陈敬虞等 (2003) 分别提出了非饱和土的破坏准则和强度公式。基于各种强度理论，应用多种测试仪器和方法测定土的各种强度参数，得到了一系列的室内及原位测试的强度试验成果。张银屏等 (2004) 通过直剪试验和三轴试验研究了土体固结度与抗剪强度的关系，结果表明：抗剪强度随固结度的增加而增加，但强度指标并非单调增加。陈晓平等 (2008) 采用剪切、固结等室内试验，从强度和变形两方面研究了广州南沙软土的结构性，分析出了影响结构性软土力学特性的因素。郑刚等 (2009) 采用自制三轴仪研究了天津市区粉质黏土原状饱和样的排水卸荷条件对其强度特性的影响，结果表明几种应力路径下土体的有效应力强度指标基本相等。吴玉辉等 (2011) 基于莫尔-库仑抗剪强度公式，结合十字板强度与深度的关系，建立了土体抗剪强度指标的统计回归方程，并由此推算出地基土的抗剪强度指标。许成顺等 (2016) 针对福建标准砂及细砂进行了不同反压下单调排水与不排水剪切试验,分析了不同反压下砂土的应力-应变关系。试验结果表明:反压对剪胀性砂土的固结不排水剪切强度具有显著影响,对剪缩性砂土的不排水抗剪强度影响不显著。反压对砂土固结排水抗剪强度的影响相对较小,对其有效抗剪强度基本无影响。

2. 微细观领域研究现状

软土强度特性的微细观领域研究主要集中在探索颗粒尺度和比分、孔隙尺度和比分、微结构特征等微细观参数与宏观强度特性的关系,目前常用的研究方法是对软土样品进行微观结构检测和理论分析,测试手段主要包括 X 射线衍射、热分析技术、红外光谱、偏光显微镜、扫描电子显微镜、透射电子显微镜和压汞测试等。

Skempton A W (1964) 基于对黏土边坡的稳定性分析,发现剪切作用将导致滑动带上扁平状黏土颗粒产生微观结构的定向排列。Bai X 等 (1997) 研究了不排水剪过程中高岭土的微结构变化。严春杰等 (2001) 通过 X 射线衍射仪和扫描电镜研究了黄河小浪底等数十个滑坡事发地段土样的物质成分和微结构特征,将其与滑坡的活动频次、活动阶段和形成机理相联系。Wen B P 等 (2003) 利用反向散射电镜和光学显微镜研究了某自然滑坡滑带土样的微观结构,提出黏土颗粒含量、颗粒排列特征及孔隙率 3 个指标是引起滑带土力学性质变化的主要内因。吕海波等 (2005) 利用压汞试验结果确定了软土结构性损伤模型参数并采用室内三轴试验结果验证了模型的正确性,认为微观结构变化是导致结构强度丧失的主要原因。周翠英等 (2005) 对软土进行强度试验后,利用电镜扫描和图像处理方法提取剪切破裂面上的土样的微观结构特征参数,建立了微观结构特征参数与强度结构特征参数的关系。欧阳惠敏等 (2008) 研究了天津滨海新区软土固化后的无侧限抗压强度和微结构特征,分析了其固化机理并对软土的宏观力学性质与微结构特征之间的关系进行了探讨。胡欣雨等 (2009) 采用三轴仪和扫描电镜从宏、微观两个方面研究了黏土层中泥水盾构开挖面的稳定机理,分析了不同应力水平时泥浆作用对泥水盾构开挖面土体强度和变形特性的影响,并通过颗粒流数值模拟对试验结果予以验证。房营光等 (2013,2014) 考虑土体微细观结构特征对宏观强度特性的影响,采用三轴抗剪试验和土体胞元模型分析土体强度和变形的尺度效应特性。根据土体中不同尺度颗粒间的相互作用产生的聚集和摩擦效应,提出了"基体-增强颗粒"土体胞元模型。胞元体由基体和增强颗粒组成，其中基体由微小土颗粒集成，增强颗粒为砂粒，宏观土体则简化为由许多胞元体构成的介质。研究引入了广义球应变和广义等效应变，基于应变能导出了考虑颗粒尺度效应的应力-应变关系及屈服应力计算公式。同时，针对增强颗粒不同粒径的土样进行三轴不排水抗剪试验，给出了应力-应变和屈服应力尺度效应的测试结果，其研究成果对土体强度理论发展有重要的参考价值。

随着微细观理论和测试技术的快速发展，软土的诸多微细观参数不仅从定性角度，而且从定量角度已成为软土强度性状和变化规律的重要评价指标，在解释膨胀土的胀缩性和软土的低强度的工程性质机理方面发挥了重要作用，并为改善软土的工程性质，建立更为符合工程实际的土体本构关系提供了试验基础和理论依据。

1.2.2　土体渗流固结特性的研究现状

1. 宏观领域研究现状

渗流固结主要是指在外加荷载作用下，饱和或部分饱和土体中的水从孔隙中逐渐被排出，土体不断被压缩，孔隙水压力与有效应力不断转化，外加压力逐渐从孔隙水传递到土骨架上，直至土体变形达到稳定为止的过程。对于高压缩性的饱和软土，其固结速率既取决于水的渗流速率，又取决于土骨架的蠕变速率。渗流固结特性的研究在理论层面和实际工程应用中都具有极为重要的意义。目前，在大面积的软基处理中，一般利用砂井或塑料排水板堆载预压法，排出孔隙中的水以提高土体强度，即通过渗流固结来达到软基加固的目的。在整个加固过程中，土体固结系数的大小或固结速度的快慢对加固效果有着重要的影响。

1925 年，太沙基提出了有效应力原理并建立了一维固结理论（Terzaghi K，1925），这是现代土力学发展史上的一个重要里程碑。基于固结理论就可以对建（构）筑物的沉降进行计算和预测，因此对固结理论的研究也成为土力学中最基本的课题。Rendulic L（1936）将太沙基一维固结理论推广到了二维和三维情况，假定土体只发生竖向变形，不考虑土骨架变形与孔隙水运动的相互影响。由于该理论考虑了二维或三维渗流，因而在实际工程中被广泛应用。Biot M A（1956）从严格的固结理论出发，提出了 Biot 固结理论并求出条形荷载下半无限地基固结问题的解，进而把该理论推广到动力问题。Gibson R E 等（1967）提出了一维有限非线性应变固结理论，并在研究厚层黏土固结时发现，如考虑土体非线性的土体固结速率比用太沙基理论推导的要快。Baligh M M 等（1978）基于太沙基理论对循环荷载情况做了具体的分析。吴世明等（1988）推导了任意荷载下的一维固结方程的通解并以积分的形式予以表达。谢康和等（1995）给出了变荷载下任意层地基一维固结问题完整的解析解并编制了相应的计算程序。蔡袁强等（1998）根据太沙基固结方程和 Laplace 变换，求解出循环荷载下弹性多层饱和地基的一维固结方程通解。但是，太沙基一维固结理论自身存在难以逾越的不足，如假设固结过程中，土体的压缩系数和渗透系数不变、固结度和压缩系数等同。魏汝龙（1993）认为由于太沙基一维固结理论没有考虑水平向孔隙水压力的消散，导致土体沉降速率偏小；而实际工程中的软基是在二维或三维条件下发生固结和变形，其实际沉降速率比太沙基一维固结理论计算的沉降速率快许多；该结论通过软基现场沉降观测得以验证。由此采用半对数型和双曲线型压缩曲线，推演固结度和压缩系数之间的解析关系，提出以实测沉降过程推算现场土体平均固结系数的方法。虽然地基的二维、三维固结理论与工程实际更相符，但其指标求取与测定相当困难，因此，太沙基一维固结理论在工程实践中仍得以广泛应用。

Mcnamee J 等（1960）引入位移函数并求解出轴对称荷载作用下单层地基的 Biot 固结问题。Sandhu R S 等（1969）利用变分原理推出了 Biot 固结理论的有限元方程。Booker J R 等（1977，1987）利用 Laplace 变换推导 Biot 固结理论的有限元方程，按矩阵位移法的思路求解出了多层地基的二维和三维 Biot 固结解。赵维炳等（1996）提出了考虑软土黏弹性的一维及轴对称固结解析解。任红林等（2003）以 Biot 二维固结问题的弹性解为基础，运用李氏比拟法对各向同性的有限厚地基的黏弹性解进行了分析，并对广义的 Voigt 模型写出了解的具体形式，给出了固结方程一个普遍有效的一般解法，使得固结问题求解有了相对较大的进展。褚衍标等（2008）结合 Biot 固结理论及自然单元法的特点，利用经典变分原理推导固结微分方程的离散形式，针对二维固结问题编制计算程序，结果表明自然单元法的解与解析解较为吻合。刘志军等（2015）对 Biot 理论和修正 Biot 理论中的波动方程进行推导，导出了三种不同形式的波动方程，得到了 Biot 弹性系数表达式，并分析了两者的应力及对应关系。总之，近年来，国内外根据 Biot 固结理论，应用数值分析方法求解土坝、路堤、挡土结构、建筑物的软土地基问题，有力地推动了 Biot 固结理论的发展。

2. 微细观领域研究现状

许多学者对不同地区软土的渗流固结特性进行了微细观层面研究。张诚厚（1983）认为土颗粒的矿物成分、沉积条件及孔隙水的化学成分都会对软土结构性产生影响；通过比较结构性较强的湛江黏土和结构性较弱的上海黏土的固结试验发现，结构性对软土的宏观物理力学特性有重要影响。Locat J 等（1985）对 Grande-Baleine 海积软土、马驯（1993）对天津港东突堤淤泥、Mesri G 等（1995）对 Mexico City 软黏土、龚晓南等（2000）对杭州淤泥质黏土、孔令伟等（2002）对琼州海峡湛江海域的结构性海洋土、赵志远（2003）对温州软土、王国欣等（2003）对杭州淤泥土、拓勇飞等（2004）对湛江地区软土、蔡国军等（2007）对连云港海相黏土、张明鸣等（2011）对深圳大铲湾吹填淤泥、王军等（2013）对黏土坝基的研究表明，由于软土具有明显的区域特性，不同地区软土的微细观结构存在显著不同，故其渗流固结特性存在明显的差异性。

1.2.3 土体流变特性的研究现状

流变性是指在外荷载不变的情况下，随着时间的推移，土体的变形还会继续增加的性质。流变性与土体的应力变化、变形和强度有密切的关系，是土体的重要工程性质之一。应该指出，土体的流变性是绝对的，但其显著程度与其微观结构有着密切关系，特别是片架结构的软土，往往具有比其他土体更明显的流变性，应该予以重视。越来越多的工程实践表明，软土的流变性对建筑物地基的长期沉降、挡土墙的位移、斜坡和边坡的稳定性、隧道的地表沉降及变形等有重要影响。有关土体流变系统的科学研究始于荷兰。当时荷兰的 Vlaggeman 大桥、Zuiderze 海堤及铁路软土路基因为土体流变性而发生破坏，从而引起荷兰科学家 Geuze E C W A 和当时在荷兰工作的我国学者陈宗基的重视，但由于当时的理论模型、试验技术和计算方法十分复杂，土体流变的研究进展非常缓慢。随着计算机、测试技术及土力学学科整体水平的提高，有关土体流变性的研究取得了大量的成果，在数届国际土力学和基础工程会议上出现了许多关于软土流变问题的报告，使软土的流变学在国内外成为一个热门的研究领域。下面简要回顾软土流变的理论研究和分析方法的发展动态，将软土流变的研究归纳为四个研究层次："宏观、细观、微观和纳观层次"（谷任国，2007）。

1. 宏观领域研究现状

（1）流变理论。

土体流变宏观层次的基本理论有蠕变曲线和等时曲线的相似性原理、线性黏弹性变形理论、遗传蠕变理论和技术理论等（维亚洛夫，1987）。

① 蠕变曲线和等时曲线的相似性原理。

土体蠕变的规律性可以写成应变速率或应变、应力与时间之间的关系式。对应于各应力作用下的应变-时间关系曲线称作蠕变曲线，而对应于不同时间的应力-应变曲线称作等时曲线。

一般来说，等时曲线有三种类型——全部不相似曲线、除 $t=0$ 的曲线外的彼此相似曲线、全部相似曲线。类似地，蠕变曲线也可分为以上三种类型。受土体本身、温度、湿度、仪器等条件的影响，蠕变试验数据通常有一定程度的离散性，蠕变曲线和等时曲线一般是难以全部相似的，但只要在本质上不歪曲试验结果的前提下，可假定曲线全部相似。该相似性原理为以后的各类流变模型的建立奠定了理论基础。

② 线性黏弹性变形理论。

线性黏弹性变形理论是最早的流变理论之一，根据土体的弹性和黏性的共同表现而得出的。Maxwell 为了描述应力松弛现象首先提出黏弹性方程，后来 Kelvin 和 Voigt 提出了描述弹性后效现象方程。线性黏弹性变形理论的概念直观、简单，可以全面反映软土的蠕变、应力松弛、弹性后效和滞后效应。

流变动态方程将应力、变形与速率和时间以隐式或显式的形式联系起来。方程的类型取决于所采用的假设。蠕变理论不同，假设亦不一样。线性黏弹性变形理论广泛采用模型来模拟土体流变特性，把流变特性看成是弹性、黏滞性和塑性的联合作用结果，形成了弹簧、黏壶与摩擦元件等各种元件模型及其组合（孙钧，1999）。

③ 遗传蠕变理论。

遗传蠕变理论源于著名的 Boltzmann 叠加原理：过去某时刻加上的荷载到任一时刻 t 引起的变形，等于各个互不相干的荷载到时刻 t 引起的变形的总和。该理论考虑了荷载的遗传、荷载的可变性、卸载、材料老化等因素，为流变积分模型奠定了理论基础，并为蠕变试验中的分级加载方式提供了依据。在随时间变化的荷载作用、复杂的加荷条件、必须考虑卸载的情况及软土的特性改变时，应该采用遗传蠕变理论。

④ 技术理论。

技术理论的状态方程将变形、变形速率和时间以显式直接联系起来，根据表达形式的不同，可以分为老化理论、流动理论和硬化理论。

（2）土体流变的本构模型。

土体流变的本构模型，多是从金属等固体材料及流体的流变模型移植而来的，再结合土体的流变特性加以选择和改进，很多学者往往用流变模型来解释土体的各种特性。土体的流变性质研究分微观和宏观两方面，前者着重从岩土的微观结构研究岩土具有流变性质的原因和影响岩土流变性质的因素，只能做定性分析。后者则假定岩土是均一体，采用直观的物理流变模型来模拟土的结构，通过模型的数学力学分析，建立有关的公式，定量分析岩土的流变性质及其对工程的影响。因此，土体流变的本构模型可以分别从土体流变的微（细）观和宏观表现出发来建立，或把二者结合起来建立。为了便于总结，此处将宏观和微细观模型一并进行了简要回顾。

胡华等（2008）提出动态黏弹塑性流变力学模型、流变方程及参数计算公式，揭示了动载作用下淤泥质软土的动态流变特性及流变参数影响的变化规律。李兴照等（2007）建立了一个边界面黏弹塑性本构模型，将滞后变形分为体积蠕变和剪切蠕变两部分，可描述正常固结土与超固结土的流变。陈晓平等（2003）建立了非线性弹黏性固结模型，指出软土在任一时刻的变形都可分解为瞬时变形和蠕变变形，变形的时效性由固结特性和黏滞特性共同决定。陈洋（2000）根据上海地区软黏土的流变特性提出了一种线性黏弹-黏塑性流变模型，对上海软黏土深基坑开挖进行了模拟。李军世等（2000）引入 Mesri 蠕变模型与 Singh-Mitchell 应变速率-时间关系方程，结合上海淤泥质粉质黏土的室内试验，得出土体蠕变模型。

土体流变的微细观本构模型的建立，一般是从土体的微细观角度来研究的，认为土体的流变特征是因土骨架引起的。根据土体微观构造的变化机理，运用连续力学理论，或借用金属、晶体的微观理论（如位错理论），结合土体流变的宏观表现来建立土体流变的本构模型，如速率过程理论、内时理论等。速率过程理论就是借助物理化学理论来描述土体流变时内部的分子热运动。Keedwell M J（1984）运用速率过程理论预测土体的流变特性；Vyalov S S（1986）运用速率过程理论推导了软土的非线性流动方程。内时理论最初由 Valanis 提出，是用一系列代表物质不可逆变形的内部机制的变量即所谓的内变量，来反映物质变形的某些特征，通过这些内变量的演化规律，运用连续介质力学理论来建立流变本构关系。Bazǎnt Z P 等（1979）、Adachi T 等（1998）、李建中等（2002）运用内时理论对砂土、黏土和软岩的流变进行了研究，得到许多有益的成果。内时理论大多数应用于循环和振动加载的研究，尤其是砂土的液化和动本构特性，对于相对静止的流变现象则应用较少，而且就其在土的动本构特性的研究现状来看，还只是初步的。从土体的微细观结构出发建立的流变本构模型具有深远意义，它不仅能反映土体流变的宏观特征，还能揭示土体流变的内部机理。

各类模型都有其自身的特点和适用范围，基于岩土流变模型的研究现状，可将流变模型分为 4 类：元件模型、屈服面模型、内时模型和经验模型。元件模型较适用于岩石，屈服面模型适用于软土，内时模型适用于循环与振动加载，经验模型适用于实际工程（袁静等，2001）。

（3）土体宏观流变试验。

土体宏观流变试验可分为现场流变试验和室内流变试验。

现场流变试验是在实际工程中测试土体的流变数据，如地基长期强度、基坑开挖后其侧壁朝向基坑临空面的位移、边坡的位移等。有学者在十字板剪切仪的基础上，将变形观测部分改进而成十字板流变仪，用于现场测量软土的长期强度参数。

在室内流变试验中，蠕变试验（或应力松弛试验）有分别加载（或加应变）和分级加载两种做法。分别加载需要对多个土样同时进行长期试验，一般难以实现，目前国内外土体室内流变试验多用单个土样进行分级加载。夏明耀等（1989）在 K_0 固结仪上对土体静止侧压力系数在加载固结条件下的历时变化规律及在重复加卸载情况下土体固结变形规律进行试验研究。侍倩（1998）对上海地区饱和软黏土的单向压缩、单向剪切、三向剪切的蠕变特性进行了试验研究，得出饱和软黏土的蠕变特性并拟合出蠕变经验方程。谢宁等（1996）对上海地区几种典型的饱和软黏土进行了蠕变和应力松弛试验并总结出其流变特性，最后建立了反应蠕变和应力松弛统一的非线性流变本构关系，讨论了土体的长期强度问题。李军世（2001）应用 Mesri 应力-应变-时间关系函数描述了黏土的蠕变-应力松弛耦合效应，并将数值计算结果与土样的蠕变-应力松弛耦合试验结果进行了比较。朱长歧等（1990）在自行设计的应变式单剪仪上进行了长达 494 天的单剪蠕变试验，结果表明固结压力对变形破坏有着决定性的影响。Day R W 等（1996）对压实黏土斜坡进行地下勘探和现场测试，并对压实黏土做了室内试验，从而探讨了压实黏土软化与蠕变的规律及其影响因素。孙钧针对上海地区软土的流变问题进行深入的理论分析和系统的试验研究，为上海地区软黏土流变问题的进一步研究提供了基础和方向。值得一提的是，谷任国等（2006，2009）对常用的土体直剪蠕变仪进行了适当改进，增加了试样保湿装置，并把剪切位移的测量精度从 $10\mu m$ 提高到 $1\mu m$。并在后续的研究中探讨了矿物成分和有机质对软土流变性质的影响，得出有机质对软土流变性质的影响较膨润土等黏土矿物要显著的结论。

概括来说，宏观层次上软土流变性质的研究是在蠕变、应力松弛等力学试验的基础上，通过数学、力学的推导及解析，综合各条件下所表现的流变现象，得到了软土流变的方程式，但宏观分析研究的局限性在于不能深入认识土体流变的机理。为此，学者们将软土流变的研究深入到了微细观层次，以土体的微细观构造的变化和机理来推导出土体的流变特性，提出了许多微结构模型和新概念，对土颗粒结构的空间重排列的研究也有了进展。

2. 微细观领域研究现状

（1）微观领域研究现状。

土体微观结构研究始于 Terzaghi 在 1925 年提出的土的微观结构概念。Casagrande 发展了 Terzaghi 的蜂窝结构，提出了蜂窝结构中基质黏土和键合黏土的概念。陈宗基（1958）通过对黏土的微观分析，提出了片架结构理论。20 世纪 60 年代后期，由于扫描电子显微镜等先进仪器的应用，土的微观流变学得到了飞速的发展。在对土颗粒的排列、结构连结特征等有了更客观的认识基础上，出现了土体的各种结构模型，如 Pusch 和 Bowles 的集聚体模型、Obrien 等的梯形排列片架结构模型、高国瑞的黄土粗粒架空结构模型等（施斌，1996）。Dafalias Y F（1982）通过对土体的微观分析，提出了一系列具有明确微观物理意义的内变量 q_n（$n=1$，2，...）。这些研究都定性地描述了土体的物质组成和结构特性对其流变特性的影响。

在微观结构定性分析取得进展的同时，定量化分析技术也得到了较大的发展，学者们开始采用 X 光衍射和偏光显微镜对黏土矿物进行定向性的研究。如 Borodkina 等（吴义祥，1991）应用 X 光衍射法、磁法分析了黏土微观结构的定向性。吴义祥等（1992）对土体微观结构的研究方法进行了总结。

土体的流变形状的动态微细观试验研究受光学显微镜或电子显微镜对试样制作的要求及加载条件等的限制，这方面的工作开展比较困难。陈冬元（1993）自行制作了简易加载装置，用高倍光学显微镜观察黏土蠕变的动态过程。吴紫汪（1997）通过观测冻土在单轴及三轴蠕变过程中的细观结构，发现蠕变过程中结构缺陷的增生与扩展制约着土结构的强化与弱化作用，控制着蠕变变形形态特征。滕军林等（2007）对福州原状软土和重塑土进行流变试验，借助 SEM 图像技术从微观角度分析了流变机理，总结出软土变形主要分为弹性变形阶段、黏塑性变形阶段和流变阶段。

黏土独特的变形性质与颗粒组合形成的结构密切相关，黏土结构的形成和改变又取决于颗粒之间、颗粒与孔隙水之间各种作用力的相互影响（何开胜等，2003）。20 世纪土力学研究中的一个根本性的创新就是土质结构的微细观研究与宏观力学特性的结合，但这方面的研究仍然处于初步阶段，还有很多问题亟需解决。

（2）细观领域研究现状。

软土流变的细观层次研究至今仍很少，主要集中在孔隙水或结合水与流变性质的相关性研究，还未出现基于细观层次的流变模型。根据孔隙水与土颗粒连结的特点，可分为吸附结合水（强结合水）、渗透吸附结合水（弱结合水）、自由水（李生林，1982）。结合水是影响软土流变性的重要因素。

谷任国等（2009）通过直剪蠕变试验研究了有机物和黏土矿物对软土流变性的影响，指出强结合水是影响土体流变的主要因素，而弱结合水则是次要因素。Mitchell J K（1993）观察到高含水量的土样比低含水量的土样流变现象更明显。何俊等（2003）对天津和杭州的海积软土在不同固结压力下进行剪切蠕变试验，结果表明黏滞系数与压力呈线性递增关系，并认为压力的改变导致土体中结合水膜厚度的改变，相应引起黏滞系数的改变。胡华（2005）利用圆桶旋转式流变仪分别对含水量为24％～30％的软土试样进行了剪切蠕变试验，指出初始剪切力和塑性黏度分别与含水量呈近似线性递减关系。汤斌（2004）对含水量为46.9％～66.6％的武汉软弱淤泥土分别进行了三轴排水和不排水固结蠕变试验研究，分析认为排水条件、初始含水量及应力水平能显著影响试样的蠕变特性。

上述学者的研究成果均表明，结合水对土体流变特性有重要影响；在一定含水量范围内，土的黏滞系数随结合水的含水量（膜厚度）的增加而减少[68]。

1.2.4　土体渗流特性的研究现状

1. 宏观领域研究现状

土体中的孔隙水如通过细小而曲折的渗流通道流动会受到很大的黏滞阻力，导致出现流动缓慢的层流状态（达西定律）。众多的监测和试验资料表明，在黏性很大的致密黏土中的渗流往往由于黏土中水与颗粒表面会产生相互作用而偏离达西定律。

许多学者通过试验和理论分析研究达西定律的适用范围，普遍将达西定律的上限确定为临界雷诺数，但由于试验所取土样的颗粒形状和排列、孔隙率等参数均有不同，导致试验结果缺乏明显的分界点，结论差异较大。一般来说，临界雷诺数 Re 的取值为 1～10，通常可取中值 5。毛昶熙（2003）认为达西定律有效范围的下限一般指黏土中发生微小流速的渗流，由于细颗粒土表面包裹较厚的结合水膜，结合水膜的流变特性决定软土的渗流规律。对一般黏土而言，作用力大于水力坡降时，渗流才会突破结合水的堵塞而发生，突破结合水的坡降即为起始坡降。当渗流开始后，最初有效过水断面的变动导致其不符合达西线性阻力定律，直到最后渗流断面形成为止，才符合达西线性变化规律。随着黏性土的含水量减少或密实度增加，起始坡降不断增加，最高可达 30 以上。

长期以来，学术界就是否存在起始坡降争议不断。董邑宁等（2000）

通过渗透试验表明萧山原状黏土有水压差就有渗流，加载后土体结构产生变化而存在起始坡降。齐添等（2007）通过渗流固结试验，认为在加载条件下萧山黏土的渗流流速与水力坡降两者间呈现非线性的关系，但不存在起始坡降。渗透系数是研究饱和土及非饱和土渗流的关键参数，相比饱和土而言，非饱和土渗透系数的实测要困难许多，尤其对于低饱和度时的非饱和土，其土中的水极难排出，因此直接测试非饱和土的渗透系数是相当困难的。而利用饱和土渗透系数和非饱和土的土水特征曲线，从理论上间接预测非饱和土的渗透系数，得到了 Childs 等（1950）、Brooks R H 等（1964）、Mualem Y（1976）、Agus S S 等（2003）、张雪东等（2010）、胡冉等（2013）、蔡国庆等（2014）众多研究者的认可和应用，被证实是一种较准确又便捷的方法。

2. 微细观领域的研究现状

从 1856 年达西渗流试验开始起一个世纪左右，学者们对淤泥、淤泥质黏土等软土渗流问题的研究主要集中在宏观领域。20 世纪 60 年代后期，中国科学院渗流流体力学研究所率先提出了微观渗流思想，随之，非牛顿流体渗流、物理化学渗流、多相渗流方面的探索纷纷展开（郭尚平等，1986，1990；李登伟等，2008；黄延章等，2001）。众多学者诸如 Bear J（1983）、Neuman S P（1990）、Ghilardi P 等（1993）、邹立芝等（1994）在岩土材料渗流尺度效应研究方面进行了有益的探索，但总的来看，其渗流研究的尺度领域仍集中在宏观领域的范畴。

淤泥和淤泥质土等软土主要由极细粒径的黏土胶状物组成，颗粒粒径为微米级且表面电位有数十至数百毫伏，同时形成小于十分之几微米的孔隙（Tanaka H 等，2003）。带电水分子能够定向排列并包裹在细小颗粒表面形成黏度很大的结合水膜，减小粒间孔隙的等效孔径，阻止自由水的流动。而结合水膜的厚度可随土颗粒表面电位的改变而改变，使粒间孔隙的等效孔径发生变化，从而改变软土的宏观渗流特性。一直以来，经典流体力学界认为：固体表面上的流体分子与固体表面的相对运动速度为零，被称为无滑移边界条件假设，此假设得到了大量宏观试验的验证，并得以广泛应用（吴承伟等，2008）。然而，随着微、纳米级观测技术与分析理论的发展，人们借助原子力显微镜、微颗粒图像测速仪、近场激光速度仪、表面力仪等多种先进测试技术和手段，发现在许多情况下会发生边界滑移现象（Craig V S J 等，2001；Joseph P 等，2005；Hervec H 等，2003；Campbel S E 等，1996；Vinogradova O I，1999；Granick S 等，2003；Neto C 等，2005）。研究表明，边界滑移在宏观尺度领域不易发生，但由于淤泥和淤泥质土等极细颗粒土的粒径仅为微米级，属于微观尺度领域，此时，颗粒面积为原来的百万分之一，颗粒体积为原来的十亿分之一，导致正比于面积的黏性力、摩擦力、表面张力的数值是正比于体积的电磁力和惯性力数值的数千倍，因此，在极细颗粒黏土的微孔隙中，边界滑移可能对土体渗流特性产生重要影响。Churaev N V 等（1984）通过研究发现水和水银在熔凝石英玻璃管中发生边界滑移现象。Cho J H 等（2004）通过试验观测到固-液接触角很小的憎水性固体表面发生了显著的边界滑移现象。Ou J 等（2004）研究发现流体在流经布置有规则憎水性微圆柱或微凸肋的微通道表面时产生了很大的边界滑移，从而使流体流动的拖曳阻力降至原来的 60% 左右。王馨等（2008）针对微纳米间隙下受限液体的边界滑移现象进行试验，发现当微间隙临界尺度小于 6.67×10^{-3} 米时，边界滑移效应对流体动压力有重要作用，润湿性差的光滑表面的边界滑移长度明显大于润湿性好的表面。由于极细颗粒黏土的孔径可达微米级，水在微孔隙中流动时，会产生"滑移边界"等与宏观流动不同的"微尺度效应"现象。现有文献对微尺度效应的研究表明，当孔隙特征尺寸减小到一定尺度时，虽然连续介质假设仍能成立，但原来在宏观流动领域范畴可被忽略的许多因素，将成为主导微孔渗流的主要因素，从而出现与宏观流动显著不同的规律；如孔隙特征尺寸进一步减小到流体粒子平均自由程量级时，基于连续介质的一些宏观概念、假设、规律将不再适用，需要在微观领域重新讨论黏性系数等概念。上述就边界滑移现象的探索为极细颗粒黏土等介质的微细观渗流研究提供了一种新思路，也是今后流体力学发展的新方向之一（钟映春等，2001；Stemme G 等，1990；过增元，2000；Kassner M E，2005）。

何莹松（2013）利用格子 Boltzmann 方法，分别从宏观和微观两个角度研究多孔介质中的流体渗流问题。证明格子 Boltzmann 方法在宏观上可以成功模拟工程上的大尺度渗流问题。在微观尺度上，证明格子 Boltzmann 方法及反弹边界处理格式可以有效模拟微尺度渗流问题，得到了多孔介质中流体的压力分布和流线图。申林方等（2014）根据土体的孔隙率，采用随机配置的方法建立了二维土体孔隙结构，基于格子 Boltzmann 方法，通过设置左、右边界及土颗粒边界为标准反弹格式，出、入口边界为非平衡态外推格式的边界条件，建立起模拟饱和土体渗流的二维模型，为进一步研究土体微观渗流机理提供了新的有效手段。

1.3 土体工程特性的微细观结构模型关联性研究现状

1.3.1 结构性黏土的微细观结构模型研究

土体结构性是指土体颗粒孔隙的性状和排列形式（或称组构）及颗粒之间的相互作用，工程中的结构性土地基往往会在无任何预兆情况下突然发生破坏，进而对建（构）筑物设施产生影响，因此，建立土体的结构性本构模型被认为是 21 世纪土力学的核心问题之一（谢定义等，1999；Leroueil S 等，1990；沈珠江，1996）。

土体的微观结构模型实质上是对土体颗粒及孔隙的排列、形状、接触关系的组合方式的一种类型划分。由于研究领域的不同，模型分类的结果也存在差异，一般有蜂窝结构、等架结构、分散结构、涡流结构、叠书架结构等。从现代结构概念来看，土的微结构主要由结构单元特征、颗粒的排列特征、孔隙性和结构连结四个方面的特征来描述（胡瑞林等，1995）。Terzaghi 在 20 年代初发现黏粒悬液在电解质作用下会形成絮凝沉积物，在一定的上覆荷载压力下将形成一种类似于蜂窝状的结构模式，即蜂窝状结构（卡尔·塔萨奇等，1960），其结构要素不定向，孔隙率可达 60%～90%，孔径为 2～3μm 或 10～12μm。Casagranda A（1932）认为高灵敏黏土颗粒是以不稳定的边-面接触形式呈架空状排列，提出片架结构。Lambe T W（1958）将片架结构稍加复杂化，认为年代较新的海相沉积物呈现叠片支架结构。Aylmore L A G 等（1960）和 Olphen H V（1963）完善了分散结构模型，认为该结构多为淡水沉积物，其颗粒间不存在面-面接触或相互之间根本无接触。Aylmore L A G 认为黏粒在畴内的片状颗粒彼此是平行定向的，畴与畴之间可以任意相对取向，形成所谓的涡流结构；Smart P（1967）提出了叠书架结构，认为该结构的黏粒和畴彼此之间既存在近处的定向性又存在远处的定向性。

随着现代扫描电镜技术的应用和普及，科学家们提出了更为丰富的结构模型。按照 Osipov V L 的归纳和研究成果表明，天然黏土中可以找到的土体微结构主要分为八种，即蜂窝状结构、骨架状结构、紊流状结构、层流状结构、基质状结构、磁畴状结构、海绵状结构和假球状结构，其主要特征见表 1-1。

表 1-1 Osipov V L 归纳的典型结构类型特征（肖树芳整理）

结构类型	饱和含水率/(%)	颗粒特征					孔隙特征				连结	
		矿物成分	接触方式	粉粒含量/(%)	黏粒含量/(%)	黏粒粒径/μm	孔隙率/(%)	孔径/μm	形状	定向度	类型	强度
蜂窝状结构	30~55	蒙脱石/伊利石	面-面(主)；面-边	少	>25	1~2为主	60~90	1 10~120	等轴	无	凝聚型	低
骨架状结构	30~50	伊利石等	面-面	40~60	>10	1~2	40~60	1~2(小) 4~6(大)	等轴	无	凝聚型	低
紊流状结构	10~30	伊利石/高岭石	面-面,边-面(少)	<40	>20	1~2	30~50	0.5~1 12~15(大)	各向异性	好	过渡型同相型	高
层流状结构	30~55	伊利石	面-面	很少	>40	0.5~2	45~60	0.5~1	各向异性	好	近凝聚型同相型	高
基质状结构	20~30	伊利石	边-面	<40	>15	1~2	30~40	1~0.2(小) 2~5(大)	等轴	无	近凝聚型过渡型	较低
磁畴状结构	高含水	高岭石为主	面-面,边-边	少	>30	2~6	37~47	0.1~0.3(内) 2~8(间)	各向同性	无	凝聚-同相型	变化大
海绵状结构	38~45	蒙脱石	面-面(主)	少	>30	粗集聚80；微聚5~30	49~51	3	微各向异性	无	凝聚-同相型	较低
假球状结构	高含水>30	含铁硅酸盐蒙脱石	面-边,面-面	少	变化大	2~20	高孔隙率>40	10~15(大) 1~2(小)	各向同性	无	凝聚-同相型	变化大

　　Osipov V L 的研究成果（肖树芳整理）仅对土体做了定性分析，但其系统的总结受到了同行的广泛认可。若要对土体做进一步定量化的分析，则需借助直接或间接的微观检测，建立包含颗粒大小、颗粒形状、颗粒分布、颗粒表面起伏、颗粒定向性、孔隙大小、孔隙分布、接触带形态、粒间连通性等在内的结构要素的量化形式（胡瑞林等，1999；李向全等，2000），如图 1-1（施斌，1996）所示。

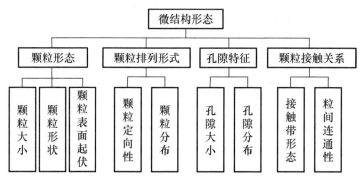

图 1-1　土体微观结构（含结构单元体与孔隙）的形态系统

1.3.2　土体微细观结构与强度和渗流固结特性的关联性研究

　　现有研究表明，土体的宏观物理力学性质很大程度上取决于微细观结构特征参数及其变化规律，内部孔隙尺度特征及分布是土体微观结构变化的内因，也是决定工程稳定性的最主要因素（Zhou G L 等，2013；Li, L 等，2014；Ju, F 等，2014）。因此，学者们对不同类型的土体微观结构变化特征与强度的关联性展开了较为深入的试验与理论研究（杨永明等，2010；李杰林等，2012；蒋明镜等，2013）。闫澍旺等（2010）模拟防波堤地基在波浪循环荷载作用下的实际应力路径，对天津港原状软黏土进行了室内动、静三轴试验，由试验数据确定了不同荷载组合下软黏土抗剪强度折减率的规律性曲线，进而确定了波浪循环荷载作用下软黏土的强度弱化程度，以此作为工程设计的参考依据。唐朝生等（2010）、王德银等（2013）在非饱和黏性土中加入聚丙烯纤维作为加筋材料，在控制干密度和含水量的条件下开展了一系列直剪试验，对土体的宏观力学性质进行分析。借助扫描电镜，从微观的角度研究加筋材料的强度增强机理，认为纤维加筋土的抗剪强度随含水量增大而减小，随干密度增大而增大。土体的抗剪强度随纤维掺入量的增加而增长，加筋纤维对黏聚力的增强效果要比内摩擦角的增强效果明显许多。此外，加筋纤维除了能提高土体的峰值剪切强度外，还能有效增加土体破坏时对应的应变及残余强度，以改善土体的破坏韧性。邵俐等（2014）通过扫描电镜技术和室内无侧限抗压强度试验，对水泥固化稳定后的重金属镍污染土的强度特性和微观结构进行了研究，分析了不同镍离子浓度、水泥掺入量和龄期对水泥固化土强度特性的影响，以及不同镍离子浓度水泥土微观结构的差异，得到了破坏应变、E_{50}和无侧限抗压强度之间的相关关系。王元战等（2015）利用土体强度弱化原理，建立了在不同动应力水平下土体不排水剪切强度随循环荷载作用次数变化的强度弱化模型，通过软黏土不排水强度与孔隙水压力增长的关系，演示了其不排水强度的弱化过程，在实际工程中取得了良好成效。徐文彬等（2016）以不同条件下的全尾砂固结体为研究对象，采用单轴压缩和剪切试验、压汞法等，着重分析其单轴抗压强度、内聚力和内摩擦角、孔隙率和平均孔径的变化规律，结合测定的力学参数和不同条件下全尾砂固结体的微观孔隙结构参数特征，构建了固结体微观孔隙结构参数与宏观力学参数的定量关系。

土体颗粒的排列、分布、方向性等微细观结构特征和孔隙尺度及其分布、孔隙率、孔隙连通性等孔隙特征共同决定了土体的渗透、固结等宏观工程性质，由此，国内外一些学者在这些方面做了诸多有益的探索。闫小庆等（2011）通过微观孔隙结构特征对土体渗透性进行试验分析，认为在土中掺入膨润土可改变其结构特征和孔隙尺度分布从而降低土体的渗透性；认为少量膨润土即可导致土体内大孔隙的数量锐减，掺入膨润土的含量将导致孔隙尺度分布逐渐发生变化，随着膨润土掺量的增加，土体内中等孔隙数量减少，小、微甚至超微孔隙数量逐渐增多，孔隙分布的密度函数由三峰态转变为双峰态，峰值所对应的孔径减小；认为仅通过孔隙比这一宏观参数表达土体的孔隙特征有失偏颇，需要引入微观孔隙特征参数对其进行定量描述。Arienzo M 等（2012）、张志红等（2014）研究重金属Cu^{2+}离子侵入对土体渗透特性的影响，微观结构分析结果表明，Cu^{2+}离子溶液作为渗透液时，土体渗透系数与纯净水渗透存在差异的主要原因是Cu^{2+}改变了黏土的内部结构，影响了黏土的孔隙大小及比分，从而造成了宏观渗透性的差异。刘聘慧等（2015）对低频循环荷载与静荷载作用下海积软土蠕变特性和渗透特性的异同研究后发现，两种加载方式下土体累积变形量总体较为接近，而低频循环荷载作用相较于静荷载作用，软土更慢地进入衰减型蠕变阶段及达到变形稳定。土体的孔压变化规律、变形特性、渗透系数、次固结系数均与孔隙水类型的变化存在密切相关性。固结过程中，微结构单元体和孔隙形态均发生改变，且随时间延续和固结压力增大，软土的渗透系数呈幂指数递减趋势，固结变形曲线存在明显的转折点。

　　土体微结构特征的变化不仅会影响其宏观渗透性，也会改变其固结特性。周翠英等（2004）通过对深圳宝安软土地基处理前后的 SEM 图片的孔隙参数进行定量研究，分析孔隙分布分维随固结压力的变化规律，并对不同地基处理方案的加固效果进行评价，表明在研究时段内堆载预压效果要优于强夯处理的效果。周宇泉等（2006）利用光学测试系统从黏性土的微细观角度进行定量分析，得出土体的压缩性主要受控于土体自身颗粒形态、排列方式及孔隙形态变化三个因素。张礼中等（2008）在全面总结土体微观结构进展的基础上，以太原黄土为对象探讨动力固结过程中土体微观结构的变化规律，发现固结过程中颗粒和孔隙的大小和尺度分布将发生变化，其宏观密度参量增大，但固结还不足以造成颗粒强制定向性的排列和颗粒形状的改变。贾敏才等（2009）通过可视化的强夯模型试验仪，对强夯作用时砂性土的密实性进行研究，发现砂性土加固机制的宏观表现为地面变形的发展，而微细观表现为土颗粒从无序排列转向定向排列、颗粒间接触数不断增加，研究结果为动荷载作用时土体的微细观力学响应特性提供新思路。彭立才等（2010）对不同固结压力作用下土样中孔隙结构特征定量分析后发现，随着固结压力的增加，总孔隙面积、孔隙平均直径减小，总孔隙个数增多，孔隙分布分维值减小，排列由宽松变得紧凑。外荷载较小时，土体颗粒排列的定向性并不明显，随着荷载的增加，颗粒排列表现出明显的定向性。周晖等（2010）对不同压力下固结淤泥土样的孔隙及其尺度分布进行测试，认为固结压力将显著改变淤泥土的孔隙尺度及其分布特征，以致改变了土体的压缩性和渗透性。固结前期孔隙尺度较大，压缩系数和渗透系数较大并随固结压力增加而快速减小；固结后期孔隙尺度小，压缩系数和渗透系数小，且随固结压力增加的变化趋于平缓。周建等（2014）利用计算机图像处理软件定量分析了土体孔隙特征随固结压力的变化规律，并讨论了土体孔隙参数与土体压缩性的相关机理，认为固结压力将显著改变软土孔隙的结构特征，包括孔隙大小、尺度及分布、排列和形态等特征，随着固结压力的增大，孔隙数量先增加后减少、大中孔隙比例减小、微小孔隙比例增加、均一化程度提高、定向性增强、复杂程度减弱；土体压缩系数和微观结构参数随着固结压力的变化规律有较好的相关性，均表现为固结前期发生显著变化，固结后期变化趋缓。张中琼等（2014）对天津的吹填软土进行了自重排水、静水沉降和真空加压排水 3 个阶段的固结试验，研究发现吹填软土的固结是土颗粒从无序不规则排列到有序较规则排列，直到絮凝并形成较稳定土结构的过程，对土样微观结构、颗粒粒度、颗粒丰度、颗粒定向性及宏观基本物理性质变化进行分析。雷华阳等（2016）利用天津地区真空预压处理后的吹填软土，开展了一系列固结特性试验研究，着重研究了试样尺寸对吹填软土固结特性的影响。结果表明，不同尺寸试样的 e - $\lg p$ 曲线均表现为结构较完整、结构破坏、趋于重塑土三个阶段；在同级荷载下，稳定应变随着试样高度的增加而线性减小；固结系数和次固结系数均随荷载先增大后减小，最后趋于稳定，基于试验结果建立了考虑尺寸效应的一维应变预测模型。

综上所述，学界对土体的强度、渗流固结等宏观工程特性的微观机制研究及理论模型的研究工作还未深入，未达到成熟的应用阶段。不少学者尝试建立各种各样的微观本构模型，包括固结蠕变模型（王常明，1999）、颗粒接触模型（Cundalli P 等，1979）、小应变特性下的本构模型（Yimsiri S 等，2002）、重叠片和微滑面模型（Batdorf S B 等，1949）、弹塑性变形耦合模型（李舰等，2012）、各向异性蠕变本构模型（施斌等，1997）、微观破损的本构模型（蒋明镜等，2013）、增强虚内键模型（张振南等，2012）、塑性本构模型（陈剑文等，2015）、基于 SFG 模型的本构模型（Sheng D C 等，2008）等，这些微观结构模型在一定程度上揭示了土体宏观特性的微观本质，但由于受到试验技术、手段和建模方法等的限制使得参数确定较为困难，并且难以从微观机制上对土体的宏观力学性质进行分析和说明，进而导致客观结果与理论分析之间仍存在较大的偏差。

1.4 软土工程特性微细观研究存在的主要问题

随着计算机信息技术和微细观实验技术的发展，岩土工程研究迈上了以宏观领域研究为基础，以微细观领域为探索的新阶段。然而总体上，由于现阶段对软土工程性质的微细观测量技术手段、理论研究仍然处于初步探索阶段，许多影响宏观物理力学特性的微细观因素尚未了解清楚，特别是针对极细颗粒土等特殊软土宏观工程特性的微细观控制因素，变化规律和影响机制等均需进一步深入探索。

从软土的强度与渗流固结的研究现状来看，强度与固结的微细观研究主要是从软土的微细观结构出发，研究软土强度、固结产生的原因和制约因素等，目前仍处于定性分析阶段，不能很好地解释软土强度和固结形成的物质因素、物理机制及控制因素等问题，也没能将微细观参数与宏观本构模型的定量分析有机结合。针对软土渗流的定量研究也仍然主要集中在宏观尺度领域上，有关流体流动的尺度效应及非达西渗流的研究将对经典流体力学理论造成巨大冲击，但目前研究成果主要局限于微纳米机电系统及人造多孔介质等领域，其产生机制、变化规律和影响因素等也一直存在较大争议；同时，针对软土工程的实际应用也较少，软土渗流的尺度效应研究仍需要基于微细观领域进行深入探讨，建立能解释悖例的物理机制的新理论。

1.5　研究思路、方法与内容

1.5.1　研究思路与方法

本书通过珠江三角洲软土的区域特性及其成因机理分析，确定其主要工程性质的物质因素和微观结构因素，明确不良工程特性的内在根源，为改良软土性质提出可行的手段和途径。通过试验手段创新（宏、微观试验手段结合及多种微观试验手段结合），以软土强度、渗流固结、渗流特性的微细观试验分析为基础，基于颗粒-水-电解质系统，将电势方程简化成圆孔渗流物理模型方程并进行求解，进一步考虑微电场效应下电场力和孔隙水黏度的共同作用；将圆孔渗流物理模型求出的理论曲线与实测渗透系数随表面电位变化的试验曲线进行比较，分析微电场和结合水对软土渗流的影响，验证理论模型的合理性。通过建立基于微观分析的固结方程，与太沙基固结方程的结果及试验数据进行比较，据此给出微观机理的解释，把微观土力学的研究从目前定性层次推进到定量分析的先进水平。尝试建立基于微观渗流固结理论为基础的软土处理新技术，为珠江三角洲地区大量淤泥和污泥的资源化利用及大面积软土地基加固处理提供新的技术方法和工艺。同时，结合实际工程案例对软土地基稳定性进行评价分析，提出地基沉降防治的对策与措施。

本书主要研究方法如下。

（1）对人工软土和天然软土试样进行微细观测试。利用乙二醇乙醚吸附法（即 EGME 法）测试试样的总比表面积；利用乙酸铵交换法测试试样的阳离子交换量（CEC）；利用压汞法（即 MIP 法）和环境扫描电镜（即 ESEM 法）测试试样的孔隙分布及其他特征参数。人工软土的成分包括高岭土、膨润土黏土矿物及石英和长石非黏土矿物，天然软土主要包括南沙淤泥、金沙洲淤泥质黏土、番禺淤泥、广州粉质黏土和深圳淤泥质土。

（2）珠江三角洲软土工程性质的成因与微观因素分析。统计分析珠江三角洲软土的物理力学指标；分析软土性质和特性的外部成因；根据物质成分分析和微观结构测试，分析软土性质和特性的微观机制和成因。

（3）软土强度特性的试验研究。以人工软土、广州粉质黏土和南沙淤泥为试验样本，制备不同矿物成分、孔隙液离子浓度和含水量的试样，并进行直剪试验。分析矿物成分、表面电位和结合水含量变化对试样强度特性的影响，从微细观角度对软土强度特性的影响因素进行解析。

（4）软土固结特性的试验研究。以番禺淤泥和深圳淤泥质土为试验样本，利用 MIP 试验和 ESEM 试验研究天然软土在固结前、固结过程中的孔隙变化特征，分析微结构影响因素，并将 MIP 和 ESEM 两种显微测试技术进行比较。

（5）软土的流变特性的试验研究。以人工软土和天然软土为试验样本，主要通过直剪蠕变试验方法研究相同的室内试验条件下，黏土矿物、有机物、氧化物、含水量对软土流变性质的影响。

（6）软土渗流特性的试验研究。以人工软土和天然软土为试验样本，制备不同矿物成分、孔隙液离子浓度的试样，利用南 55 型渗透仪和常规固结仪分别进行常水头渗透试验和渗流固结试验，测试出各种试样的渗透系数。通过定量研究渗透系数与矿物成分、孔隙液浓度和水力梯度等参数的相关关系，结合 MIP 法研究孔隙大小及尺度特征等对渗流固结特性的影响并分析其微细观机理。

（7）建立软土渗流的微观理论模型。基于颗粒-水-电解质系统，将 Poisson-Boltzmann 电势方程简化成圆孔渗流物理模型方程，并求解；在已有渗流物理模型基础上，进一步考虑微电场效应下电场力和孔隙水黏度的共同作用，将圆孔渗流物理模型求出的理论曲线与实测渗透系数随表面电位变化的试验曲线进行比较，分析微电场和结合水对软土渗流的影响，验证理论模型的合理性。

（8）基于微观试验的软土固结特性分析，建立基于微观分析的固结方程，将求解结果与太沙基固结方程结果、试验数据进行比较，给出软土渗流固结特性微观机理的解释。

（9）收集区域地质、地质构造、水文地质、工程地质、环境地质、地质灾害调查等资料及开展地质调查，对影响区域软土分布的地质成因、地质构造、不良地质体、地形地貌条件等进行研究，综合分析区内软土地带地基稳定性，做出初步评价。

1.5.2 研究内容

采用试验分析与理论探讨相结合的方法，通过已知或者实测的微细观参数，研究软土微细观参数与其工程特性的定性、定量关系及影响机理，分析微细观参数与宏观参量之间的内在关联，进一步分析软土强度、固结、流变、渗流等特性的微观机理。本书主要研究内容包括以下几个方面。

（1）软土微细观参数的测试与分析。利用一系列的物理化学试验，测试试样的比表面积、阳离子交换量、孔隙大小和尺度分布等，利用土颗粒的表面电荷密度换算出不同孔隙液离子浓度下的颗粒表面电位。

（2）珠江三角洲软土的区域特性及其形成的环境因素和微观因素分析。在广泛收集和整理珠江三角洲软土性质和特性资料的基础上，进行软土物理力学指标的统计分析。采集具有代表性区域特性的软土试样测试其工程性质和特性；根据试样采集区域的地质环境、水文环境和沉积条件等外部因素分析软土性质和特性的外部成因；对试样进行物质成分分析和微观结构测试，根据试验结果分析软土性质和特性的微观机制和成因。

（3）软土强度特性的微细观参数测试与分析。利用常规的直剪实验和微细观强度参数测试结果，研究软土微细观强度参数对软土强度特性的影响，区分矿物成分、含水量和孔隙液离子浓度不同的试样，并对土样进行直剪试验，分析抗剪强度、黏聚力和内摩擦角两个强度指标随矿物成分、含水量和孔隙液离子浓度改变的变化规律，从微细观领域探讨结合水性质与微电场强度的关系、结合水含量与微细观参数的关系，研究土体强度特性的微观内在机理。

（4）软土固结特性的微细观参数测试与分析。利用 MIP 法和 ESEM 法研究软土孔隙的微细观结构参数在固结前、固结中、固结后的变化，分析固结过程中孔隙数量、等效孔径、孔隙形状、定向性、孔隙大小及尺度分布、孔隙连通性和曲折性等孔隙微细观结构参数的定量变化，并进行两种显微试验的对比分析以相互印证显微试验的有效性。

（5）软土流变特性的微细观参数测试与分析。主要通过直剪蠕变试验方法研究物质因素（黏土矿物、有机物和氧化物、含水量等）影响软土蠕变特性的物理机制，分析各微细观参数对软土流变特性的影响定量关系。

（6）软土渗流特性的微细观参数测试与分析。利用常水头法（即直接测试法）和渗流固结法（即间接测试法）研究软土渗流的微电场效应和微尺度效应。进行软土颗粒表面电位、孔隙液离子浓度、孔隙尺度、水力梯度等参数与渗透系数的关联性研究，分析各微细观参数与宏观渗流特性之间的内在联系。

（7）软土渗流的微观模型理论分析。将 Poisson-Boltzmann 电势方程简化为圆孔渗流物理模型方程，考虑微电场效应下电场力和孔隙水黏度的作用对极细颗粒土渗流的影响。完善软土的微观渗流模型，分析各微细观参数如颗粒表面电位、土体电导率、孔隙等效尺寸及孔隙水的黏滞系数等参数对微电场分布和等效渗透系数的影响；根据电荷守恒定律求出颗粒表面电位，比较微观圆孔渗流物理模型计算结果与实测的渗透系数随颗粒表面电位变化的差异，验证理论模型的合理性进而进行微电场效应分析。

（8）软土工程特性的微结构影响物理机制及定量分析。包括软土固结、渗透特性与物质组织和微观结构的关联性分析，影响软土特性的主要微观结构形态和结构参数、工程性质变化的微观结构参数对应性分析，软土特性参数与微观结构参数的定量关系等。基于微观试验的软土固结特性分析，建立基于微观分析的固结方程，将求解结果与太沙基固结方程结果和试验数据进行比较，给出软土渗透固结特性微观机理的解释。

（9）软土地基稳定性分析。通过收集珠江三角洲某典型软土区域的地形地貌、地质构造、工程地质、水文地质等资料，开展软土概况及软土地基沉降分析，进行软土地基不同附加应力下的沉降评价和综合评价，提出软土地基沉降灾害的防治对策与措施。

第二章
软土工程特性的宏微观试验方法

2.1 土体的强度特性试验

土体的宏观强度常用抗剪强度、黏聚力和内摩擦角两个强度指标来定量表述，而在微细观方面，土的强度特性是颗粒间的摩擦和黏聚作用的宏观表现。实际工程中，由于砂性土的粒间胶结作用微弱，颗粒与颗粒的直接触点较多，因而表现出较高的抗剪强度、内摩擦角和较低的黏聚力（梁建伟等，2010）。黏性土由于颗粒细小且粒间缺乏直接接触而以结合水膜连接为主，从而使其抗剪强度和内摩擦角大大降低；另一方面粒间的胶结黏聚作用强烈而导致其黏聚力较为可观，可采用应变控制式直剪仪进行强度试验。

1. 试验原理与步骤

应变控制式直剪仪的试验原理较为简单，即控制一定的竖向压力和排水条件，对试样施加等速剪应变，通过百分表与量力环测定其水平、竖向位移和水平剪应力。按固结排水条件可分为慢剪试验、固结快剪试验和快剪试验，本文主要进行固结快剪试验和快剪试验。试验包括试样制备、仪器校正、试样安装、调零和试样剪切等主要步骤。在剪切过程中，控制手轮转速为 0.8mm/min（即 4 转/min），当百分表发生变化时开始测记量力环和位移读数。如量力环上的百分表读数出现峰值，则应继续剪切至剪切位移达 4mm 时停机，记下破坏时的读数；当剪切过程中百分表读数无峰值时，应剪切至剪切位移为 6mm 时停机并记录读数。

2. 数据处理与制图

(1) 确定水平剪应力 τ。

利用直剪仪量力环上的百分表读数，按式（2-1）计算水平剪应力。

$$\tau = C \times R_i \qquad\qquad (2-1)$$

式中，C——量力环率定系数（kPa/0.01mm），已标定，每台仪器不同；

$\qquad R_i$——百分表读数。

(2) 确定抗剪强度 τ_f、内摩擦角 φ 和黏聚力 c。

以剪应力 τ 为纵坐标、剪切位移 Δl 为横坐标，绘制剪应力 τ 与剪切位移 Δl 的关系曲线，选取 $\tau - \Delta l$ 曲线上的峰值作为抗剪强度 τ_f；当无峰值时，选取剪切位移 Δl 等于 6mm 所对应的剪应力作为抗剪强度 τ_f。接着，以抗剪强度 τ_f 为纵坐标、竖向压力 σ 为横坐标，绘制抗剪强度 τ_f 与竖向压力 σ 的关系曲线，即 $\tau_f - \sigma$ 曲线，利用线性回归方程求出该直线与横轴的倾角，即为内摩擦角 φ，直线在纵轴上的截距即为黏聚力 c。

2.2　土体的渗流固结试验

渗流固结法是先利用固结仪对试样进行标准固结试验确定出固结系数，进而通过太沙基固结理论求出试样渗透系数的一种间接测试法。

1. 试验原理与步骤

渗流固结法原理是利用太沙基固结理论中固结系数与渗透系数的关系间接求出渗透系数，固结系数可从固结压缩量-时间曲线以时间平方根法或时间对数法求得。其试验基本与标准固结试验相同，包括试样制备、固结仪校正、试样安装、压缩固结、固结压缩量测读等步骤。对于饱和试样，在施加压力后应立即向固结容器的水槽中注水浸没试样以达到饱和目的；对于非饱和试样应事先用塑料薄膜将固结容器包裹并密封，也可以用湿棉纱包裹加压板周围以防止水分挥发。

2. 数据处理与制图

(1) 确定固结系数。

以时间平方根法为例，对于某级荷载作用时，以试样的竖向变形为纵坐标、时间平方根为横坐标，绘制出试样固结压缩量与时间平方根的关系曲线，如图 2-1 所示。用作图法确定试样固结度达 90% 所需的时间 t_{90} 后，按照式（2-2）计算该级压力下的固结系数。

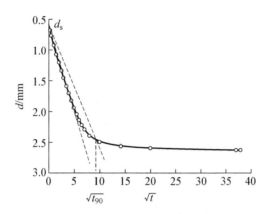

图 2-1 固结压缩量-时间平方根关系曲线

$$C_v = \frac{0.848 \overline{h}^2}{t_{90}} \qquad (2-2)$$

式中，$\overline{h}$——最大排水距离，双面排水情况下，为某级荷载下试样的初始和最终高度的平均值的二分之一，cm；

t_{90}——固结度达 90% 所需的时间，min；

C_v——固结系数，cm^2/s。

（2）确定渗透系数。

利用一维太沙基固结理论，用式（2-3）确定固结系数 C_v 与渗透系数 k 之间的关系。

$$k = \frac{C_v a_v \gamma_w}{1+e} \qquad (2-3)$$

式中 C_v——试样的固结系数，cm^2/s；

a_v——试样在某一压力范围内的压缩系数 MPa^{-1}；

γ_w——纯水的容重，kN/m^3；

e——试样的初始孔隙比；

k——试样的渗透系数 cm/s。

2.3 土体的流变性试验

土体的流变性是指与时间有关的变形性质，它是影响地基长期强度和长期变形稳定性的关键因素。谷任国（2007）分别就组成成分和含水量对软土流变现象的影响进行了初步的研究，提出黏土矿物、有机物对软土流变性质的影响实际上是通过颗粒表面的吸附结合水实现的，结合水是软土产生流变性的根本物质因素，从微细观角度揭示了软土流变的物质基础。因此，影响结合水的因素就是影响软土流变性的因素，宏观的流变试验应以研究微观参数为目的，这也为软土流变的微细观层次的探索提供了一种新思路。下面先着重介绍本书软土流变特性研究中采用的直剪蠕变仪，然后简要介绍其他流变试验仪器如单轴压缩流变仪和三轴流变仪。

2.3.1 直剪蠕变仪

直剪蠕变仪是直接对试样施加剪力的流变仪器，可由应力控制式的直接剪切仪改装而成，主要由上下剪切盒、加压系统和位移量测系统组成。竖向压力与水平剪切力可通过两组砝码分别施加，剪切时上盒固定，下盒移动形成剪切面，土样在竖向压力和水平剪切力的作用下沿剪切面产生蠕变剪切变形，其中法向变形量和剪切变形量可分别通过变形量表测出。普通直剪蠕变仪由于成本低廉、操作简单、适用范围广，因此得到了广泛的应用，但也存在诸如不能对试样保湿、测量精度低、在剪切过程中试样的内应力和应变分布不均匀等缺点。谷任国等（2006；2007）对现有直剪蠕变仪进行了改进，增加试样的密封保湿功能，并将剪切变形的测量精度提高到了 $1\mu m$，以下介绍改进的直剪蠕变仪，其原理如图 2-2 所示。

1. 直剪蠕变仪的改进

（1）保湿功能的改进。

通过在直剪蠕变仪的剪切盒上安装一保湿罩来实现保湿功能。保湿罩由底座、圆筒、圆盖、调湿室、滑块组成，如图 2-2（a）所示。其中圆筒、圆盖、滑块的材料为透明有机玻璃，试验过程中可观察保湿罩内试样的剪切蠕变。当需要保持试样的湿度不变时，可将调湿室与外界相通的小孔用橡皮塞密封，保湿罩可起到密封的作用；当需要对试样加湿时，可向调湿室内注水。

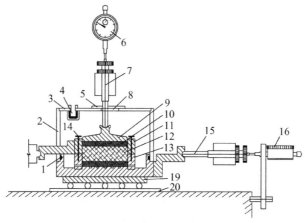

（a）改进后的直剪蠕变仪

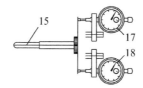

（b）剪切位移测量原理

1—密封圈；2—圆筒；3—圆盖；4—调湿室；5—滑块；6—百分表；7—竖向加压杆；
8—滑移沟槽；9—竖向加压盖；10—透水石；11—剪切上盖；12—试样；
13—剪切下盒；14—固定销；15—传递水平剪力顶杆；16—剪切位移测量系统；
17—千分表；18—百分表；19—底座；20—导轨。

图 2-2　改进后的直剪蠕变仪示意图

　　谷任国等（2006）将组分及初始含水量相同的几组试样分别放在常规直剪蠕变仪和改进后的直剪蠕变仪上同时进行测试，经过一段时间后测试两台仪器上试样的含水率，并与其初始含水率进行对比。结果表明：常规直剪蠕变仪上的试样完全失水；而改进后的直剪蠕变仪上各试样的含水率最大绝对变化值仅为 0.8％，相对变化值为 0.8％～15.2％，表明保湿罩能有效保持试样的含水量。

　　（2）剪切位移测量精度的改进。

　　常规直剪蠕变仪的剪切位移采用精度较低的百分表量测，而精度较高的千分表最大量程一般只有 1～3mm，试样在加载后的瞬时剪切位移有可能超出最大量程。采用百分表和千分表联合测量法可同时满足瞬时剪切位移和蠕变剪切位移的测量，将测量精度从 $10\mu m$ 提高到 $1\mu m$，其原理如图 2-2（b）所示。具体的操作方法为：在剪切荷载施加期间，由于试样的瞬时剪切位移较大，可单独采用百分表（最大量程 10mm）量测；土样进入蠕变变形阶段后，其位移较小，可同时联合百分表和千分表量测剪切位移。将联合测量前百分表单独测得的剪切位移加上联合测量后千分表测得的蠕变剪切位移，最后扣除量测剪切力的量力环的变形量（由量力环上的百分表读取），即可得出测量精度为 $1\mu m$ 的剪切位移。

谷任国等分别利用测量精度为 $1\mu m$ 和 $10\mu m$ 的测量系统对含水量 $w=9.7\%$ 的自然扰动软土的蠕变剪切位移进行了测量并绘制相应的蠕变曲线，发现两者的总蠕变变形量差值占瞬时变形量的 11.3%。由此可见，采用百分表与千分表联合的剪切位移测量系统可明显提高软土的蠕变变形的测量精度。

2. 直剪蠕变试验的原理及方法

下面以改进的直剪蠕变仪为例，简要介绍直剪蠕变试验的原理及方法。

（1）试验原理。

直剪蠕变试验就是使试样在一定的竖向压力下充分固结后，对其分级施加水平剪切力，观测每级水平剪切力下试样的剪切位移及对应的时间，分析剪应变随时间的变化规律。

（2）主要试验步骤。

在进行试验前应对仪器的出力进行标定校准，以便在试验时获得较精确的固结压力和水平剪切力。准备工作包括试样制备、仪器校正、试样安装。试验过程包括固结和剪切蠕变两个阶段，其中固结阶段稳定标准为竖向变形读数变化小于 0.005mm/h；蠕变试验阶段的加载增量可按陈氏循环加载法确定（赵明华等，2004），即先根据固结不排水直剪试验指标计算出在某正应力 σ_n 作用下试样的固结不排水抗剪强度 τ_f，加载级数 $n=5\sim8$，则加载增量 $\Delta\tau=\tau_f/n$，一般认为在 10000s 内试样的变形量小于 0.01mm 时，蠕变剪切变形达到稳定。蠕变试验的数据采集频率通常为一天一次或两次，因此，若试样在一天内的变形量小于 0.01mm，则可以进入下一级应力水平的试验，直至试样破坏。

（3）数据处理与制图。

① 水平剪应力 τ 的确定。

参考 2.1 节的直剪试验，通过直剪蠕变仪量力环上的百分表读数，按式（2-1）计算水平剪应力 τ；而量力环率定系数 C 可进行标定校准。

② 固结不排水抗剪强度 τ_f、内摩擦角 φ 和黏聚力 c 的确定。

按照《土工试验方法标准》（GB/T 50123—2019）的操作步骤进行固结不排水直剪试验（即固结快剪试验），并参考 2.1 节的直剪试验的数据处理方法确定抗剪强度 τ_f、内摩擦角 φ 和黏聚力 c。

③ 绘制在某一正应力条件下，不同剪应力水平时的剪应变-时间关系曲线。

④ 绘制在某一剪应力水平下，不同正应力时的剪应变-时间关系曲线。

2.3.2　单轴压缩流变试验

单轴压缩流变仪属间接法试验仪器，一般采用圆柱体土样，沿土样轴向施加恒定荷载，在整个试验过程中保持试样处于单一均匀单向压应力状态。可用杠杆式固结仪、弹簧压缩仪或具有稳压性能的试验机进行加载，通过变形量表或者位移传感器量测试样的轴向变形。

苏联学者研制了系列小试样（M-2 型、M-4 型、M-9 型）和大试样（M-3 型）所用的固结-渗透试验仪，能够进行任意含水量各类黏性土的时效变形研究，其中 M-2 和 M-9 型采用 $d=70\text{mm}$ 的土样，压力可加至 1.0MPa，M-4 型可加压至 10MPa；M-3 型采用 $d=210\text{mm}$ 的土样，可加压至 0.5MPa。Rosa 和 Kotov 设计了一种可以试验更大型土样（$d=500\text{mm}$）的固结装置，配有流体静压计、气压计、温度计和摄影机，可用于研究完全饱和呈流态扰动黏性土的长期应变，而且可以测定孔隙水压力（孙钧，1999）。

2.3.3　三轴流变试验

一般的三轴流变仪包括三部分：压力室、加压系统和量测系统，也属于间接法试验仪器。土样为圆柱体，由橡皮薄膜固定于压力室内。围压通过调压筒或空压泵产生，可由调压阀调节压力，通过压力室内水的传递，向土样施加均匀的围压。进行流变试验所需的恒定轴向偏压可通过轴向加载系统或者砝码来施加及控制。量测系统主要是获取试样在蠕变过程中的应力水平、应变量、孔隙水压力及排水量等数据，可通过仪表或传感器读取并记录。

苏联学者设计了一套可用于研究未经扰动及完全饱和黏土由预压固结后的蠕变特性的 M - 8 型三轴流变试验仪，通过带测力计的螺旋推压件施加固结压力，测力计用于量测土样在垂直方向上的无约束膨胀力，用可连续变形的环形应变计量测由垂直压力和膨胀而引起的土样的侧压力。由英国研制的 GDS 三轴流变试验系统通过计算机控制 2Hz 循环和应力路径，可进行三轴压缩和拉伸状态下各种土的等应变率试验、蠕变试验和应力松弛试验，最大加载频率为 2Hz，最大轴力为 10kN，轴向位移量测精度高于 $0.1\mu m$，可对直径 $d=38\sim100mm$ 尺寸的土样进行试验，还可配置另一套多阶段静载三轴压剪/蠕变试验系统。我国长春试验机研究所生产的 CSS -2901TS 型土体三轴流变试验机可用于测试土体在三轴应力作用下的流变性能（谷任国，2007），最大轴力为 10kN，最大围压为 2MPa，具有 3 个独立的围压室，可通过计算机系统同时对 3 个土样进行试验及控制并自动采集试验数据；试验机可在恒定围压下进行恒荷载和恒变形控制，也可在恒荷载或恒变形控制一段时间后进行动态荷载和静态荷载的循环转换。

2.4　土体微细观参数测试原理及方法

2.4.1　颗粒比表面积测试原理及方法

比表面积室内测试的常用方法主要包括吸附法和计算法（即仪器法），以吸附法应用较为普遍（邱正松等，1999）。根据吸附剂不同，吸附法还可分为气体吸附法和液体吸附法。气体吸附法主要包括氮气法和水蒸气法等。液体吸附法主要有乙二醇法、亚甲基蓝法、乙二醇乙醚法、甘油法和压汞法等。本节主要介绍乙二醇乙醚法（即 EGME 法）的原理及测试方法。

EGME 是一种无色液体，能够散发温和香味，密度为 0.930g/mL 左右，分子式为 $CH_3CH_2OCH_2CH_2OH$，分子量为 90.12。EGME 既可混溶于水也可混溶于醇等有机溶剂，既可作为溶剂和稀释剂，又可作为比表面积测试的吸附剂。

1. 试验原理与设备

EGME 法的试验原理：保持一定的 EGME 蒸汽压时，EGME 分子会以单分子层的形式吸附于土颗粒的表面,可按照 EGME 吸附的质量和分子大小换算出土颗粒的比表面积。试验采用的试剂主要包括 EGME、无水氯化钙（$CaCl_2$）和五氧化二磷（P_2O_5）。需要保证仪器设备处于真空状态,连接完成后的 EGME 法真空仪器装置如图 2-3 所示。

2. 主要试验步骤

在比表面积测试之前应仔细检查各连接件是否密封,确保真空干燥器内的真空度,其主要操作步骤如下（周晖,2013；吕海波等,2016）。

① 称取 0.8g 左右的试样,将样品平铺于已知质量铝盒的盒底。

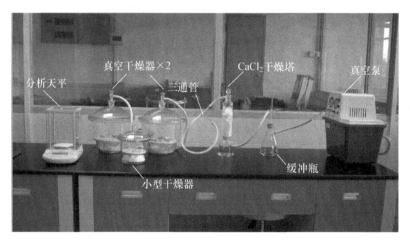

图 2-3 EGME 法真空仪器装置

② 将铝盒放入底部装有 P_2O_5 的真空干燥器内,用真空泵抽气 1h 左右后关闭干燥器活塞,静置 6h 后,通过 $CaCl_2$ 干燥塔缓慢充气,取出铝盒进行称重。反复操作至连续 3 次称重值误差在 0.5mg 以内,计算样品干重。

③ 用滴管将 3mL 的 EGME 液体均匀滴加至试样上,并在通风阴凉处静置 24h 以上。

④ 将铝盒移入另一底部装有 P_2O_5 的真空干燥器内,同时在瓷板上放置盛有 $CaCl_2$-EGME 溶剂物的铝盒,$CaCl_2$ 与 EGME 的质量比控制在100：20。用真空泵抽气至干燥器真空后,将干燥器放在（25±2）℃的恒温室令 EGME 蒸发。24h 后再抽气至真空,放置 6h,通过 $CaCl_2$ 干燥塔缓慢充气,取出铝盒称重。反复操作至质量恒定后计算吸附的 EGME 质量。

⑤ 利用式(2-4)计算试样的比表面积 S_s。

$$S_S = \frac{W_2 - W_1}{2.86 \times 10^{-4} \times (W_2 - W_0)} \tag{2-4}$$

式中， W_0——铝盒质量，g；

$\quad\quad W_1$——铝盒及干样的总质量，g；

$\quad\quad W_2$——铝盒、干样、吸附的 EGME 的总质量，g；

2.86×10^{-4}——换算因数；

$\quad\quad S_S$——比表面积，m^2/g。

2.4.2 土颗粒表面电荷密度的测试原理及方法

土颗粒表面电荷密度是指土的单位表面积上所带的电荷数量，它是细颗粒土最重要的胶体化学性能之一（谭罗荣，2006；Arnepalli D N 等，2008）。为了获取土颗粒表面的电荷密度，需要测试土样的比表面积和 CEC，文中所有试样的 CEC 均采用乙酸铵交换法进行测试。

1. 试验原理与设备

乙酸铵交换法是用利用 $1mol/L$、$pH = 7.0$ 的乙酸铵溶液反复处理土样，使土样成为铵离子（NH_4^+）饱和土。用 95％乙醇洗去过量的乙酸铵，然后加入氧化镁并用定氮蒸馏法蒸馏。蒸馏出的氨用硼酸溶液吸收，以盐酸标准溶液滴定，进而根据铵离子的量计算土样的 CEC。CEC 测量仪器设备为如图 2-4 所示的 Kjeltec™2300 凯氏定氮仪，主要试剂见表 2-1。

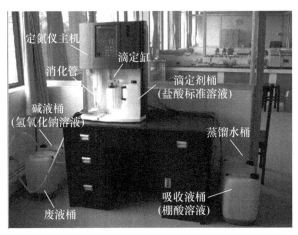

图 2-4 Kjeltec™2300 凯氏定氮仪

表 2-1　乙酸铵交换法所用的主要试剂

名　称	试剂说明
乙酸铵	1mol/L，pH＝7.0
乙醇	体积分数95％，工业用，必须无铵离子
硼酸浓度/（g/L）	20
氧化镁	使用前须经马弗炉灼烧，必须重质
甲基红-溴甲酚绿混合指示剂	两者混合研磨至完全溶解于95％乙醇，100mL
缓冲溶液	pH＝10，1L
液体石蜡	化学纯级
盐酸标准溶液	0.05mol/L，须标定，1L
纳氏试剂	碘化钾加碘化汞溶液与氢氧化钾溶液混合
K-B指示剂	酸性铬蓝K、萘酚绿B与氯化钠研细磨匀

2. 主要试验步骤

依据《中性土壤阳离子交换量和交换性盐基的测定》（NY/T 295—1995）中对于乙酸铵交换法测定土样 CEC 的具体步骤，规定如下。

① 将粒径小于 1mm 的风干土样 2.00g 放入 100mL 离心管中，沿管壁加入少许 1mol/L 的乙酸铵溶液，用橡皮头玻璃棒搅拌使其成为均匀的泥浆；加入乙酸铵溶液至总体积为 60mL 左右并充分搅拌，然后用乙酸铵溶液洗净橡皮头玻璃棒，将溶液收入离心管内。

② 将离心管成对放在感量为 0.1g 的粗天平的两个托盘上，用乙酸铵溶液使之质量平衡，然后对称放入电动离心机中离心 3～5min，控制转速为 3000～4000r/min。重复利用乙酸铵溶液处理 3 次左右至浸出液不产生钙离子反应。当取浸出液 5mL 放入试管后，加 pH＝10 的缓冲溶液 1mL、少许 K-B 指示剂，如浸出液呈蓝色则表示无钙离子，如浸出液呈紫红色则表示仍有钙离子。

③ 往载土的离心管中加入少量浓度为 95％的乙醇，用橡皮头玻璃棒搅拌使其成为均匀泥浆，再加乙醇 60mL 并搅拌均匀，以便洗去土粒表面多余的乙酸铵，保证无小土团存在。同样在粗天平上用乙醇使成对的离心管质量平衡后，放入离心机离心，步骤同②，弃去乙醇清液。如此反复用

乙醇洗 2～3 次，直至乙醇清液中无铵离子为止。取乙醇清液一滴，放在白瓷比色板中，立即加一滴纳氏试剂，如无黄色，表示已无铵离子。

④ 洗去多余的铵离子后，先用水冲洗离心管外壁，再往离心管中加入少量水以搅拌成糊状，再用水将泥浆直接洗入 750mL 消化管中，并用橡皮头玻璃棒擦洗离心管内壁，使全部土样转入消化管中，洗入水的体积应控制在 80mL 左右。蒸馏前往消化管内加入 1g 左右氧化镁和 10 滴液体石蜡，立即将消化管装在凯氏定氮仪上，进行蒸馏和滴定。

⑤ 试样 CEC 的计算，土样的阳离子交换量，按烘干土重计算，用平行测定结果的算术平均值表示，保留小数点后两位，具体见式（2-5）。

$$CEC = \frac{c(V-V_0)}{m(1-H)} \times 100 \qquad (2-5)$$

式中，CEC——阳离子交换量，mol/kg；

　　　　c——盐酸标准溶液的浓度，mol/L；

　　　　V——盐酸标准溶液的消耗体积，mL；

　　　　V_0——空白试验盐酸标准溶液的消耗体积，mL；

　　　　m——风干土样质量，g；

　　　　H——风干土样的含水量，%。

2.4.3　矿物成分分析测试原理及方法

1912 年，劳埃等用试验证实了 X 射线与晶体相遇时能发生衍射现象，证明了 X 射线具有电磁波的性质，成为 X 射线衍射学的里程碑，而矿物成分分析的主要测试方法即为 X 射线衍射分析法（简称 XRD 法）。XRD 法是一种利用晶体形成的 X 射线衍射对物质内部原子在空间分布状况的结构进行分析的方法。衍射线空间方位与晶体结构的关系可用式（2-6）的布拉格方程表示。

$$2d\sin\theta = n\lambda \qquad (2-6)$$

式中，d——结晶面间隔，0.01mm；

　　　　θ——衍射角，0.01mm；

　　　　n——整数；

　　　　λ——X 射线的波长，0.01mm。

1. 试验设备与测试条件

矿物成分测试利用德国布鲁克 D8 ADVANCE 型 X 射线衍射仪

（图 2-5）进行。根据分析的需要，仅进行土壤物相的定量分析，具体测试条件见表 2-2。要求样品质量为 5g 左右，细度为 320 目（约 47μm）。

图 2-5　布鲁克 D8 ADVANCE 型 X 射线衍射仪

表 2-2　X 射线衍射测试条件

具体项目	简单说明
扫描方式	θ/θ 测角仪
衍射方法	单晶衍射 Cu
扫描范围/°	$2\theta=3\sim70$
扫描速度/（次/min）	5
工作电流/mA	30
工作电压/kV	40
狭缝宽/mm	1

2. 物相分析结果

目前，常用 XRD 法得到衍射图谱后，采用粉末衍射标准联合会（JCPDS）编辑出版的粉末衍射卡片（即 PDF 卡片）进行物相分析。图 2-6 所示为珠江三角洲典型软土的衍射图谱。利用该图谱，可定量分析各矿物成分的百分含量。

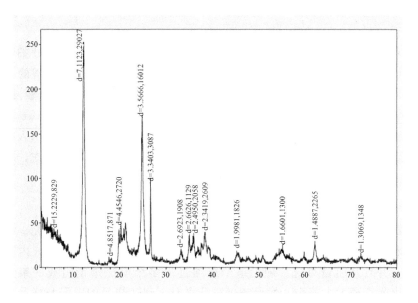

图2-6　珠江三角洲典型软土的衍射图谱

2.4.4　ESEM 试验原理及方法

虽然普通扫描电子显微镜（CSEM）较透射电子显微镜、光学显微镜有诸多优点，但它同样存在检测问题，如检测不导电样品时会产生电荷积累；检测含水、含油样品时会因样品室真空度下降而导致放电。为了解决上述问题，将普通 CSEM 的真空系统加以改造，使其样品室最高气压达到 2660Pa 并配上能在 2660Pa 气压下检测二次电子（SE）信号的气体二次电子检测器（GSED）（Danilatos G D，1991；Pratibha L G，1997；干蜀毅等，2001），使该系统能够便捷地在高真空（HiV 即 CSEM）、低真空（LV）和压力为 2660Pa 的真空状态（ESEM）之间自由切换。由于样品的室内最高气压为 2660Pa，远超过常温下的饱和蒸汽压，从而使样品在比较接近天然环境状态的真空环境下被检测，由此，改进后的仪器被称为环境扫描电子显微镜（即 ESEM）。其实，LV、CSEM 和 ESEM 之间的成像原理相似，区别是利用若干个真空泵、真空阀和压差光栏把 SEM 的真空系统分隔成几个呈梯度分布真空的区域。当系统处于"LV 模式"和"ESEM模式"时，真空系统能够保证电子枪附近的真空度达到高真空状态，而经过几个压差光栏分隔后，真空度下降，使得样品室的真空度下降到最低，可分别达到 2660Pa 和 266Pa。

利用 QUANTA200 扫描电镜进行 ESEM 测试，QUANTA200 扫描电镜可以选择 HiV 模式、LV 模式和 ESEM 模式等三种。其中，常规的 HiV 模式，需要在观测样品的表面镀一层金属薄膜，试验操作相对比较复杂；而 LV 和 ESEM 模式时，镜筒处于高真空而样品室处于 0.1～40Torr（托）的压力范围内，可以用内置水槽产生的水蒸气，也可以用从外部引入的其他辅助气体，完成对释放气体或易带电材料的观测，基于实际考虑，本文采用 ESEM 模式进行观测测试。

1. ESEM 试验原理与设备

ESEM 完成对样品成像的主要有四个部分：电子枪、聚光单元、扫描单元和探测单元（麦克·海莉，2002）。电子枪发射电子，在微区内呈散射状，并且其能量可选。随后电子束通过由多个电磁透镜组成的聚光单元，束流直径大大缩小，然后到达样品表面。到达样品的电子与样品表面的原子发生碰撞，将产生三种信号：X 射线、电子、光子。主探测系统拾取电子信号，将其放大并转化为电压信号，接着送入监视器，以此控制屏幕上扫描点的亮度。反馈到监视器偏转系统的扫描信号，控制电子束在样品表面以光栅形式进行扫描。扫描时探测单元拾取的电子信号随之变化，这就提供了样品表面的信息。试样过程中必须保证从电子枪到样品表面之间的整个电子路径都必须保持真空状态，这样电子才不会与空气分子碰撞，并被吸收。QUANTA 200 扫描电镜的样品室使用水蒸气或引入其他气体来形成低真空。样品表面信息经探测单元处理后，就可以将样品图像呈现在显示器上了。图 2-7 为 ESEM 试验的扫描电镜与软件操作界面。

2. 试样制备

（1）软土取样。

试验中为了获得高质量的原状天然土样，需高度重视取土器选择、钻探和取土方法、运输和储藏等各环节。首先，应采用固定活塞式薄壁取土器取土；其次，采用正确的钻探方法，在压入取土器时，不能冲击，要快速、连续地压到预定长度，取土器拔出时要十分注意不要使其受到冲击，拔出前不要为切断缘面而旋转；最后，在土样运输、储藏、推出过程中均

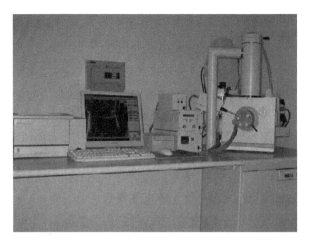

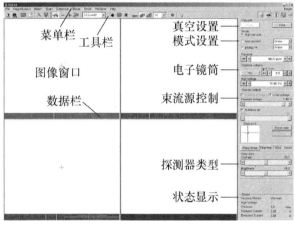

图 2-7 ESEM 试验的扫描电镜与软件操作界面

应十分小心。为防止土样膨胀、扰动及水分蒸发，必须用石蜡将土样密封起来，贴上标签。运输时，注意不要使土样受到冲击和振动。可通过控制储藏室和实验室的温度和湿度实现，使土样贮藏在与原来环境相同的温度和相对湿度下。不要使其受到机械振动，且贮藏时间不宜超过两周。把土样从取土管内推出时应注意：推出方向应与取土时土样进入取土管的方向一致；应连续匀速推出；应避免阳光照晒并在湿度高的实验室内进行。把推出的土样切成长 10cm 左右的试样，存在饱和缸内待做试验，并应尽快将试样做完。

（2）ESEM 试样制备。

① 毛坯制备。用涂了凡士林的钢丝锯小心地在土样中间的未扰动部位切出三维尺寸均为 10mm 左右的毛坯待用。

② 观察样制备。用双面刀片沿毛坯四周环切 1.5mm 左右，并小心掰出，得到一块相对平整的新鲜断面作为天然结构面，并用刀片将具有该面的毛坯进一步切成镜下观察样，尺寸控制在 4mm×8mm×4mm 左右，将其小心地放入铝盒并编号后放入保湿缸内养护一周左右，以利于土体结构的恢复。

③ 样品放置。用橡皮球轻轻吹去观察样上的浮动颗粒，用镊子将观察样轻轻放入 ESEM 样品台的样品托，如图 2-8 所示。样品托根据实际情况分为平坦型、双杯型和深杯型。当观察样尺寸小于 4mm 时，一般选用图 2-8（a）所示的平坦型样品托；当观察样尺寸为 4～8mm 时，一般选择图 2-8（b）所示的双杯型样品托；当观察样大于 8mm 时，一般选择图 2-8（c）所示的深杯型样品托（通常较少采用）。

（a）平坦型　　　（b）双杯型　　　（c）深杯型

图 2-8　样品托类型

④ ESEM 观测。控制样品室压力为 650Pa，温度为 5℃，选择观察样的平整部位予以观察，并拍摄观察样的 ESEM 照片，控制放大倍数为 2000 倍。从中选择代表性强的水平或竖直切面上的 ESEM 图像作为分析对象。为保证分析结果具有可比性，应保持各图像的分析区域、分辨率和放大倍数一致。

3. ESEM 观测试验步骤

① 操作前预检。包括电压、扫描方式、工作距离、放大倍数、探测器、真空模式的设置和检查。

② 启动 QUANTA 软件。按照提示打开 QUANTA 200 软件。

③ 安装样品并确定相关参数。从 VACUUM 模块点击 VENT 按钮放气，完成后，打开样品室用手套或镊子将样品放置到样品座上，装入样品后将其慢慢推回样品室内；安装 GSE 探测器。点击真空 PUMP 按钮抽出

空气，完成后点击高压图标；根据试样要求设置样品室的压力为 650Pa，温度为 5℃。

④ 观测扫描图像。调整好反差及亮度，用鼠标右键横向移动粗调焦。按放大倍数 2000 的要求设好样品高度，高倍下选区扫描，用鼠标右键横向移动细调焦。扫描速度 1 或 2 用于选择和粗调焦，扫描速度 3 用于细调焦及照相。高倍下用 Shift＋鼠标右键横向移动消象散，反复移动，直到选定平坦且清晰处作为拍摄位置。

⑤ 记录、储存及打印图像。点击扫描速度 3 进行慢扫描，完成后，点击雪花图标锁定图像。建立文件名，点击 In/Out 菜单中的 Image，输入样品名称，点击 Save 图标存盘，再点击 In/Out 菜单中的 Photo 以拍摄底片。

利用 ESEM 试验可以获取不同样品、不同观察面上的 ESEM 图片，典型天然软土固结样的 ESEM 图片如图 2-9 所示。

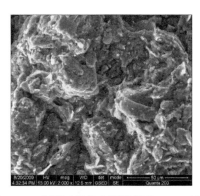

图 2-9　典型天然软土固结样的 ESEM 图片

2.4.5　MIP 法试验原理及方法

MIP 法（李妙玲等，2009；戚灵灵等，2012；杨峰等，2013；刘培生等，2006）又称汞孔隙率法，由于测试方法简易，故常在建筑材料与科学工程中使用，用来检测岩土、混凝土和砂浆等固体材料的孔隙尺度及其分布。MIP 法的整个测试过程分为低压和高压两个分析阶段，测试的孔径范围从几纳米到几百微米，能反映多数岩土材料的孔径状况。测试前需要对样品抽真空以便让汞充分填满孔隙以保证 MIP 法的测试效果。但是，若样品潮湿时，抽真空并不能完全排出样品内的水分，残留水分占据孔隙导致测试结果失真，因此测试前必须保证样品干燥，而冷冻干燥法能够在较好地保持样品的初始结构的前提下充分排除孔隙液，并不引起样品收缩，故一般采用该法对样品进行预处理。

1. 冷冻干燥预处理

冷冻干燥法又称为冻干法，其原理是利用液氮将土样快速冷冻至低温 $-193℃$，让土中的液体迅速结成玻璃态的冰，再使冰在 $-50℃\sim-100℃$ 且真空度为 1×10^{-3} 托以上的真空中升华，达到去除水分又避免水-气界面表面张力使结构发生变化。

采用真空冷冻干燥机作为干燥升华设备，以液氮（N_2）作为冷冻剂、异戊烷〔$CH_3CH_2CH(CH_3)_2$〕作为过渡剂，具体仪器设备和使用试剂如图 2-10 和表 2-3 所示。

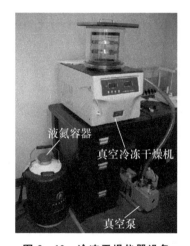

图 2-10　冷冻干燥仪器设备

表 2-3　冷冻干燥所用试剂及仪器设备

项　　目	名　　称	说　　明
仪器设备	真空冷冻干燥机	配置 1 台真空泵，FD-1-50 型冷冻干燥机
	液氮容器	配置 3 个提筒，容积 10L 的 YDS-10A 型容器
	分析天平	精度等级为 0.001g
	玻璃试管	17mm×200mm，平口圆底

项　目	名　称	说　明
试剂	液氮	工业级冷冻剂
	异戊烷	分析纯级过渡剂

冷冻干燥预处理的基本步骤：首先，利用透水石将土样从环刀中轻轻推出，用刀片在土样上划一深槽并用手掰断以暴露新鲜的研究断面，重复此法将样品制成厚度 10mm 左右的近似长方体或立方体，此过程中应尽量避免样品破碎或暴露的颗粒移位；其次，将样品轻放于试管内，用滴管添加异戊烷过渡剂使样品被其完全浸没，将试管放入提筒，将提筒浸泡在液氮容器内使其迅速冷冻至 −193℃，控制冷冻时间在 3min 左右；最后，将试管中的冷冻样品用镊子轻轻取出后放入铝盒，并立即移入预冷过的真空冷冻干燥机内，盖好密封罩并开启真空泵，使样品在 −50℃的真空状态下进行 24h 以上的冷冻干燥处理，排出水分后再进行 MIP 试验。

2. MIP 试验

(1) 试验原理与设备。

研究表明，汞等非浸润性液体在没有外部压力的作用下不会流入固体材料的孔隙。根据 Autopore 9510 型全自动压汞仪操作手册，将固体材料的孔隙看作是圆柱形的毛细管，在压力作用下，将汞等非浸润性液体压入半径为 r 的圆柱形孔隙中，达到平衡时，作用在液体接触环截面法线方向的压力 $p\pi r^2$ 与同一截面上张力在该面法线上的分量 $2\pi r\sigma\cos\alpha$ 等值反向，根据平衡方程导出孔径 r 与注入非浸润性液体所需施加的外部压力 P 之间的 Washburn 方程，如式(2−7)或(2−8)所示。

$$P\pi r^2 = -2\pi r\sigma\cos\alpha \tag{2−7}$$

即

$$P = -2\sigma\cos\alpha/r \tag{2−8}$$

式中，P——施加的外部压力，N；

　　　r——圆柱状孔隙的半径，m；

　　　σ——注入液体的表面张力系数，N/m，汞取 0.484N/m；

α——注入液体对固体材料的浸润角,°,汞取 $130°$。

施加外部压力时,记录每一级压力增量下的进汞量（即汞被压入到固体材料孔隙中的量）,利用式(2-7) 或式(2-8) 即可换算成孔隙半径,从而得出固体材料孔隙的定量分布。

MIP 法所用试剂为分析纯级汞,仪器设备为 AutoPore9510 型全自动压汞仪,该仪器可施加 $0\sim60000$psia 的压力,测量孔径范围为 3nm $\sim$ 1000μm,通过全自动计算机控制程序可以完成全过程的数据采集和试验曲线绘制,仪器及配套的膨胀计如图 2-11 所示。

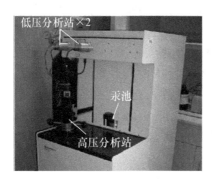
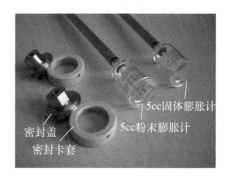

图 2-11　AutoPore9510 型全自动压汞仪及配套的膨胀计

MIP 试验成功的关键是选择合适的膨胀计型号,为了确保不会因为压入的汞过少或溢出而导致试验失败,需控制所选试样的孔隙体积(V_v) 是膨胀计毛细管体积的 $25\%\sim90\%$,因而需合理选择试样质量并预估其孔隙体积。本文根据土样常规试验结果和试验所用操作手册估算后,确定 MIP 试验土样的土样质量应控制在 $0.8\sim1.2$g,膨胀计型号为 1.131cc。

（2）主要试验步骤。

① 编辑样品文件,选择膨胀计。首先要编辑好样品文件,确认与分析样品量相适应的膨胀计头部,保证毛细管进汞量要大于进汞量。

② 安装膨胀计。戴乳胶手套,经过冷冻干燥预处理的土样取出称重后,将膨胀计毛细管朝下,用手握住膨胀计,将样品慢慢倒入膨胀计头部。使用适量真空密封酯涂抹在膨胀计头部的研磨了的玻璃表面上,将密封表面的内延和外延多余的密封酯去除掉。向上拿住膨胀计,把密封盖对中,盖在密封面上并压紧,把密封卡套套进膨胀计杆内,并将膨胀计装入

低压分析站并固定。

③ 低压分析。在分析软件上，选择对应的样品分析文件，输入样品质量、膨胀计参数和分析条件后即可进行低压分析。低压分析结束后取出膨胀计，擦除杆部的硅密封脂后再次称重。

④ 高压分析。低压分析结束后需马上进行高压分析，以免汞和土样接触，产生氧化，影响分析结果。将膨胀计小心装入高压分析站内并排净分析站内的大气泡后密封高压站。在分析软件上编辑好高压分析文件后，显示分析状态并高压数据采集和分析。

⑤ 试剂回收、清理。高压分析结束后取出膨胀计，将膨胀计内的汞及土样倒入废汞回收瓶并清洗膨胀计。

（3）试验数据与曲线。

应用 AutoPore IV 9500 V1.09 分析软件，选择对应压汞试验的数据分析文件，即可调用相关土样的总体信息和进、退汞数据报告等，土样具体分析数据如图 2-12 所示。

应用软件可以导出包括进汞量-进汞压力关系曲线、退汞量-退汞压力关系曲线、进汞增量-进汞压力关系曲线、进汞微分变化量-孔径分布曲线等在内的各种试验曲线。图 2-13 与图 2-14 分别为典型的累积进汞量-进汞压力分布曲线与进汞量变化对数值-孔径分布曲线。根据上述数据，整理成如图 2-15 所示的以小于某孔隙的体积百分含量为纵坐标、孔隙直径为横坐标的孔隙分布特征曲线，以分析土样的孔隙分布情况。

图 2-12　AutoPore IV 9500 V1.09 软件分析数据

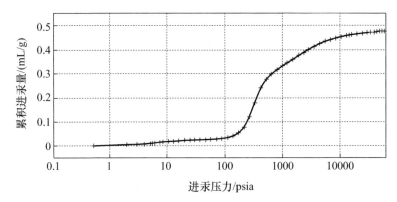

图 2-13 累积进汞量-进汞压力分布曲线

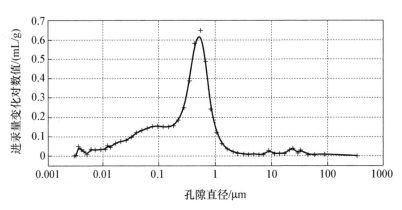

图 2-14 进汞量变化对数值-孔径分布曲线

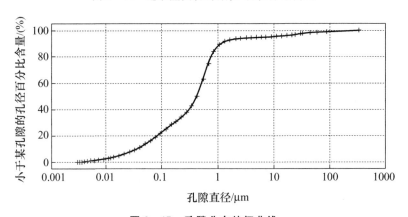

图 2-15 孔隙分布特征曲线

2.5 试样制作及微细观参数测试

2.5.1 试样制作及性质

试样制备是微细观参数测试的准备阶段，制作方法决定其测试结果的可靠性。表 2-4 列出了所涉及的微细观参数测试试验的试样制备方法，其中对原状土和扰动土试样的制备要求与步骤可参照《土工试验方法标准》（GB/T 50123—2019）中的规定。

表 2-4 微细观参数测试试验的试样制备方法

测试内容	土样种类	试样制备方法
矿物成分	天然软土	风干后碾碎，经 0.075mm 孔筛筛后再烘干
比表面积	天然软土	风干后碾碎，经 0.25mm 孔筛筛后再烘干
	人工软土	烘干后，称取适量干土，混合土则按干质量比进行混合
阳离子交换量	天然软土	风干后碾碎，经 1mm 孔筛筛后，测定风干含水量
	人工软土	烘干后，称取适量干土，混合土则按干质量比进行混合
微孔隙尺度及分布	天然软土	从环刀样中切取，制成厚 10mm 左右块体，进行冷冻干燥
	人工软土	

注：1. 烘干温度：天然软土控制为 65℃，人工软土控制为 106℃。
  2. 冷冻干燥法参考 GB/T 50123—2019 的 2.3.5.1。

微细观参数测试所用的人工软土材料均为高纯度的超细粉末，主要包括膨润土、高岭土等黏土矿物，以及石英、长石等非黏土矿物成分。表 2-5 为各单一成分人工土材料的主要物理变量。试验测试所用的天然软土均取自珠江三角洲的施工现场，具体物理力学性质见后续各章节，其微细观参数测试与人工软土相同，在此不一一赘述。

表 2-5　各单一成分人工软土材料的主要物理参量

土样名称	比重	液限/（%）	塑限/（%）	塑性指数/（%）
膨润土	2.49	187.9	56.1	131.8
高岭土	2.83	60.2	34.6	25.6
石英	4.17	15.7	9.1	6.6
长石	4.86	12.6	6.8	5.8

2.5.2　试样的微细观参数及测试

本书涉及的人工软土主要有膨润土、高岭土、石英和长石，其中膨润土的主要成分为蒙脱石（属于钠基，为无机土），高岭土的主要成分为高岭石，长石的主要成分是钾长石。

1. 颗粒尺度范围及分布

为了测试人工软土的颗粒尺度范围及分布，选择 Mastersizer2000 型激光粒度分析仪。采用小角激光光衍射原理测试上述各单一成分人工软土的平均粒径，控制测量范围为 $0.02\sim 2000\mu m$。为了保证单一成分样品在测试过程中完全分散，采用湿测试法进行测试。粒度分析结果表明：试验所用膨润土、高岭土、石英及长石的平均粒径介于 $3.457\sim 10.563\mu m$，均为微米级，属于极细颗粒土，具体结果见表 2-6。

表 2-6　各单一成分人工软土的平均粒径

成分	膨润土	高岭土	石英	长石
平均粒径/μm	9.459	3.457	10.563	9.471

2. 颗粒比表面积测试

比表面积是反映土体颗粒吸附性能的重要参数，也是表面电荷密度计算的基本参数之一。颗粒越细则颗粒的比表面积越大，其吸附结合水的能力就越强，在宏观上表现出较高的液、塑限，其对土体的物理力学性质有显著影响。采用 EGME 法测试试样的比表面积，每组测试 3 个相同的样品，具体测试方法见 2.3.1 节，试验结果见表 2-7。

表 2-7 单一成分及混合成分人工软土的 EGME 法测试总比表面积结果

试样成分	铝盒 W_0/g	铝盒＋干样 W_1/g	铝盒＋干样＋吸附的 EGME W_2/g	比表面积	
				$S_s/$ (m^2/g)	$\bar{S_s}/$ (m^2/g)
膨润土 （主要成分蒙脱石）	9.0117	10.0879	10.2374	426.5	
	8.9692	9.9703	10.1092	426.0	426.9
	8.7113	9.7163	9.8566	428.3	
高岭土 （主要成分高岭石）	8.8911	9.8972	9.9023	17.6	
	9.5324	10.5369	10.5419	17.3	17.6
	9.5313	10.5343	10.5395	18.0	
石英	8.9446	9.9467	9.9486	6.6	
	8.7136	9.7142	9.7161	6.6	6.6
	9.0131	10.0141	10.016	6.6	
长石	9.0295	10.0416	10.0429	4.5	
	8.5991	9.6014	9.6027	4.5	4.5
	8.3137	9.3204	9.3217	4.5	
33.3％膨润土＋ 66.7％高岭土	8.5975	9.5835	9.6345	172.0	
	8.3275	9.294	9.3426	167.4	169.7
	9.0392	10.0099	10.0594	169.7	
50％膨润土＋ 50％高岭土	8.3138	9.3232	9.3985	242.7	
	9.0367	10.0482	10.1223	238.7	241.4
	8.6965	9.6165	9.6852	242.9	
66.7％膨润土＋ 33.3％高岭土	8.9622	9.9601	10.0707	348.9	
	9.0215	10.0393	10.1512	346.3	346.8
	8.8216	9.7383	9.8387	345.1	

由不同矿物的单一成分及混合成分人工软土试样的比表面积测试结果分析，可得如下结论。

（1）膨润土、高岭土的主要矿物成分分别为黏土矿物的蒙脱石和高岭石，由于矿物属层状硅酸盐，具备特有的层状结构，试样的总比表面积大于非黏土矿物。其中，膨润土试样的总比表面积分别是石英和长石的 64.7 倍和 94.8 倍；高岭土的总比表面积分别是石英和长石的 2.7 倍和 3.9 倍。非黏土矿物中的石英晶体属于三方偏方面体晶类，常发育成完好的柱状晶体，而长石常发育成为平行于 a 轴、b 轴或 c 轴的柱状或厚板状晶体，两者并不具有黏土矿物的层状结构，总比表面积偏小。

（2）试样总比表面积与其组成成分有关，不同矿物成分的试样的总比表面积有时相差较大。当膨润土（主要成分是蒙脱石）相对含量从 33.3% 依次增加到 50%、66.7%、100% 时，试样的实测总比表面积依次增大了 1.4、2.0、2.5 倍。可见矿物成分是影响试样总比表面积的重要因素，单一成分的总比表面积越大，相对含量越高，对混合后试样总比表面积的影响越大，而且混合试样的总比表面积近似可用各单一成分的总比表面积按混合比例叠加表示。

3. 阳离子交换量测试

CEC 是软土最重要的胶体化学性能。土颗粒的 CEC 越大，表明其活性程度越高；CEC 也是计算表面电荷密度的基本参数。采用乙酸铵交换法测试单一成分或混合成分人工软土试样的 CEC，具体操作步骤可参考《中性土壤阳离子交换量和交换性盐基的测定》（NY/T 295—1995）中的相关规定或本书 2.4.2 节的相关内容。乙酸铵交换法测试人工软土的 CEC 结果见表 2-8。

表 2-8　乙酸铵交换法测试人工软土的 CEC 结果

试样成分	CEC/（cmol/kg）
膨润土	73.500
高岭土	3.650
石英	0.215
长石	0.215
33.3%膨润土＋66.7%高岭土	28.200
50%膨润土＋50%高岭土	43.600
66.7%膨润土＋33.3%高岭土	51.400

从人工软土试样的 CEC 测试结果可以得出以下结论。

(1) 黏土矿物与非黏土矿物的重要区别是前者具有较高的 CEC。膨润土、高岭土黏土矿物的 CEC 明显高于石英、长石非黏土矿物。膨润土的 CEC 约是石英、长石的 342 倍，而高岭土的 CEC 约是石英、长石的 17 倍。

(2) 分析黏土矿物与非黏土矿物的 CEC 差异的主要原因是源自晶层结构的差异。膨润土的层间成键是由平衡结构中所缺电荷的阳离子及范德华力形成的，其键能相对较弱，可被乙二醇乙醚、甘油等极性溶液分离介入。因此，膨润土的主要成分蒙脱石除了具有晶层的外表面积以外，内表面积约占总比表面积的 80% 以上 (Mitchell J K，1993)。相比之下，高岭土的主要成分高岭石虽然也具有层状结构，但层间依赖强度较大的氢键和范德华力结合，不会发生层间膨胀，乙二醇乙醚等极性溶液不能进入晶层间，只能吸附在外表面，可以认为其缺乏内表面，故外表面积与总比表面积非常接近。晶层结构除了影响总比表面积外，也决定了 CEC 的分布。蒙脱石的比表面积较大，存在大量的非平衡置换，具有很强的阳离子交换能力，其中 80% 以上的 CEC 分布在层面上，而高岭石的比表面积较小且阳离子交换能力主要分布在晶体的边面上 (刘培生等，2006)，阳离子交换能力较弱。因此，测试结果表现为后者的 CEC 远小于前者，为前者的 1/20。

(3) 单一成分矿物人工软土的 CEC 越大、相对含量越高，则对混合矿物成分试样的 CEC 影响越大，而且混合试样的 CEC 值同样可用各单一成分的 CEC 值按混合物的质量百分比叠加来近似表示。

4. 孔隙液离子浓度及配制

孔隙液的离子浓度能够影响土颗粒的表面电位从而引起颗粒表面结合水膜厚度的改变，进而导致土体物理力学性质的变化。为研究结合水膜厚度的变化对土体的强度、渗透等特性的影响，采用蒸馏水和一系列不同浓度的氯化钠 (NaCl) 溶液用于人工土孔隙液的配制。采用 NaCl 为分析纯级颗粒，溶液浓度单位为摩尔浓度 mol/L。

溶液配制的基本方法为将事先计算并称量的 NaCl 颗粒溶于一定量的蒸馏水中，用玻棒搅拌至完全溶解，并以容量瓶定容，表 2-9 所示为 NaCl 溶液的配制浓度与对应的溶质质量。

表 2-9 NaCl 溶液的配制浓度与对应的溶质质量

溶液离子浓度 n/ (mol/L)	溶质质量 m/ (g/L)
8.3×10^{-3}	0.486
8.3×10^{-2}	4.856
5.0×10^{-1}	29.250
8.3×10^{-1}	48.555
2.0	117.000

5. 颗粒表面电荷密度与电位换算

在土颗粒-水-电解质的研究系统中,在表面微电场作用下,带负电的黏土颗粒会引起颗粒附近的阳离子在静电吸引和浓度扩散引起的逸散趋势下发生重新分布,形成双电层结构模型。研究者建立了 Helmholtz 模型、Stern 模型和 Gouy-Chapman 模型等。Gouy-Chapman 模型的参数定量计算比 Stern 模型简单,且模型比 Helmholtz 模型更合理,可以比较便捷地计算出扩散双电层的厚度,定量描述表面电荷密度和表面电位的关系及扩散双电层中电位随距离的变化规律等。因此,Gouy-Chapman 模型被广泛应用于表面化学、胶体化学和电化学等相关领域。

土颗粒的表面电位是分析颗粒表面微电场对土体物理力学性质影响的重要微细观参数,本书采用相对成熟的 Gouy-Chapman 扩散双电层理论(Van O H,1982;Mitchell J K,1993)进行表面电位的求解。基于前述实测的颗粒总比表面积和 CEC 两个参数可以换算出颗粒的表面电荷密度,进而计算颗粒的表面电位。

由 Gouy-Chapman 扩散双电层理论可知,当黏土颗粒置于水中时,其表面负电荷会吸附各种水中的阳离子,同时,颗粒表面附近的已吸附阳离子由于浓度较高而有一种向外(即浓度较低区域)扩散的趋势,以保证全系统内阳离子浓度处于均衡状态。在颗粒表面静电吸引、阳离子逸散趋势的综合作用下,悬液中黏土颗粒附近的离子分布状态与电势分布如图 2-16 所示。

Gouy-Chapman 理论对平面情况下的扩散双电层进行了数学描述,其基本假设如下。

① 认为双电层内的离子均为点电荷,相互之间没有作用。

② 土颗粒表面上的电荷分布是均匀的。

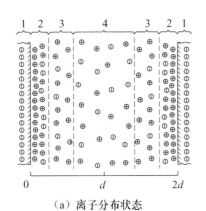 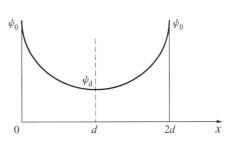

（a）离子分布状态　　　　　　　（b）电势分布

1—带电的黏土颗粒表面；2—吸附层；3—扩散层；4—自由层；

ψ_0—颗粒的表面电位（电势）；ψ_d—颗粒平板间的中面电位（电势）；

$2d$—黏土平板颗粒间距。

图 2-16　悬液中黏土颗粒附近的离子分布状态与电势分布

③ 在一维条件下，认为颗粒表面是与扩散双电层厚度密切相关的一个平面。

④ 介质静介电常数与位置无关。

当扩散双电层建立平衡时，距离黏土表面 x 处的 i 型离子的平均局部浓度可按 Boltzmann 定理表示为同样距离处的平均电势 ψ 的函数，如式(2-9)所示。

$$n_- = n_{-0}\exp\left(\frac{v_- e\psi}{kT}\right),\ n_+ = n_{+0}\exp\left(\frac{-v_+ e\psi}{kT}\right)$$
$$\rho = v_+ en_+ - v_- en_- \tag{2-9}$$

式中，n_+——阳离子的局部浓度；

　　　　n_-——阴离子的局部浓度；

n_{+0}、n_{-0}——远离黏土表面的阳离子和阴离子的浓度；

　v_+、v_-——离子价；

　　　　e——电子电荷；

　　　　k——Boltzmann 常数；

　　　　T——绝对温度；

　　　　ρ——局部电荷密度。

电势、电荷及距离三者之间关系可用 Poisson 方程表示，见式(2-10)。

$$\frac{\mathrm{d}^2 \psi}{\mathrm{d} x^2} = -\frac{4\pi}{\varepsilon}\rho \qquad (2-10)$$

式中，ε——介质的介电常数。

对于溶液中具有相同化合价的单一阴、阳离子，可以认为：$v_+ = -v_- = v$，$n_{+0} = n_{-0} = n$。

将式（2-9）代入式（2-10）并进行化简后，可以得到如式（2-11）所示的双电层基本方程。

$$\frac{\mathrm{d}^2 \psi}{\mathrm{d} x^2} = \frac{8\pi n v e}{\varepsilon} \sinh\left(\frac{v e \psi}{kT}\right) \qquad (2-11)$$

用以下无量纲量改写式（2-11），以便于应用。

$$y = \frac{v e \psi}{kT}, \ z = \frac{v e \psi_0}{kT}, \ \xi = Kx, \ 其中, \ K^2 = \frac{8\pi n e^2 v^2}{\varepsilon kT}, \mathrm{cm}^2 \,。$$

因此，可将式（2-11）可改写为式（2-12）。

$$\frac{\mathrm{d}^2 y}{\mathrm{d} \xi^2} = \sinh y \qquad (2-12)$$

利用相互作用双电层模型的边界条件：$x = d$，$y = u = \dfrac{v e \psi_\mathrm{d}}{kT}$ 及 $\left(\dfrac{\mathrm{d}\psi}{\mathrm{d}x}\right)_{x=d} = \left(\dfrac{\mathrm{d}y}{\mathrm{d}\xi}\right)_{x=d} = 0$，对式（2-12）进行积分，可得式（2-13）。

$$\frac{\mathrm{d}y}{\mathrm{d}\xi} = -\left(2\cosh y - 2\cosh u\right)^{1/2} \qquad (2-13)$$

移项并再次积分，得到如式（2-14）所示的关系。

$$\int_z^u \left(2\cosh y - 2\cosh u\right)^{-1/2} = -\int_0^d \frac{\mathrm{d}y}{\mathrm{d}\xi} = -Kd \qquad (2-14)$$

式（2-14）就是考虑相互作用的双电层模型的电位（电势）分布函数。当颗粒表面电荷恒定时，颗粒的表面电荷密度可由式（2-15）予以表达。

$$\sigma = -\int_0^d \rho \mathrm{d}x = -\frac{\varepsilon}{4\pi}\left(\frac{\mathrm{d}\psi}{\mathrm{d}x}\right)_{x=0} = -\frac{\varepsilon}{4\pi}\left(\frac{\mathrm{d}y}{\mathrm{d}\xi}\right)_{x=0}\frac{KkT}{ve}$$

即，
$$\sigma = \left(\frac{\varepsilon n kT}{2\pi}\right)^{1/2}\left(2\cosh z - 2\cosh u\right)^{1/2} \qquad (2-15)$$

其中，$\sigma = \Gamma \times \dfrac{F}{1000}$，$(\mathrm{c/m}^2)$；$z = \dfrac{v e \psi_0}{kT}$；$u = \dfrac{v e \psi_\mathrm{d}}{kT}$。

式（2-12）即为不同的孔隙液离子浓度 n 下，黏土颗粒的表面电位 ψ_0 与电荷密度 σ 之间关系的表达式。在土颗粒表面电荷恒定的情况下，σ 为土颗粒的表面电荷密度，ε 为介电常数，n 为孔隙液的离子浓度，T 为绝对温度，Γ 为土颗粒表面单位面积的阳离子交换当量，F 为 Faraday 常数，z、u 为无量纲参数，v 为离子化合价，ψ_0 为土颗粒的表面电位，ψ_d 为两平板间的中面电位，k 为 Boltzmann 常数。

利用式（2-15）计算时，参数取值为 $F = 9.65 \times 10^4$（C/mol）；$\varepsilon = 80.0$；$k = 1.38 \times 10^{-23}$ J·K^{-1}；$e = 1.602 \times 10^{-19}$ C；绝对温度 $T = 290K$（即 17℃）；离子化合价 $v = \pm 1$；Γ 可由实测的阳离子交换量除以颗粒总比表面积换算求得。

以黏土矿物—膨润土、高岭土、膨润土与高岭土的混合土，非黏土矿物—石英、长石为例，将根据式（2-15）求得的不同孔隙液离子浓度 n 情况下试样的颗粒表面电位 ψ_0 与中面电位 ψ_d 列于表 2-10 中。

表 2-10　不同孔隙液离子浓度对应的试样的颗粒表面电位与中面电位

试样成分	含水量/(%)	Γ/($\times 10^{-3}$ meq/m²)	各孔隙液离子浓度下对应的表面电位与中面电位/mV								
			8.3×10^{-3}/(mol/L)		8.3×10^{-2}/(mol/L)		5.0×10^{-1}/(mol/L)		8.3×10^{-1}/(mol/L)		2.0/(mol/L)	
膨润土	65.2	1.722	176	96	114	35	78	6	61	2	43	0.1
高岭土	56.7	2.074	178	0	123	0	81	0	69	0	51	0
石英	18.1	0.326	93	0.09	42	0	18	0	14	0	9	0
长石	14.9	0.478	122	0	62	0	30	0	22	0	14	0
33.3%膨润土+66.7%高岭土	61.7	1.662	166	56	106	10	75	0	57	0	41	0
50%膨润土+50%高岭土	61.8	1.806	167	73	107	21	72	1	57	0	42	0
66.7%膨润土+33.3%高岭土	62.7	1.482	168	76	108	27	67	2	57	1	42	0

从表 2-10 中的孔隙液离子浓度与颗粒电位的关系可以看出：

① 随着 n 的增大，各种成分的人工软土试样的 ψ_0 与 ψ_d 呈下降的趋势。

② 当 n 从 $8.3\times10^{-3}\,\text{mol/L}$ 增大到 $5.0\times10^{-1}\,\text{mol/L}$ 时，各试样的 ψ_0 与 ψ_d 出现较大的降幅；当 n 继续增大至 $2.0\,\text{mol/L}$ 时，ψ_0 的降幅减缓，而 ψ_d 基本接近零。

③ 浓度 n 相同时，黏土矿物试样—膨润土的 ψ_0 与 ψ_d 值均较大，随着混合土中膨润土相对含量的减少，试样的 ψ_0 与 ψ_d 依次降低；非黏土矿物试样—石英和长石的 ψ_0 较小而 ψ_d 基本为零；高岭土的 ψ_0 值稍高于膨润土，而 ψ_d 值接近零。

由 Gouy-Chapman 理论的换算结果表明，土颗粒的电位随着溶液中离子浓度的增大而降低，不同成分的土样具有不同的电位，其中表面电位 ψ_0 与中面电位 ψ_d 的大小、表面电荷密度有关，ψ_d 还受到土颗粒间距的影响。一般而言，高岭土不具有内表面，而阳离子交换量也低于膨润土，但因为阳离子单纯位于外表面上，而外表面虽小，电荷密度仍然可观，使高岭土的表面电位 ψ_0 稍高于膨润土；由单位质量土的含水量与其比表面积之比可估算土颗粒之间的水层厚度（包含结合水与自由水），高岭土的水层厚度约为 $3.2\times10^{-6}\,\text{cm}$，石英的水层厚度约为 $2.7\times10^{-6}\,\text{cm}$，长石的水层厚度约为 $3.8\times10^{-6}\,\text{cm}$，膨润土的水层厚度约为 $1.4\times10^{-7}\,\text{cm}$，可以定性判断高岭土、石英及长石土颗粒之间的距离大于膨润土颗粒，因此土颗粒之间的相互影响非常微弱，中面电位基本为零。

2.6 土体微结构定量分析的 PCAS 图像处理技术

Particles and Cracks Analysis System（PCAS）是南京大学开发的一款针对岩土体颗粒及裂隙（线）网络识别和定量分析的专用软件，界面如图 2-17 所示。它支持图像采集、增强、标定、图像处理、计数、测量、分析、图像标注、图像数据库、报表生成器等功能。

PCAS 图像处理功能强大，自动化水平高。软件提供视场平衡、背景校正及多种等效对比增强技术，加强图像的色彩质量和对比度；提供了自动检查和手动阈值功能进行图像分割，图像显示方便；阈值调试过程能实时清晰地观察图形的变化。此外，还可锐化、柔化、羽化和强化目标边缘，并提供强大的图像形态学处理功能，如腐蚀、膨胀、开运算、闭运

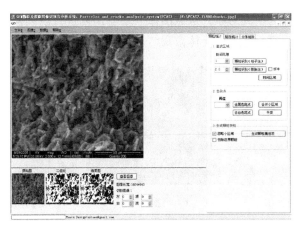

图 2 - 17 PCAS 图像处理界面

算、骨架化、分支修剪、分支与结点、形态学间距和转折点等，形态学操作能对重叠或成簇的目标物进行识别和有效分离。在对颗粒识别上，可以自动封闭小孔隙识别出颗粒，得到每个颗粒的长度、宽度、周长、面积、费雷特方向、形状因子、分形维数、定向性等参数。同理，也能得到孔隙的相应参数。该软件还可以自动识别出裂隙网络中的节点和线，得到各裂隙的面积、长宽、方向、两端点的位置，进而得到盒维法分形维数和玫瑰图等。对于测量数据可以用直方图、频谱图、伪彩色显示测量结果，以及基于测量结果对被测目标分离、提取和自动分类、归类和统计，通过动态数据交换将测量结果输出至 Word、Excel 等做进一步分析。

2.6.1 图像预处理与阈值分割

1. 图像预处理

由于样品含少量水分、观测表面不平整或成分不均等多种因素均会造成拍摄出的图像清晰度不够、亮度不均匀或颗粒与孔隙"混淆"等现象，若直接进行后期处理，获取的微观结构参数结果往往是不合理的。因此，为了得到合理准确的微观结构参数，需要对图像进行预处理和适当调整。在预处理时，首先利用 Photo Shop（PS）软件对图像进行重曝光，通过对曝光度、亮度、对比度和灰度系数校正值的调整，使图像达到最佳分析状态；其次，利用 PS 软件的切片工具，剔除原图像中的明显凹陷或突起部分，选取连续的局部平整部位作为研究对象，从原图像中裁剪出来进行后续操作，目的是最终能获取较为合理、准确的土体微观结构参数，如图 2-18 所示。

（a）拍摄图像　　　　　（b）调整后图像　　　（c）裁剪后用于分析的图像

图 2-18　图像预处理

2. 阈值分割

所谓图像分割就是将图像表示为物理上有意义的连通区域集合，它是图像分析最关键的一步，其后的图像特征提取、目标识别等的好坏，都取决于图像分割的质量。图像分割方法有阈值法、区域生长法、边缘检测法、人工神经网络法、可变模型法、基于模糊集理论的方法等（Shi J B 等，2000），其中广泛应用的是阈值法。

阈值法基于图像的灰度进行分割，是一种经典的并行区域分割算法（Adleman LM，1994；章毓晋，2016）。其基本思想是，在图像的灰度取值范围内确定一个阈值，将组成图像的所有像素的灰度值与阈值进行比较，根据比较结果将图像像素分为目标和背景两类。阈值分割简单方便，对目标和背景对比明显的图像分割效果显著，其基本原理是设原始图像为 $Z(i,j)$，以一定的准则在 $Z(i,j)$ 中找出灰度值 T 作为分割阈值，将图像分为目标和背景两部分，分割后的二值图像为 $G(i,j)$，见式(2-16)。

$$G(i,j)=\begin{cases} 1 & Z(i,j) \geqslant T \\ 0 & Z(i,j) < T \end{cases} \qquad (2-16)$$

阈值分割的关键是阈值确定，若阈值选得过高，就会将背景误认为是目标；反之，则会将目标误认为背景而导致信息丢失（刘超等，2015；李克新等，2016；钱堃等，2016）。在对试样微观结构图像定量分析前，需用二值化法将土体分为颗粒和孔隙两部分，对于一幅 256 级灰度图来说，灰度在 0～T 间的像素是孔隙，T～255 间的像素是颗粒。本人曾尝试利用局部及全局的手动设定阈值法分割图像，并将局部及全局两种方法得到微结构参数结果进行比对后发现，局部阈值法与真实情况更为接近（周晖等，2010）。

2.6.2　二值化图像编辑与形态学处理

　　阈值选取后，还需要进一步对二值化图像进行编辑。用上述阈值分割法只能将土颗粒或孔隙等研究目标较准确地加以区分，但是实际图像中往往会出现若干个研究目标（颗粒或孔隙）紧挨的情况，而二值化图像通常是将其作为一个整体来处理，如图 2-19（a）所示。此时，图 2-19（b）中相同颜色代表同一颗粒，若按照此划分结果来提取微观结构参数，必将导致错误。

　　为减少微结构处理时的误判，获取更加真实、可靠的微观结构参数，还需要对分割好的二值化图像进一步编辑，将紧挨的研究目标（颗粒或孔隙）区分开，编辑后图像颗粒的划分结果如图 2-20 所示。

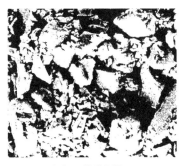
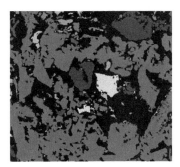

（a）二值化图像　　　　　　　　　　　　（b）颗粒划分结果

图 2-19　二值化图像（编辑前）

（a）二值化图像　　　　　　　　　　　　（b）颗粒划分结果

图 2-20　二值化图像（编辑后）

　　同时，因土样自身团聚或存在制样误差等因素，经常会造成土样的 ESEM 图像存在一些孤立的黑点或亮点。为了提高图像的分析精度，在分析前必须进行去杂操作，即滤除图像分割时存在的一些孤立单点，但不改变研究目标和其对应的结构。经形态学处理后，一些较小孤点会被滤除，研究目标和其对应的结构没有改变，但一些较大孤点，即占据 2~3 个以上像素的孤点会被保留，可以通过填充内孔将其滤除。

2.6.3　图像的定量分析参数

　　采用 PCAS 图像处理软件可以方便地提取土体的研究对象（即颗粒或孔隙）的数量、大小、形态和定向特征等，从而得知颗粒或孔隙的面积、周长、平均面积、平均周长、平均形状系数、等效粒径或孔径等微观结构信息，是一种能同时获得多种微观结构定量信息的方法。现将本书中涉及土体（含颗粒及孔隙）的微观结构定量化参数做如下说明。

　　1. 面孔隙比（e_m）和面孔隙率（n_m）

　　e_m 和 n_m 的计算分别见式(2-17)和式(2-18)。

$$e_m = \frac{A_V}{A - A_V} \tag{2-17}$$

$$n_m = \frac{A_V}{A} \times 100\% \tag{2-18}$$

式中，A_V——孔隙所占面积；

　　　　A——总观察面积。

　　由式(2-17)、式(2-18)计算得到的 e_m 和 n_m，往往比实际土体中的孔隙比和孔隙率要小。因为通过 ESEM 观察无法统计到团粒内部的孔隙，反映的只是某观察面上的孔隙情况，统计的是团粒间的孔隙状况；计算获得的 e_m 和 n_m 与透明方格纸上的格子边长取值有关，取值越小，格子越小，则精度越高；同时还与图像的放大倍数有关。因此，计算获得的 e_m 和 n_m，只能反映所处理图像的面孔隙特征，能否代表整个土体的孔隙状况还要视具体情况而定。

　　2. 平均面积 $\overline{A}$

　　$\overline{A}$ 的计算见式(2-19)。

$$\overline{A} = \frac{1}{n}\sum_{i=1}^{n}A_i \qquad (2-19)$$

式中，n——统计颗粒或孔隙数。

3. 平均圆形度 R

R 的计算见式$(2-20)$，R_i 的计算见式$(2-21)$。

$$R = \frac{1}{n}\sum_{i=1}^{n}R_i \qquad (2-20)$$

$$R_i = 4\pi A_i/L_i^2 \qquad (2-21)$$

式中，A_i——区域的面积；

L_i——区域的周长；

n——统计的颗粒或孔隙数。

R 的取值范围为（0，1）。R 值越大，则区域越接近圆形；当 $R=1$ 时，区域就是一标准圆形。

4. 平均形状系数 F

某一颗粒或孔隙的形状系数 F_i 定义为：$F_i = C/S$，C 为与颗粒或孔隙等面积的圆周长，S 为颗粒或孔隙的实际周长。而平均形状系数计算见式$(2-22)$。

$$F = \frac{1}{n}\sum_{i=1}^{n}F_i \qquad (2-22)$$

式中，n——统计的颗粒或孔隙数。

5. 平均方向角 α

平均方向角 α 是将各级结构单元体的方向角累计之和除以样品中所出现的大小不等、形状各异的结构单元体的个数，α 的计算见式$(2-23)$。

$$\alpha = \frac{1}{n}\sum_{i=1}^{n}\alpha_i \qquad (2-23)$$

式中，α——平均方向角；

α_i——第 i 个结构单元体长轴与 X 轴的夹角。

6. 定向角 $\overline{\alpha}$

按照统计学原理，为了使每一个结构单元体在水平应力作用下所起的作用得以充分肯定，充分考虑研究目标（颗粒或孔隙）平均面积权重后的平均方向基本上能较合理地代表颗粒或孔隙的平均方向，$\overline{a}$ 的计算见式$(2-24)$。

$$\bar{\alpha} = \frac{1}{n} \sum_{i=1}^{n} W_i \alpha_i \qquad (2-24)$$

式中，$\bar{\alpha}$——研究目标（颗粒或孔隙）考虑权重后的平均方向，°；

$\quad\quad$ W_i——第 i 个研究目标（颗粒或孔隙）的权重；

$\quad\quad$ α_i——第 i 个研究目标（颗粒或孔隙）的长轴与 X 轴的夹角。当长轴与 X 轴夹角$\leqslant 90°$时，直接取其值；当长轴与 X 轴夹角$>$ $90°$时，则取 $180° + \alpha_i$，α_i 为与 X 轴所夹的锐角，α_i 取负值，则 $180° + \alpha_i$ 的角度值变化范围为 $90° \sim 180°$。

7. 概率熵 H_m

施斌（1997）从现代信息系统论中引进一个指标—概率熵，以反映土体微观结构单元体排列的有序性。概率熵可用式(2-25)表示。

$$H_m = -\sum_{i=1}^{n} P_i \log_n P_i \qquad (2-25)$$

式中，H_m——软土颗粒（结构单元体）排列的概率熵；

$\quad\quad$ P_i——结构单元体在某一方位区中呈现的概率，P_i 即为在某一方位上单元体的定向强度；

$\quad\quad$ n——在单元体排列方向 $[0, N]$ 中等分的方位区数。

如结构单元体的排列方向为 $0° \sim 180°$，以 $10°$ 为单位等分，n 为 18，根据结构单元体在各个方位区上的定向强度，可计算出软土结构排列的概率熵。显而易见，H_m 的取值在 $[0, 1]$ 区间，当 $H_m = 0$ 时，表明所有的结构单元体排列方向均在同一方位，显示出单元体排列的有序度最高；当 $H_m = 1$ 时，表明单元体完全随机排列，在每一方位区中，结构单元体出现的概率相同，完全无序。H_m 越大，说明结构单元体排列越混乱，有序性越低。概率熵提供了一个土体总体结构特征的定量量度指标，可以认为是一种最有前途的定量指标。

2.7　本章小结

利用现有试验设备和试剂，本章总结和探讨了软土强度、固结、渗透特性的各种宏、微细观室内试验原理、方法和步骤，现将主要观点归纳如下。

（1）软土工程特性的宏、微细观室内试验都是分析软土微细观参数的基础。宏观试验主要应围绕影响软土微细观性质的各种宏观因素开展；微细观试验则应合理选择测试手段，在测试过程中避免扰动，尽量保持其原有结构和物理化学性质。

（2）应变控制式直剪仪具有原理简单、操作简便等优点，可以便捷地测定软土的抗剪强度及强度指标，在实际岩土工程中应用广泛。

（3）渗流固结法是一种利用固结仪对试样进行标准固结试验确定固结系数，并通过太沙基固结理论间接求出试样渗透系数的方法，属于间接测试法。

（4）颗粒的比表面积是反映软土表面特性的重要指标，其测试方法主要分为仪器法和吸附法两大类。常用的吸附剂有乙二醇乙醚、氮气和甘油等。本书采用 EGME 法测土样的总比表面积。

（5）与颗粒的比表面积类似，CEC 也能反映软土的表面特性的重要指标，常用的测试方法包括离子吸附法和电位滴定法，其中离子吸附法主要有 Mehlich 法、Schofield 法和乙酸铵交换法等，本书采用乙酸铵交换法测试土样的 CEC。

（6）XRD 法是一种利用晶体形成的 X 射线衍射对物质进行内部原子在空间分布状况的结构分析方法，可用于土样的物相鉴定。本书采用德国布鲁克 D8 ADVANCE 型 X 射线衍射仪对典型软土试样进行物相的定量分析。

（7）利用 QUANTA200 扫描电镜对软土试样进行 ESEM 测试，通过 ESEM 试验可以获得软土试样固结前、固结后各个观察面上的环境扫描图片（即 ESEM 图片），可用于面孔隙比、平均圆形度、平均形状系数等微结构参数的分析与提取。ESEM 试验中，制备观察样、拍摄和处理 ESEM 图片是关键所在。

（8）MIP 法是测试土体孔隙尺度及分布的静态测试法。采用 Auto-Pore9510 型全自动压汞仪测试土样的孔隙尺度及分布情况，计算机控制程序可以完成全过程的数据采集和试验曲线绘制。试验前需对样品进行冷冻干燥预处理，试验中必须保持密封，而后进行样品的低、高压测试。

（9）南京大学开发的 PCAS 图像分析处理软件可对 ESEM 图像进行处理和分析，并能便捷地提取土样的研究对象（颗粒或孔隙）的数量、大小、形态和定向特征等微观结构的定量分析参数。在图像处理过程中，图像阈值的选取是决定提取 ESEM 图像信息是否准确的关键所在。

第三章
珠江三角洲软土工程性质的成因与微观因素分析

3.1 概　述

国内外对软土均无统一定义,我国的建筑、公路、铁路等部门对软土的定义也不尽相同。软土一般指天然含水量大、压缩性高、承载能力低的一种软塑到流塑状态的黏性土,如淤泥、淤泥质土及其他高压缩性的饱和黏性土、粉土等。我国《岩土工程勘察规范(2009 年版)》(GB 50021—2001)规定:天然孔隙比大于或等于 1.0,且天然含水量大于液限的细粒土应判定为软土,包括淤泥、淤泥质土、泥炭、泥炭质土等。《软土地区岩土工程勘察规程》(JGJ 83—2011)中第 2.1.1 条规定软土的判别应符合下列要求:①天然孔隙比大于或等于 1.0;②天然含水量大于液限;③具有高压缩性、低强度、高灵敏度、低透水性和高流变性,且在较大地震力作用下可能出现震陷的细粒土,包括淤泥、淤泥质土、泥炭、泥炭质土。

我国沿海地区广泛分布淤泥质海岸,按沉积环境细分有滨海相沉积的天津塘沽,浙江温州、宁波等地;溺谷相沉积的闽江口平原;三角洲相沉积的长江三角洲、珠江三角洲等。在地层上属第四纪全新纪 Q_4 土,多数为饱和正常压密黏土,土的类别多为淤泥、淤泥质黏土、淤泥质亚黏土,在南方部分地区还有淤泥混砂层。这类土具有高含水量、大孔隙、高压缩性、低强度、低渗透性、中高灵敏度等特征,一般均符合软土定义。

研究土性指标特征是岩土工程参数取值和可靠度分析的基础,也是确定地基基础设计分项系数的主要技术参数之一(陈洪江等,2001;潘天有等，2004）。而软土区域特性明显、工程性质复杂，相比渤海湾、长江三角洲、闽江三角洲地区的软土，珠江三角洲软土含水量更高、土质更软，因此，准确地确定软土参数对于软土工程有着重要意义。本章通过对珠江三角洲软土成因的地质与水文环境、矿物成分、颗粒特征、微观特征等区域特性的分析，将该区域软土微观因素与其工程特性联系，为今后该地区软土工程的开展提供借鉴。

3.2　珠江三角洲软土成因的地质与水文环境分析

　　根据《珠江三角洲经济区现代化建设规划纲要》（2008—2020）提到珠江三角洲的范围，包括广州、深圳、珠海、佛山、江门、中山、东莞、惠州、肇庆的市区，以及番禺、增城、花都、从化、南海、顺德、三水、高明、鹤山、新会、台山、开平、恩平、高要、四会、惠阳等县级市和斗门、惠东、博罗县，总面积达41596平方千米。现代珠江三角洲发展过程及古海岸线位置如图3-1所示。

3.2.1　珠江三角洲软土的沉积环境

　　软土沉积是在弱水动力条件下，土体中的细颗粒物质沉积而成饱和的第四纪松软土层。珠江三角洲软土的形成与沉积环境的演变，主要受控于海平面的升降变化及由此引起的海岸线的变迁，两次大规模的海侵（分别距今30000～22000年、12000～6000年左右）和期间一次大规模的海退，导致构成新、老两套三角洲沉积。同时，珠江三角洲水网密布、河流纵横，珠江口有五江汇流，西江干流、北江干流、东江干流、东平水道、莲沙容水道、小榄水道、潭江水道等数百条水道，形成河口区水网密集、汊道繁多的特点。珠江水系在三角洲平原有虎门、洪奇沥、蕉门、横门、磨刀门、鸡啼门、虎跳门、崖门8个口门出海。由于华南河口区域普遍是弱潮环境，潮高一般不超过2m，且河流水量充裕，河流比降小，这种环境特别适合软土的发育。

　　珠江三角洲的沉积类型丰富，软土的沉积特征很大程度上取决于沉积环境的差异，特别是两次大的海侵和二次大规模的海退对软土沉积带来了较大的影响，故将详细讨论。

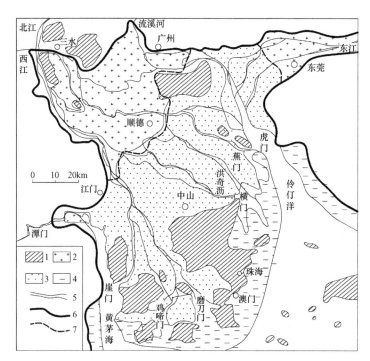

1—丘陵；2—早期三角洲；3—晚期三角洲；4—浅滩；5—河道；
6—距今 6000 年古海岸线；7—距今 2500 年古海岸线。

图 3-1 现代珠江三角洲发展过程及古海岸线位置

1）海侵时软土的沉积形成

海侵时，海平面不断上升，河口位置逐渐向大陆退缩导致河口高程抬高；河水的搬运能力减弱，导致河水携带的大量物质沉淀在河口位置。受回水影响，在河口上游的洼地积水形成沼泽或湖泊等。此时，河流携带的细颗粒物质在这种相对静止的环境中逐渐沉积。湖沼中的水草等植物腐烂后产生大量的有机物质，因此，在此种环境沉积的软土富含有机质和腐木。软土在地层分布上一般呈现透镜体状分布于山间低洼地，厚度变化较大，而在海岸线附近则沉积浅海相的淤泥，其中富含海相生物化石。

2）海退时软土的沉积形成

全新世海侵以后，海平面基本稳定，从河流流域来的沉积物向海洋方向淤积，发展形成现代三角洲。在海侵结束后的一段时间内，河流动力未来得及向海洋扩展，河口区大部分以潮汐动力为主。因而，早期现代珠江三角洲发育成淤泥质潮坪和潮成三角洲，使得流域内的粗颗粒物质在河口位置沉积，而细颗粒沉积物却可以进入河口湾或溺谷。软土此时的主要沉积相为泻湖或三角洲相，软土中夹砂和海生物化石较多。秦汉以后，三角洲向海推进的速度加快，西江、北江河口三角洲呈朵状向海推进，三角洲发展主要以河流动力控制为主，三角洲沉积具有明显的海退式三层结构，如磨刀门大桥桥址区附近的软土结构。

　　图 3-2 即为珠江三角洲某高速公路地层勘察钻孔柱状图与沉积旋回规律的示意图，旋回沉积的明显规律就是淤泥中混有粉细砂或软土层中夹有薄砂层。

3.2.2　珠江三角洲软土区域分布特征

　　珠江三角洲软土分布广泛，根据收集的软土地质勘查资料，对区域内软土分布进行分析，现按三角洲的东、南、西北、中四个地区来阐述软土在各区的分布范围和特征。

　　1）珠江三角洲东部地区

　　珠江三角洲东部地区软土主要分布在东江冲积平原。该区域地势平坦宽阔，海拔高度一般为 1.2～2.8m。平原区为第四系河流相松散冲积层，在地表亚黏土下断断续续分布着两层软土（淤泥、淤泥质土），第一层软土厚度变化较大，为 0.4～6.8m；下卧层以砂层为主，局部为亚黏土。东江冲积平原周围的山间洼地零星分布有沼泽相软土，埋深 0.8～5.4m，淤泥厚度为 0.3～5.6m；下卧层多为亚黏土，局部为砂。

　　2）珠江三角洲南部地区

　　珠江三角洲的南部地区处于珠江三角洲平原的前缘，由于受到北东向新华夏系和华夏系断裂褶皱构造带的影响，形成了丘陵台地与冲积平原相间的地貌格局，地势总体上由西北向东南倾斜。由珠海、中山、江门、深圳等地的工程地质勘察资料发现，软土主要分布在西江河流下游的冲积平原，主要由淤泥、淤泥质土及淤泥质砂组成，以淤泥和淤泥质亚黏土为主，颜色以灰色、深灰色为主，含腐殖质、贝壳及夹粉细砂薄层，顶部普遍分布有亚黏土（可塑状，厚度为 0.5～3.0m），软弱下卧层多为亚黏土、砂性土或砾石。该区软土厚度为 0.6～45.3m，平均厚度约 20.0m，呈现由西江河床至两岸山前逐渐变薄的趋势。

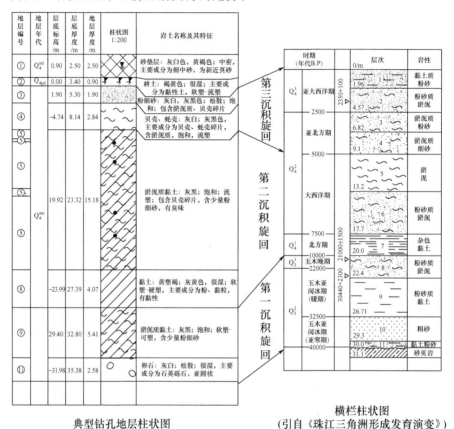

典型钻孔地层柱状图　　横栏柱状图（引自《珠江三角洲形成发育演变》）

图 3-2　珠江三角洲某高速公路地层勘察钻孔柱状图与沉积旋回规律示意图

3）珠江三角洲西北部地区

珠江三角洲的西北部地区，主要指三水盆地、肇庆市东的新兴江冲积平原、流溪河平原。其中，三水盆地地形平坦，软土为淤泥和淤泥质黏土，属三角洲相沉积淤泥或淤泥质土。一般分两层，上层为灰黑色流塑状的淤泥，厚度为 2.0～7.0m，少数低洼部位达到 9.0～11.0m；下层软土为淤泥质黏土，厚度为 2.0～5.0m，局部地段缺失，两层软土间夹杂厚度为 5.0～10.0m 的亚黏土或亚砂土。

新兴江冲积平原地形开阔平坦，略微向南东倾斜，地面标高 6.10～

7.80m，软土分布广泛，其厚度和底面埋深变化较大，属三角洲相沉积淤泥或淤泥质土。一般软土厚约 0.5~15.0m，底面埋深 2.0~16.1m。局部有厚薄不均的双层软土分布，有尖灭再现现象。软土为淤泥及淤泥质土，上覆盖层主要为亚黏土、亚砂土、细砂、粗砂等，局部为筑填土及粉砂；下卧层为亚黏土，局部为粗砂、全风化砂岩和强风化含砾砂岩。而肇庆市白诸镇以西为低缓丘陵，地形起伏较大。软土断续分布于山间洼地和谷地，厚度相对较薄，局部地段厚度分布较厚，变化较大，软土以沼泽相沉积，主要为淤泥及淤泥质亚黏土，局部为泥炭土和淤泥质粉细砂，软土厚度为 0.3~8.0m，底面埋深为 6.1~18.0m。

流溪河平原在不同深度范围断续分布着1~2层的淤泥、淤泥质土或软塑状的黏性土。软土通常呈青灰色、灰色或灰黑色，为软塑或流塑状态，局部夹有泥炭和腐木，为河滩相、沼泽相等沉积。一般软土平面分布不均、面积较小、厚度小于 10.0m 且不连续。软土的形态以层状、带状或透镜体状为主，夹杂粉细砂层和泥炭等有机质。

4）珠江三角洲中部地区

珠江三角洲中部地区主要是指广州市区、佛山、番禺、中山以北江门以东的地区，该区域软土普遍存在。其分布趋势为：软土厚度由西北往东南逐渐增厚，西北部广佛高速的软土层厚度一般小于 5.0m，而东南部的中江、京珠高速灵山试验段软土厚超过 20.0m；靠近河涌部位软土层较厚，地层下一般也有两层软土分布，上层为第二次海侵的三角洲相沉积物，软土主要为淤泥和淤泥质土且夹杂透镜体或条带状砂，且含有牡蛎、贝壳；下层软土为第一次海侵的沉积物，一般为淤泥质黏土，局部含有腐木。两层软土之间为黏土、亚黏土或砂，为海退时期原沉积物受风化而在原有母质基础上发育成的"花斑黏土"或河流相沉积物。

总而言之，珠江三角洲软土分布十分广泛，历史上发生过两次大规模的海侵，在河、海相互作用下，软土的沉积呈现阶段性和多样性的特点，滨海环境下的浅海相、三角洲相、溺谷相，陆地环境下的河湖相、谷地相均有发育。

3.2.3 珠江三角洲软土与长江三角洲软土地质成因比较

由于各地区软土形成过程中都受多种成因作用，因此，软土地貌类型也是多种成因交错，各软土的土性特征（微观结构、粒度成分以及矿物成分）自然有所差异，在宏观土层分布也是各有不同。表 3-1 为珠江三角洲与长江三角洲代表区域软土地质成因情况及上层分布特征。

表 3-1 珠江三角洲与长江三角洲代表区域软土地质成因情况及土层分布特征

地区	地质成因	土层分布特征
广州	第四纪在江水与海潮复杂交替作用下形成的三角洲相软土	沿层理面夹有薄层粉细砂，土质均匀性较差，垂向厚度变化不均，干后呈薄饼状散开
深圳	第四纪在河、海动力作用下形成的滨海相、河流相软土	淤泥层夹杂薄层粉砂，平面分布不规则，厚薄不均，有机质含量较高
上海	第四纪在江、河、湖和海动力作用下形成的三角洲相软土	条带状结构，中间夹薄层粉砂，间断而不连续，多呈透镜体，厚薄不均
宁波	第四纪早中期以陆相与海相交互形成的滨海相软土	淤泥层含粉细砂土层，平面上有所差异，垂向具有明显的分选性

由表 3-1 可知，两个三角洲的各地软土地质成因存在差异，致使土层特征存在区别。上海地处长江三角洲东南前缘，属三角洲冲积平原，软土层在滨海相陆域层位分布稳定，仅在黄浦江、苏州河沿线受河道侵蚀淤积影响，局部区域淤泥质粉质黏土层缺失或变薄。岩性基本为上部淤泥质粉质黏土，下部淤泥质黏土。软土层呈条带状结构，中间夹薄层粉砂，间断而不连续，多呈透镜体，厚度不均，大部分地区软土层层顶埋深在 4.0m 左右，土层厚度一般为 10.0～20.0m。

广州软土虽同为第四系海相沉积层，但由于在复杂的海侵、海退与江水的共同作用下，经历了沉积、冲刷、再沉积的反复作用过程，构成广州地区的复杂地层，使得其土层的均匀性极差，平面分布不规则，沿层理面夹有薄层粉细砂，垂向厚度变化不均，存有夹层或透镜体，土层厚度最厚可达 50 多米（黄镇国等，1982；陈国能等，1994）。正是由于珠江三角洲独特的地质、地理成因（江水与海潮复杂交替）而形成软土的区域性特性，具有力学特性的各向异性、工程地质性质分布不稳定等特点，致使珠江三角洲软土成为全国报道过的工程中遇见的最软的软土（陈晓平等，2003），具有承载力低、受荷后变形大、时间效应明显、与建筑物共同作用能力强等特性，这对区域内的堤防工程、工业与民用建筑工程、机场工程、道桥工程等都有很大的影响。

3.3　珠江三角洲软土的成分分析

珠江三角洲软土主要由黏土矿物（或称水族矿物）的高岭石、蒙脱石，非黏土矿物石英、长石，以及有机质、孔隙水等组成。软土成分控制着土颗粒的大小、形状和表面特征，对土体的工程性质有很大的影响。下面就从黏土矿物成分、非黏土矿物成分、有机质成分、孔隙水含量等方面对珠江三角洲的软土成分进行分析。

3.3.1　矿物成分分析

1. 珠江三角洲软土的主要黏土矿物、非黏土矿物

表 3-2 所示为珠江三角洲典型软土的矿物组成，图 3-3 所示为珠江三角洲典型软土的 XRD 图谱。

表 3-2　珠江三角洲典型软土的矿物组成　　　　单位：%

土样名称	矿物组成成分及比例													
	蒙脱石	伊利石	白云母	高岭石	绿泥石	石英	长石	方解石	石膏	石盐	硬水铝石	三水铝石	钙钛矿	赤铁矿
南沙淤泥	22.2	—	22.8	12.1	10.9	19.0	7.6	2.0	—	—	3.0	—	—	—
金沙洲淤泥质黏土	23.2	—	11.7	8.4	—	47.9	4.9	—	3.9	—	—	—	—	—
番禺淤泥	26.5	—	8.3	19.5	—	32.9	10.1	—	—	2.6	—	—	—	—
深圳淤泥质土	25.1	—	17.2	36.0	—	11.2	8.3	—	—	—	—	—	—	2.2
珠海淤泥	18.4	11.8	—	26.4	—	15.1	8.9	—	8.8	6.0	—	—	—	4.7
顺德淤泥质亚黏土	25.8	—	20.6	18.2	—	15.4	7.5	—	8.0	—	—	4.5	—	—
三水淤泥	28.9	—	12.0	25.2	—	29.0	—	—	—	—	—	—	5.9	—

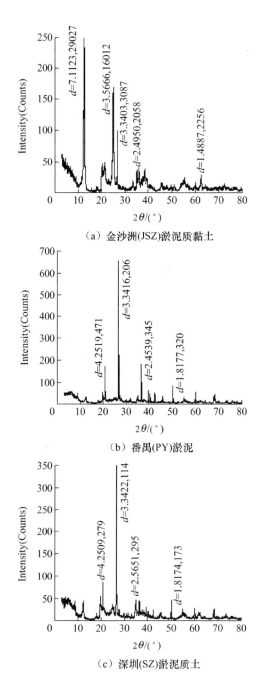

（a）金沙洲(JSZ)淤泥质黏土

（b）番禺(PY)淤泥

（c）深圳(SZ)淤泥质土

图 3-3　珠江三角洲软土的 XRD 图谱

由表 3-2 及图 3-3 可知，珠江三角洲地区软土粗颗粒的造岩矿物主要为石英、云母、长石及少量绿泥石，软土中的黏土矿物成分主要以蒙脱石、高岭石为主。现就软土中几种典型的黏土矿物、非黏土矿物的特征进行简单分析。

（1）蒙脱石。

蒙脱石 $[2Al_2(Si_2O_{10})(OH)_2 \cdot nH_3O]$[图 3-4（a）]的相邻晶胞之间的距离较大，层间键是由范德华力和平衡结构所缺电荷的阳离子所形成，这些键是弱键，连接较弱，水分子易渗入，能形成较细的黏粒，因此比表面积较大，可达 $700 \sim 840m^2/g$；亲水性较强、膨胀性显著，能吸附相当厚的结合水膜，在法向应力作用下颗粒间主要由强度较低的水膜连接而缺少直接接触点，故压缩性较高、抗剪强度较低。

（2）高岭石。

高岭石 $[Al_2Si_2O_5(OH)_3]$〔图 3-4（b）〕由于具有氧同氢氧基或氢氧基同氢米歇尔氧基的面对面层，这就导致层次间的氢键结合和范德华力结合，形成强的结合键，水分子不能自由地渗入，因此，能形成较粗的黏粒，比表面积小，一般为 $10 \sim 20m^2/g$；亲水性弱、压缩性较低、抗剪强度较大。

（3）白云母。

白云母$[(KiSiAl) \cdot Mg \cdot O_{10}(OH)_2]$[图 3-4（c）]的工程性质介于高岭石与蒙脱石之间，由此可知，黏土矿物对软土工程性质的影响是矿物种类及含量比例关系综合影响的结果。

（4）石英。

石英 $[SiO_2]$[图 3-4（d）]是无机矿物质，常含有少量杂质成分如 Al_2O_3、CaO、MgO 等，为半透明或不透明的晶体，一般呈乳白色，质地坚硬，其物理性质和化学性质均十分稳定。

由表 3-2 可知，典型珠江三角洲软土中黏土矿物的含量均超过 50%（金沙洲淤泥质黏土除外，为 43.4%），其中蒙脱石含量最高的是三水淤泥，含量达 28.9%；蒙脱石含量最低的是珠海淤泥，为 18.4%。蒙脱石是吸水性极强的黏土矿物，一旦土中具备了这种成分，土的含水量将急剧上升，由此可知，蒙脱石含量高是导致珠江三角洲淤泥高含水量的重要原因之一。

（a）蒙脱石

（b）高岭石

（c）白云母

（d）石英

图 3-4　软土中典型的黏土矿物与非黏土矿物

2. 矿物成分对土体液塑限的影响分析

液限、塑限和缩限是描述黏性土的物理状态改变的 3 个界限含水量，其中限定黏性土可塑状态范围的液限和塑限在实际应用中非常重要，是黏性土物理特性的重要指标之一。为了研究珠江三角洲软土矿物成分与土体液塑限的关联性，现取天然软土矿物成分测试中含量较高的黏土矿物（蒙脱石、高岭石）和非黏土矿物（石英、长石）进行液塑限测试，并将其与天然软土的液塑限测试结果一并列于表 3-3 中。

表 3-3　各试样的液塑限测试结果

编号	试样成分	液限 w_L/（%）	塑限 w_P/（%）	塑性指数 I_P/（%）
1	膨润土（主要成分蒙脱石）	180.9	52.3	128.6
2	高岭土（主要成分高岭石）	63.3	35.8	27.5

编号	试样成分	液限 w_L/ (%)	塑限 w_P/ (%)	塑性指数 I_P/ (%)
3	石英	16.8	11.1	5.7
4	长石	17.6	8.9	8.7
5	南沙（NS）软土	49.8	28.2	21.6
6	金沙洲（JSZ）软土	48.2	26.1	22.1
7	番禺（PY）软土	42.6	22.9	19.7
8	深圳（SZ）软土	45.1	19.8	25.3

由表 3-3 液塑限试验结果可知，黏土矿物试样（蒙脱石和高岭石）的液塑限与塑性指数要明显高于非黏土矿物（石英和长石）试样，其顺序为蒙脱石最高，高岭石次之，长石再次，石英最小。膨润土试样的液限、塑限和塑性指数（主要成分为黏土矿物蒙脱石）分别是非黏土矿物石英试样的 10.8 倍、4.7 倍和 22.6 倍。

分析认为黏土矿物特别是极细的片状黏土颗粒具有较强的表面微电场与表面力，能与水作用形成较厚的结合水膜，因而土中黏土矿物含量越高，就具有更高的液塑限与更大的塑性指数范围，因此，土的塑性、压缩性、黏聚力相应越高；非黏土矿物的表面活性远低于黏土矿物，颗粒表面吸附的结合水膜很薄，其液塑限与塑性指数范围就相对较小，因此，土的塑性、压缩性和黏聚力就较低。

对天然软土而言，如矿物成分中的黏土矿物含量相对较多，非黏土矿物含量相对较少的话，其液塑限与塑性指数就相对较大。由表 3-3 可以看出，珠江三角洲四种天然软土的塑性指数区间为 19.7~25.3，差异性不大。比较番禺软土（塑性指数为 19.7）与深圳软土（塑性指数为 25.3）的矿物成分可知，两者蒙脱石含量基本相当，高岭石（黏土矿物）含量前者小于后者，石英、长石（非黏土矿物）含量前者远大于后者，这就导致了前者的结合水膜较薄、锁水能力相对较弱，故塑性指数相对较小。

3.3.2　有机物成分分析

珠江三角洲地区软土还富含腐殖质和泥炭，因而有机质含量较高，一般为 0.6%～10.0%。腐殖质经生物化学作用后产生一种水溶性的胡敏酸和富里酸，统称腐殖酸，它呈凝胶状态，有较强的活力，尤其能被高吸附能力的黏土矿物蒙脱石所吸附，因此腐殖酸是决定淤泥工程特性的重要物质，其含量越高，土的亲水性、可塑性也越高；压缩性大、透水性及抗剪强度较低。含有有机质的软土通常具有较高的次固结特性，在此不详述。

3.3.3 孔隙水成分分析

一般来说，软土的强度取决于土体的各种物理状态变量，如密度、结构、组成成分、含水量、孔隙液性质等。通常，软土的结构、密度和成分等参数在局部范围内不会随时间和空间发生太剧烈的变化，而含水量的波动、孔隙液性质（如电解质离子浓度、离子价等）的改变对土体强度参数的影响相对较大。本书将具体在第四章对含水量及孔隙液离子浓度改变对土体强度性质的影响予以分析，在此不赘述。

3.4 珠江三角洲软土的颗粒特征分析

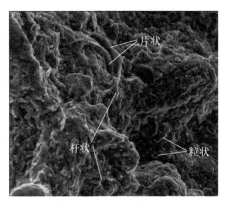

图 3-5 珠江三角洲典型软土的 ESEM 图片

天然软土的土颗粒往往是由黏粒及集合体组成的，黏粒的颗粒形状多为片状或杆状，排列随机且分散，具有很大的比表面积；软土中的非黏土矿物通常以粒状、针状为主，其比表面积较小。图 3-5 所示为珠江三角洲典型软土的 ESEM 图片，可清晰看出颗粒的形态特征。

3.4.1 珠江三角洲软土颗粒尺度分布

颗粒尺度分布是指土中各粒组的相对百分含量。各粒组中颗粒大小所占比例是决定土性的因素之一，与土的工程特性具有密切的关系，如透水性、压实性与强度等。表 3-4 为珠江三角洲地区软土的颗粒尺度分布试验结果。珠江三角洲典型软土的颗粒级配曲线见图 3-6。

　　根据表 3-4 的珠江三角洲软土颗粒尺度分布情况可知，软土中主要含黏粒（$d<0.005$mm）和粉粒（0.005mm$<d<0.050$mm），两者含量总体在 84％以上（其中，黏粒含量占 40.0％～77.4％），而砂粒（0.050mm$<d<2.000$mm）所占比例较小。高黏粒含量使得土颗粒吸附结合水的能力更强，体现在物理力学指标上，则塑性指数更高、渗透系数更低。

表 3-4　珠江三角洲地区软土的颗粒尺度分布试验结果　　单位：％

土样 名称	颗粒组成			
	黏粒 <0.002mm	黏粒 0.002～0.005mm	粉粒 0.005～0.050mm	砂粒 0.050～2.000mm
南沙软土	22.8	34.3	31.8	11.1
广州金沙洲（JSZ）软土	18.9	21.1	45.5	14.5
广州大学城（DXC）软土	24.0	24.9	40.2	10.9
广州番禺（PY）软土	22.1	30.5	31.4	16.0
深圳黄岗口岸 （SZ）软土	39.5	25.7	20.6	14.2
深港西部通道（SZ）软土	48.1	29.3	19.5	3.1
湛江软土	26.0	23.0	35.8	15.2

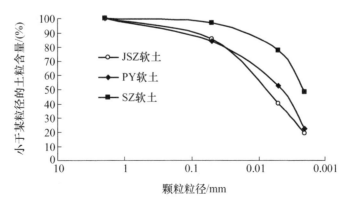

图 3-6　珠江三角洲典型软土的颗粒级配曲线

从表 3-4 或图 3-6 均可知，比较广州软土（JSZ 软土、PY 软土，DXC 软土）与深圳软土（SZ 软土），广州软土中粉粒含量比深圳软土要高，而黏粒含量相对较低，因此广州软土的吸水能力相对要弱，土的渗透性相对较好，其工程特性相对于深圳软土也要好一些。

3.5 珠江三角洲软土的微观特征分析

珠江三角洲近代环境下沉积的软黏土由于受沉积环境的影响，以高孔隙性和结构连接、排列（黏土矿物之间的连结、黏粒与粉粒之间的连接和排列）为主要特征，具有较强的结构性，受扰动后结构遭到破坏，强度大幅下降，与天然软土强度相差较大，直接影响到工程的稳定性，故其工程性质差。因此，在软土地基上修建工程，必须考虑软土结构破坏给工程带来的影响，尽量减少对原状软土的扰动。

3.5.1 珠江三角洲软土微观结构特征分析

本文通过环境扫描电镜，获得珠江三角洲地区有代表性的软土天然状态下的近百张结构照片后，通过归类、筛选将其在天然状态下的微观结构大致划分为以下 5 个类型：蜂窝状结构、絮状结构、海绵状结构、骨架状结构、凝块状结构，图 3-7 即为珠江三角洲地区几种典型的软土微观结构照片。同时，天然软土中往往带有裂隙［图 3-7（f）］。

（a）蜂窝状结构　　　　　　　　　　　（b）絮状结构

图 3-7　珠江三角洲典型的软土微观结构照片

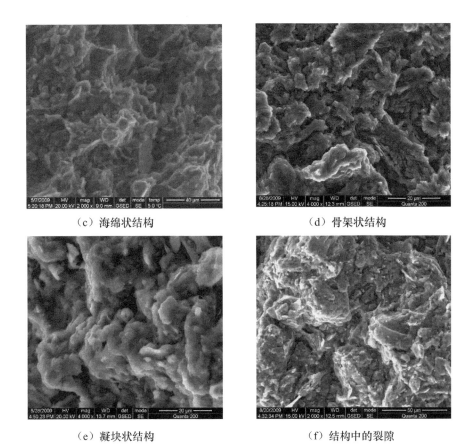

（c）海绵状结构　　　　　　　　　（d）骨架状结构

（e）凝块状结构　　　　　　　　　（f）结构中的裂隙

图 3-7　珠江三角洲典型的软土微观结构照片（续）

（1）蜂窝状结构。在缓慢的连续沉积或堆积环境中，在一定程度表面力的影响下，形成的一种多孔、貌似蜂窝的结构。其黏粒粒径为 $1 \sim 2 \mu m$，黏粒含量一般大于 25%，颗粒之间的接触关系以面-面接触为主，结构疏松，孔隙率可达 60% ~ 90%，天然含水量常超过液限。

（2）絮状结构。该种结构的黏粒含量高，黏粒之间以面-面接触为主，黏土矿物以高岭石为主。黏粒层叠成长絮状集合体，具成层性，粉粒独立地散布在集合体周边，在长絮状集合体间分布有不均匀的裂隙。土体孔隙率大，一般为 50% ~ 60%。

（3）海绵状结构。黏粒形成的聚集体，以边-边、面-面的方式接触，形成细小而多孔的网状结构。孔隙较均匀地散布在集合体之间，黏粒含量高，一般大于 25%，结构相对疏松，强度低。

（4）骨架状结构。该结构软土的粉粒含量较低，黏粒含量较高。以粉粒为骨架，构成松散而均匀的多骨架结构；黏粒不均匀地呈薄膜状覆于粉粒的表面或连接粉粒，孔隙率高。

（5）凝块状结构。黏粒凝聚形成微集合体团，集合体粒径大于 $30\mu m$，集合体之间的接触以面-面为主，粉粒含量较少，分散于团块表面或在团块之间，起连结作用。通常，各团块之间存在贯通的无定向裂隙发育，结构比蜂窝状密实。

图 3-8 为珠江三角洲软土微观结构的二值图，其中，白色代表颗粒或聚集体，黑色代表孔隙。

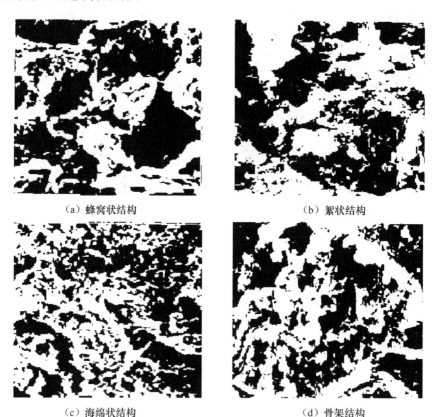

（a）蜂窝状结构　　　　　　　　　　（b）絮状结构

（c）海绵状结构　　　　　　　　　　（d）骨架结构

图 3-8　珠江三角洲软土微观结构的二值图

（e）凝块状结构

图3-8　珠江三角洲软土微观结构的二值图（续）

软土微观结构特征的改变，使得颗粒的方向性分布（各向异性）发生改变，产生水膜效应等，从而对软土变形、强度和渗透固结等工程特性产生显著的影响，具体分析可见第四～六章。

3.5.2　珠江三角洲软土孔隙尺度及分布特征

1.孔隙尺度及分布

图3-9、图3-10分别为珠江三角洲软土（PY软土样）的累积进汞量-孔径分布曲线及进汞增量-进汞压力分布曲线。参考Shear对孔隙的划分（图2-13）并结合珠江三角洲淤泥土孔隙自身的特点（图3-9），将珠江三角洲软土孔隙做如下划分：①大孔隙（$D>10000$nm），主要为团粒间孔隙；②中孔隙（2500nm$\leqslant D<10000$nm），主要为团粒内孔隙；③小孔（400nm$\leqslant D<2500$nm），主要为颗粒间孔隙，部分为团粒内孔隙；④微孔隙（30nm$\leqslant D<400$nm），属于颗粒间孔隙；⑤超微孔隙（$D<30$nm），主要为颗粒内孔隙。

由图3-10可知，珠江三角洲软土的大孔隙（团粒间孔隙）与超微孔隙（颗粒内孔隙）的数量较少，天然软土孔隙以中、小孔隙居多，即以团粒内孔隙、颗粒间孔隙为主，孔隙结构参数的详细分析可见第五章。

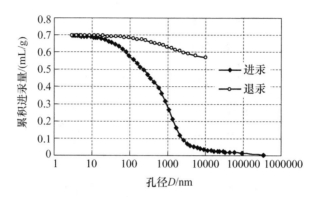

图 3-9 累积进汞量-孔径分布曲线（典型软土—PY 软土样）

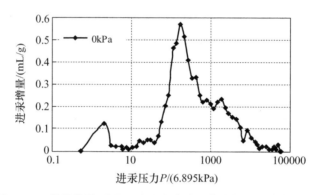

图 3-10 进汞增量-进汞压力分布曲线（典型软土—PY 软土样）

2. 孔隙尺度分布对软土渗透性的影响测试

为研究孔隙尺度分布对软土渗透性的影响，对 2 组软土试样（孔隙比相同而孔隙分布特征不同）进行渗透试验，测试结果列于表 3-5 中。

表 3-5 孔隙尺度分布对软土渗透性的影响测试结果

样品成分	孔隙比	孔隙尺度分布/（%）					渗透系数 k/（$\times 10^{-7}$ cm/s）
		大孔隙	中孔隙	小孔隙	微孔隙	超微孔隙	
PY 重塑样	1.52	10.9	22.8	46.8	17.3	2.2	5.71
SZ 重塑样	1.52	3.5	12.3	33.9	41.2	9.1	3.83

由表 3-5 可知，在孔隙比相同但孔隙尺度分布不同的情况下，软土的渗透性出现明显差异。PY 重塑样以中、小孔隙为主，大孔隙占到 10.9%，渗透系数为 $5.71×10^{-7}$ cm/s；SZ 重塑样以小、微孔隙为主，大孔隙只有 3.5%，渗透系数为 $3.83×10^{-7}$ cm/s，渗透性约为 PY 重塑样的 2/3。测试结果说明大、小、微孔隙对渗透性产生不同效应，大孔隙的连通性好，利于渗流；微孔隙连通性低且受结合水膜阻碍使渗透性变差。由此可知，孔隙尺度和分布（大、小孔隙比例）对渗透性影响显著。

3.6　珠江三角洲软土工程性质分析

珠江三角洲软土形成的水文地质因素、物质因素和结构因素等共同决定了该区域软土的工程性质。珠三角的软土比天津、江浙、福建等地的软土的含水量 w 和孔隙比 e 都要高，也就是说，广州黄埔、深圳河、深圳机场、番禺、佛山、顺德、中山、斗门、肇庆南岸的软土，特别是围垦筑堤的软土是国内报道过的工程问题中最软的土（陆培炎，2006）。

3.6.1　典型软土的物理力学指标统计

表 3-6 所列为按区域划分的珠江三角洲典型软土物理力学性质指标（部分），表 3-7 为其指标统计结果（样本数 147），经分析将珠江三角洲软土的工程性质概括如下。

（1）天然含水量高。各类软土的天然含水量为 40.1%~152%，其中淤泥、淤泥质土的含水量一般为 50%~80%，液限一般为 35.6%~93.9%。天然含水量一般大于液限，多属于流动状态。

（2）天然密度小、孔隙比大。天然湿密度一般为 1.43~1.92g/cm³，均值 1.56g/cm³，大多为 1.30~1.74g/cm³；干密度变化范围在 0.43~1.36g/cm³，均值 0.92g/cm³。天然孔隙比大于 1.000，变化范围为 1.210~3.899。可见，软土的天然密度较小，孔隙比较大。

（3）压缩性高。各类软土的压缩系数 a_{1-2} 大多在 0.5~3.5MPa⁻¹ 之间，其中淤泥、淤泥质土的压缩系数 a_{1-2} 一般为 $0.7\sim1.5\mathrm{MPa}^{-1}$，最大可达 $4.5\mathrm{MPa}^{-1}$，且随含水量、孔隙比、液限的增大而增大，此类高压缩性软土受力后沉降较大。

（4）抗剪强度低。软土的抗剪强度与排水固结条件、加载速度密切相关。直剪快剪的内摩擦角变化范围为 $0.7°\sim14.1°$，平均为 $6.5°$；黏聚力为 $0.6\sim18.1\mathrm{kPa}$，主要为 $5.0\sim15.0\mathrm{kPa}$。抗剪强度低是影响地基承载力和边坡失稳的主要原因，因此，在珠江三角洲地区软土地基修筑路堤、土坝、油罐及深基坑开挖等工程，都需进行软土地基处理或基坑支护。

（5）渗透性小。液限 w_L 为 $35.6\%\sim93.9\%$，说明土的颗粒成分以细颗粒的活动性矿物为主，扩散层水膜厚，渗透系数很小，垂向渗透系数为 $(0.19\sim23.2)\times10^{-6}\mathrm{cm/s}$。这使得加载初期，地基中出现较高的孔隙水压力而影响地基强度，同时使建筑物沉降可能延续长达几十年，需考虑工后软土的次固结沉降。由于珠江三角洲的大部分淤泥、淤泥质土地区土层中夹杂有薄层或极薄层粉砂、粉土、细砂等，故垂向渗透系数一般比水平向渗透系数要小。

（6）触变性大。珠江三角洲地区原状软土受振动后，结构连接受破坏，会导致软土强度降低或稀释。触变性的大小常用灵敏度 S_t 表示，灵敏度高，则触变性大。软土的灵敏度多数为 $3.0\sim6.0$，平均为 5.2，最大可达 8.5，属于中、高灵敏土。

（7）流变性大。软土除排水固结引起变形外，在剪应力作用下，土体还会发生缓慢而长期的剪切变形，软土流变性除了表现为蠕变和应力松弛外，还伴有黏性流动和长期强度的降低。这对建筑物地基的沉降有较大影响，对堤岸、码头等地基的稳定也极为不利。

正是由于珠江三角洲软土的不良工程性质，导致大量的相关建筑工程出现问题，需要工程技术人员解决地面沉降与裂缝问题、软土地基失稳问题、软土的加快排水固结问题、地面填土对软土内桩的负摩擦问题、填土极限高度等。

表3-6　珠江三角洲地区典型软土物理力学性质（按区域划分，部分统计数据）

地区	软土名称	含水量 w (%)	天然密度 ρ g/cm³	孔隙比 e /	液性指数 I_L /	压缩系数 a_v MPa^{-1}	固结系数 垂直 C_v ×10^{-3} cm²/s	固结系数 水平 C_H ×10^{-3} cm²/s	渗透系数 垂直 k_v ×10^{-6} cm/s	渗透系数 水平 k_H ×10^{-7} cm/s	快剪 黏聚力 C_u kPa	快剪 摩擦角 φ_u (°)	慢剪 黏聚力 C_{cu} kPa	慢剪 摩擦角 φ_{cu} (°)	工程名称(地点)
珠江三角洲东部地区	淤泥	65.60	1.61	1.815	1.86	1.71	2.10		1.77		6.10	5.60	5.60	9.30	
	淤泥	69.20	1.59	1.906	1.97	1.76	1.99		1.80		5.60	5.10	5.80	9.00	
	淤泥	63.20	1.60	1.815	1.78	1.69	2.22		1.58		6.70	6.80	6.90	7.20	
	淤泥	65.80	1.66	1.765	1.60	1.70	2.31		1.72		6.50	6.20	7.60	13.20	广园东延长线
	淤泥	70.58	1.55	2.020	2.05	1.60	0.97	3.74	0.66	5.72	3.49	3.44	7.75	13.90	
	淤泥	68.93	1.60	1.767	1.81	1.61	3.91	2.28	2.02	2.98	5.44	4.23			
	淤泥	78.40	1.55	2.088	2.18	2.60	10.05		2.93		6.67	6.78	8.83	12.80	
	淤泥	68.08	1.57	1.850	1.94	1.63	2.32				3.55	3.39	11.49	10.61	（增城塘美）
	淤泥质亚黏土	54.20	1.71	1.546	1.65	0.62	3.13	2.97	1.32	1.24	15.20	17.5	8.41	3.50	

续表

地区	软土名称	含水量 w (%)	天然密度 ρ g/cm³	孔隙比 e /	液性指数 I_L /	压缩系数 a_v MPa⁻¹	固结系数 垂直 C_v ×10⁻³ cm²/s	固结系数 水平 C_H ×10⁻³ cm²/s	渗透系数 垂直 k_v ×10⁻⁶ cm/s	渗透系数 水平 k_H ×10⁻⁷ cm/s	快剪 黏聚力 c_q kPa	快剪 摩擦角 φ_q (°)	慢剪 黏聚力 c_{ca} kPa	慢剪 摩擦角 φ_{ca} (°)	工程名称(地点)
珠江三角洲南部地区	淤泥质亚黏土	50.04	1.72	1.335	1.07	0.90			1.968		9.24	10.19	21.12	16.1	西部沿海高速磨刀门大桥(珠海斗门井岸)
	淤泥	71.23	1.57	1.942	2.65	1.86			2.75		8.23	4.16	17.67	8.97	磨刀门大桥(珠海斗门井岸)
	淤泥	58.32	1.60	1.574	1.57	1.07			1.71		7.13	7.47	5.50	24.50	虎跳门大桥(珠海斗门和新会崖南镇)
	淤泥质亚黏土	47.37	1.68	2.410	1.32	0.84			1.13		6.05	10.95	6.54	26.49	
	淤泥	73.30	1.60	1.574	1.52	1.96			1.71		4.75	3.28		9.30	高速国道G105跨线桥(中山三乡古鹤)

续表

地区	软土名称	含水量 w (%)	天然密度 ρ g/cm³	孔隙比 e /	液性指数 I_L /	压缩系数 a_v MPa⁻¹	固结系数 垂直 C_v ×10⁻³ cm²/s	固结系数 水平 C_H ×10⁻³ cm²/s	渗透系数 垂直 k_v ×10⁻⁶ cm/s	渗透系数 水平 k_H ×10⁻⁷ cm/s	快剪 黏聚力 C_a kPa	快剪 摩擦角 φ_a (°)	慢剪 黏聚力 C_{ca} kPa	慢剪 摩擦角 φ_{ca} (°)	工程名称(地点)
珠江三角洲南部地区	淤泥	78.04	1.57	2.100		1.98	4.44		1.70						深圳市裕安路(深圳市宝安区)
	淤泥	66.20		1.860	1.48	1.74					5.37	8.02			广东科学技术职业学院(珠海市珠海大道)
	淤泥	62.76		1.700	1.27	1.70					7.14	6.07			江门华润公司(江门荷塘镇)
	淤泥质黏土	45.50	1.76	1.210	2.76	0.95					3.10	6.00			江门新礼大桥(江门礼乐镇)
	淤泥	57.40	1.66	1.520	2.60	1.31					5.37	4.50			江门新礼大桥(江门礼乐镇)
	淤泥	80.50	1.52	2.040		2.30	0.84		5.84						深圳机场

续表

地区	软土名称	含水量 w (%)	天然密度 ρ g/cm³	孔隙比 e /	液性指数 I_L /	压缩系数 a_v MPa⁻¹	固结系数 垂直 C_v ×10⁻³ cm²/s	固结系数 水平 C_H ×10⁻³ cm²/s	渗透系数 垂直 k_v ×10⁻⁶ cm/s	渗透系数 水平 k_H ×10⁻⁷ cm/s	快剪 黏聚力 C_a kPa	快剪 摩擦角 φ_a (°)	慢剪 黏聚力 C_{ca} kPa	慢剪 摩擦角 φ_{ca} (°)	工程名称 (地点)
珠江三角洲西北部地区	淤泥	56.10	1.61	1.580	1.46	1.15	0.86	4.25	1.18	6.35	4.60	4.39	12.09	16.21	广梧高速马安段(肇庆马安镇)
	淤泥	62.28	1.65	1.750	1.66	1.31	0.95	5.65	0.87	4.55	3.26	3.59	8.99	14.14	
	淤泥	65.91	1.53	1.890	1.83	1.46	0.91	4.51	2.27	8.38	4.41	4.11	8.88	15.62	广梧高速马安段(肇庆白诸镇)
	淤泥质亚黏土	48.00		1.328	1.59	0.66	0.45				9.50	7.30			广梧高速河口段(云浮市思劳镇)
	淤泥质亚黏土	43.97		1.210	2.86	0.79					8.70	7.90			
	淤泥	87.00		2.250		3.01					4.20	3.30			广三高速公路试验段(三水市西南桥)
	泥炭土	152.00	1.43	3.899	2.33						2.10	3.40			广肇高速肇庆段

续表

地区	软土名称	含水量 w (%)	天然密度 ρ g/cm³	孔隙比 e /	液性指数 I_L /	压缩系数 a_v MPa^{-1}	固结系数 垂直 C_v ×10^{-3} cm²/s	固结系数 水平 C_H ×10^{-3} cm²/s	渗透系数 垂直 k_v ×10^{-6} cm/s	渗透系数 水平 k_H ×10^{-7} cm/s	快剪 黏聚力 C_a kPa	快剪 摩擦角 φ_a (°)	慢剪 黏聚力 C_{ca} kPa	慢剪 摩擦角 φ_{ca} (°)	工程名称(地点)
珠江三角洲中部地区	淤泥	86.80	1.48	2.376	1.83	2.53			0.69	8.31	3.50	2.70			万科金沙洲居住小区二期(广州金沙洲)
	淤泥	89.80	1.43	2.230	1.80	2.63			0.66	8.21	5.50	2.15			佛山市谢边立交(佛山市谢边)
	淤泥	61.20		1.620	2.92	1.47	0.99				10.80	10.90	13.80	17.70	北管至乐从公路主干线(佛山市北管镇)
	淤泥	47.70	1.72	1.318	2.29	0.89					5.2	1.40			
	淤泥质亚黏土	49.30	1.66	1.420	1.33	1.01	1.94			18.30	6.00	4.70			万科顺德新城区住宅楼(佛山顺德新城区)

续表

地区	软土名称	含水量 w (%)	天然密度 ρ (g/cm³)	孔隙比 e (/)	液性指数 I_L (/)	压缩系数 a_v (MPa⁻¹)	固结系数 垂直 C_v (×10⁻³ cm²/s)	固结系数 水平 C_H (×10⁻³ cm²/s)	渗透系数 垂直 k_v (×10⁻⁶ cm/s)	渗透系数 水平 k_H (×10⁻⁷ cm/s)	快剪 凝聚力 C_a (kPa)	快剪 摩擦角 φ_a (°)	慢剪 凝聚力 C_{ca} (kPa)	慢剪 摩擦角 φ_{ca} (°)	工程名称(地点)
珠江三角洲中部地区	淤泥	115.11	1.43	3.150	2.26	2.82					3.17	1.75			华南新城(住宅楼(番禺区南村镇)
	淤泥	77.63	1.65	1.950	2.19	2.08	0.19	0.17			5.81	2.58			南沙亭角立交(番禺南沙亭角)
	淤泥质亚黏土	53.20		1.367	1.87	1.07	4.65	4.96	2.36		13.2	11.70			京珠高速灵山段(番禺灵山)

表 3-7　珠江三角洲地区软土物理力学性质指标统计

序号	指标	分布区间	均值 μ	标准差 s	变异系数 δ
1	$w/$（%）	40.1～152.0	71.5	17.80	0.25
2	$\rho/$（g/cm³）	1.43～1.92	1.56	0.15	0.10
3	$\rho_d/$（g/cm³）	0.43～1.36	0.92	0.19	0.21
4	e	1.01～4.52	1.85	0.66	0.36
5	$S_r/$（%）	90.1～100.0	98.7	1.51	0.02
6	G_s	1.90～2.70	2.60	0.12	0.05
7	w_L	35.6～93.9	58.9	17.20	0.29
8	w_P	20.0～72.3	36.8	9.50	0.26
9	I_P	13.9～28.1	22.0	7.90	0.36
10	$k_V/$（×10⁻⁶cm/s）	0.19～23.20	5.67	3.20	0.56
11	$a_{1-2}/$MPa⁻¹	0.52～4.50	3.23	1.14	0.35
12	$C/$kPa⁻¹	0.6～18.1	11.2	7.00	0.63
13	$\varphi/$（°）	0.7～14.1	6.5	4.40	0.68
14	$q_u/$kPa⁻¹	10.4～28.1	20.0	4.80	0.24
15	S_t	1.2～8.5	5.2	2.30	0.44

注：总样本数为 147。

3.6.2　物理力学指标统计分析

1. 物理力学指标相关性分析

从软土的变形机理和试验结果出发，认为影响软土变形（压缩）性能的主要指标是土的天然孔隙比和含水量。因此，本节采用数理统计的方法研究软土压缩现象与物理指标间的相互关系与分布规律，采用如式（3-1）所示的一元线性回归和式（3-2）～式（3-4）所示的非线性回归模式，以剩余均方差最小者为最佳拟合。

$$Y = aX + b \qquad (3-1)$$
$$Y = aX^{-b} \qquad (3-2)$$

$$Y = a\exp(-bX) \tag{3-3}$$

$$Y = a\ln(X) + b \tag{3-4}$$

图 3-11 所示为表 3-7 中珠江三角洲地区软土物理力学性质指标的拟合结果，具体的物理力学性质指标统计关系列于表 3-8 中。

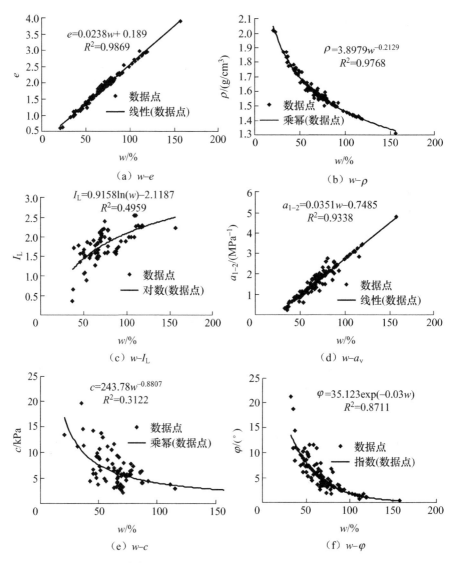

图 3-11 软土的含水量 w、孔隙比 e 与其他物理力学指标的关系曲线

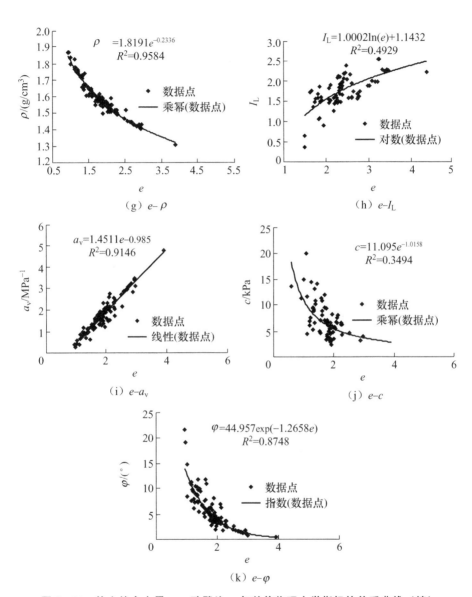

图 3-11 软土的含水量 w、孔隙比 e 与其他物理力学指标的关系曲线（续）

表 3-8　珠江三角洲地区软土的物理力学性质指标统计关系

样本数	自变量	因变量	回归方程	方程类型	相关系数平方 R^2	统计量 F
147	w	e	$e = 0.0238w + 0.189$	线性函数	0.9869	10999.0
147	w	ρ	$\rho = 3.8979w^{-0.2129}$	乘幂函数	0.9768	6147.1
147	w	I_L	$I_L = 0.9158\ln(w) - 2.1187$	对数函数	0.4959	143.6
136	w	a_{1-2}	$a_{1-2} = 0.0351w - 0.7485$	线性函数	0.9338	2003.0
132	w	c	$c = 243.78w^{-0.8807}$	乘幂函数	0.3122	59.0
132	w	φ	$\varphi = 35.123\exp(-0.03w)$	指数函数	0.8711	878.5
140	e	ρ	$\rho = 1.8191e^{-0.2336}$	乘幂函数	0.9584	3363.6
140	e	I_L	$I_L = 1.0002\ln(e) + 1.1432$	对数函数	0.4929	141.9
136	e	a_{1-2}	$a_{1-2} = 1.4511e - 0.985$	线性函数	0.9146	1520.8
132	e	c	$c = 11.095e^{-1.0158}$	乘幂函数	0.3494	69.8
132	e	φ	$\varphi = 44.957\exp(-1.2658e)$	指数函数	0.8748	908.3

注：统计量 $F = R^2(n-k-1) / [(1-R^2)k]$，其中 n 是样本容量，k 是变量数；F 为服从 $F(1, n-2)$ 的分布，$\alpha = 0.02$。

学术界对土体天然密度、含水量、黏聚力、内摩擦角之间的关系正进行着大量的研究（张征等，1996；范明桥等，1997），但各地土体的物理力学性质有着较大的差异。由图 3-11 可知，珠江三角洲软土的含水量与孔隙比、含水量与压缩系数、孔隙比与压缩系数的线性关系较好，在实际工程中可以按照含水量的大小来估算软土的孔隙比，其他各参数也可利用回归方程得出。以孔隙比和含水量作为自变量，与其他物理力学性质指标的参数进行相关性分析，相关性结果显示如下。

（1）含水量与孔隙比。

根据表 3-7，软土的饱和度均值为 98.7%，近似为 100%，土中孔隙充满水，因此对于饱和土体，孔隙所占体积越大，含水量也就越大，饱和土体孔隙比与含水量应呈线性关系。从图 3-11（a）软土含水量与孔隙比的关系曲线看出，软土含水量与孔隙比线性拟合程度非常高，其关系见式(3-5)。

$$e = 0.0238w + 0.189 \qquad R^2 = 0.9869 \qquad (3-5)$$

当土体饱和时（$S_r = 1$），土粒相对密度 $G_s = e/w$，由于土粒相对密度（即直线斜率）变化幅度很小，因此，对于珠江三角洲地区的淤泥质饱和黏土，可以比较简便、迅速地利用此经验公式(3-5)求得土体的孔隙比。

（2）含水量与压缩系数。

由表 3-8 的统计数据显示，含水量与压缩系数也存在线性递增关系，可以利用式(3-6)较快地求出压缩系数。

$$a_{1-2} = 0.0351w - 0.7485 \qquad R^2 = 0.9338 \qquad (3-6)$$

（3）孔隙比与天然密度。

由表 3-8 可知，孔隙比与天然密度有较好的乘幂关系，天然密度是土的基本物理指标，非常容易测出，因此可以利用经验公式(3-7)较快地求出孔隙比。

$$\rho = 1.8191e^{-0.2336} \qquad R^2 = 0.9584 \qquad (3-7)$$

同理可知，含水量还与天然密度有较好的乘幂关系，与液性指数有对数关系（拟合程度相对较低），与内摩擦角存在指数关系；孔隙比、含水量与其他参数的关系基本相同。因此，通过数据回归得到的回归方程可以用来估算珠江三角洲地区软土的一些物理力学特性指标。

2. 物理力学指标的统计规律

随机变量正态分布现象广泛存在于客观世界中，因此，当研究连续型总体时，往往都会考虑它是否服从正态分布规律。检验总体正态性的方法有很多，其中"偏度、峰度检验法"较常用（盛骤等，2001）。理论上正态分布曲线是对称且陡缓适当的，而经验分布由于采样的随机性和样品数的限制与理论分布存在一定的偏差，其偏差程度用偏度 γ_1（描述曲线偏斜程度）和峰度 γ_2（描述曲线陡缓程度）来衡量，见式(3-8)、式(3-9)。

$$\gamma_1 = \frac{E\{[x - E(x)]^3\}}{[D(x)]^{3/2}} \qquad (3-8)$$

$$\gamma_2 = \frac{E\{[x - E(x)]^4\}}{[D(x)]^2} \qquad (3-9)$$

假设 x_1，x_2，$\cdots$，x_n 是来自总体的 x 的样本，γ_1 和 γ_2 的矩估计分别如下。

样本偏度（g_1）：　　　　$$g_1 = B_3 / B_2^{3/2} \qquad (3-10)$$

样本峰度（g_2）：　　　　$$g_2 = B_4 / B_2^2 \qquad (3-11)$$

式中，B_k（$k=2,3,4$）是样本的 K 阶中心矩，即 $B_k = \dfrac{1}{n}\displaystyle\sum_{i=1}^{n}$ $(x_i - \bar{x})^k$。当样本数充分大时，样本偏度 g_1、样本峰度 g_2 分别收敛于 γ_1、γ_2，且 g_1、g_2 服从式（3-12）、式（3-13）的 $N(\mu, \sigma^2)$ 的正态分布。

$$g_1 \sim N\{0, 6(n-2)/[(n+1)(n+3)]\} \tag{3-12}$$

$$g_2 \sim N\{3-6/(n+1), 24n(n-2)(n-3)/[(n+1)^2(n+3)(n+5)]\}$$

$$\tag{3-13}$$

利用 C 语言可将 g_1、g_2 标准化后的统计量 μ_1、μ_2 表示出来。假设 x_1，x_2，…，x_n 是来自总体的 x 的样本，现在来检验假设 $H_0: x$ 为正态总体。当运用上述程序求得的 $|\mu_1|$ 或 $|\mu_2|$ 过大时就拒绝 H_0。取显著性水平为 $\alpha=0.1$，则 H_0 的拒绝域为 $|\mu_1| \geqslant z_{\alpha/4} = z_{0.025} = 1.96$ 或 $|\mu_2| \geqslant z_{\alpha/4} = z_{0.025} = 1.96$，说明样本总体不服从正态分布。反之，$|\mu_1| < 1.96$、$|\mu_2| < 1.96$，则说明样本总体服从正态分布。

表 3-9 所示为珠江三角洲软土的物理力学指标的统计分布规律。

表 3-9　珠江三角洲软土的物理力学指标的统计分布规律

指标	μ_1	μ_2	正态检验	分布形状
$w/(\%)$	4.2751	2.7552	拒绝	近似正态分布
$\rho/(g/cm^3)$	0.7108	0.0956	服从	正态分布
$\rho_d/(g/cm^3)$	0.1337	0.9021	服从	正态分布
e	4.7588	2.6352	拒绝	近似正态分布
$S_r/(\%)$	7.2351	8.0092	拒绝	非正态分布
G_s	12.4782	18.2113	拒绝	非正态分布
w_L	1.8706	1.4508	服从	正态分布
w_P	1.9067	1.1186	服从	正态分布
I_P	1.9879	1.4534	服从	正态分布
$k_v/(\times 10^{-6}\,cm/s)$	15.3460	20.8321	拒绝	非正态分布
a_{1-2}/MPa^{-1}	3.8077	4.0232	拒绝	非正态分布
c/kPa^{-1}	3.9085	1.9981	拒绝	近似正态分布
$\varphi/(°)$	5.2066	3.6728	拒绝	非正态分布
q_u/kPa^{-1}	3.8907	1.6693	拒绝	近似正态分布
S_t	3.0127	1.6285	拒绝	近似正态分布

分析可知，天然密度、干密度、液限、塑限、塑性指数符合正态分布；天然含水量、孔隙比、黏聚力、无侧限抗压强度、灵敏度的检验结果接近 1.96，为近似正态分布；其他指标的检验结果与正态检验的结果相差较大，为非正态分布。通过研究珠江三角洲软土物理力学指标的分布规律可以确定土体的参数取值，并对软土工程开展可靠性分析及确定地基基础的设计分项系数等有着重要的意义。

3.7　本章小结

本章结合珠江三角洲软土工程性质的物理力学指标的统计分析，对珠江三角洲软土工程性质成因的地质与水文环境、成分（黏土矿物、非黏土矿物、有机质、孔隙水）、颗粒特征及微观特征等区域性特性进行分析，并研究区域软土工程特性的微细观机理。现将主要观点归纳如下。

（1）与长江三角洲一带软土相比，珠江三角洲软土由于两次大规模的海侵和一次海退，在河、海相互作用下，软土的沉积类型具有多样性和阶段性的特点，独特的地质、地理成因（江水与海潮复杂交替）而形成软土的区域性特性，使珠江三角洲软土成为全国所报道过的工程中遇见的最软的软土。通过归纳珠江三角洲软土的区域分布特征，得出珠江三角洲东、南、西北、中四个分区软土的分布范围和基本特征。

（2）珠江三角洲软土的主要矿物成分为蒙脱石、高岭石、白云母、石英，其中典型珠江三角洲软土中黏土矿物的含量均超过 50%。黏土矿物试样（蒙脱石和高岭石）的液、塑限与塑性指数要明显高于非黏土矿物（石英和长石）试样，其顺序从大到小依次为蒙脱石、高岭石、长石和石英。如果天然软土中黏土矿物含量相对较多，非黏土矿物含量相对较少的话，其液、塑限与塑性指数就相对较大；同时，珠江三角洲地区软土还富含腐殖质和泥炭，因而有机质含量高，导致土的亲水性、可塑性较高，压缩性大，透水性及抗剪强度较低。

（3）由颗粒尺度分布试验可知，珠江三角洲软土中主要含黏粒和粉粒，两者含量总体在 84% 以上，广州地区软土中粉粒含量比深圳软土要高，而黏粒含量相对较低，与比表面积测试结果吻合。测试结果说明土颗粒的粒径与比表面积成反比，细颗粒含量越多，土的比表面积越大；反之则越小。因此，广州软土的吸水能力相对较弱，土的渗透性相对较好，其工程特性较深圳软土要好些。

（4）通过珠江三角洲软土 ESEM 照片的归类、筛选，将其在天然状态下的微观结构大致划分为蜂窝状结构、絮状结构、海绵状结构、骨架状结构、凝块状结构。同时还发现，天然软土中往往带有裂隙，说明珠江三角洲软土的高孔隙性和不稳定的结构连接、排列是导致土体强度低的主要原因。

（5）从孔隙尺度分布角度来看，珠江三角洲软土的大孔隙（团粒间孔隙）与超微孔隙（颗粒内孔隙）的数量较少，天然软土孔隙以中、小孔隙居多，即以团粒内孔隙、颗粒间孔隙为主。研究发现，孔隙比相同但孔隙尺度分布不同的软土试样，其渗透性出现明显差异，说明大、小、微孔隙对渗透性产生不同效应，大孔隙连通性好利于渗流，微孔隙连通性低且受结合水膜阻碍使渗透性变差，因而孔隙尺度和分布（大、小孔隙比例）对渗流固结影响显著。

（6）整理归纳出较全面、系统的珠江三角洲地区软土工程特性数据，其含水量一般为 $40.1\% \sim 152.0\%$；孔隙比一般大于 1.00，最大为 4.52；压缩系数一般为 $0.52 \sim 4.50 \mathrm{MPa}^{-1}$；直剪快剪试验的黏聚力为 $5.00 \sim 15.00 \mathrm{kPa}$，平均内摩擦角为 $6.5°$；垂直渗透系数为 $(0.19 \sim 23.20) \times 10^{-6} \mathrm{cm/s}$；灵敏度平均为 5.2，最大可达 8.5，属于中、高灵敏土。

（7）进行了以含水量 w、孔隙比 e 为自变量，其他物理力学参数为因变量的相关性分析，发现天然软土的含水量 w 与孔隙比 e、含水量 w 与压缩系数 a_{1-2}、孔隙比 e 与压缩系数 a_{1-2} 之间的线性关系较明显。通过回归方程估算珠江三角洲地区软土的一些物理力学参数，并利用偏度、峰度检验法研究软土的物理力学指标的分布规律，以此确定软土的参数取值，对软土工程开展可靠性分析有重要的意义。

第四章
软土强度特性的微细观参数试验与分析

4.1 概　　述

实际工程中，淤泥、淤泥质土、软黏土等软弱土统称为软土，软土颗粒的粒径主要为微米级，可形成十分之一微米甚至更小的孔径。由第二章可知，极细颗粒软土往往具有很大的比表面积且表面带电现象明显，可以形成几十甚至几百毫伏的表面电位。通过前述的颗粒—水—电解质的扩散双电层作用，颗粒表面可形成较厚的类固体性质的黏滞性结合水膜，且包裹在土颗粒表面的结合水膜厚度会随着矿物成分、孔隙液离子浓度等因素的改变而改变，从而引起土体宏观物理力学性质的变化。结合水膜厚度的变化会改变土颗粒之间相对运动的润滑性质，使颗粒之间出现接触摩擦、润滑摩擦及介于两者之间的复合摩擦，从而引起变形阻力的增减，在宏观上表现为土体抗剪强度及黏聚力、内摩擦角两个抗剪强度指标的改变。

本章主要就颗粒矿物成分及其比例、孔隙液离子浓度、颗粒比表面积、表面电位等对软土抗剪强度的影响进行试验研究，探讨微细观参量与强度特性之间的内在联系。试验试样包括人工软土试样和天然软土试样，人工软土试样由膨润土、高岭土、石英、长石等矿物按一定比例混合制备而成；天然软土试样由南沙软土、金沙洲淤泥质黏土、番禺淤泥、广州粉质黏土和深圳淤泥质土制备而成。

4.2　矿物成分对软土强度特性的影响试验

　　天然软土因其形成的地质与水文环境、矿物成分不同,其土颗粒的形态往往存在明显差异。天然软土的土颗粒往往是由黏粒及集合体组成的,软土中的高岭石、蒙脱石等黏土矿物的颗粒形状多为片状或杆状,排列随机且分散,具有很大的比表面积;由3.4节图片可以清晰呈现其颗粒的形态特征,可知软土中的石英、长石等非黏土矿物通常以粒状、针状为主,其比表面积较小。本节通过直剪试验和微细观试验研究矿物成分对软土强度特性的影响。

4.2.1　珠江三角洲软土矿物成分分析

　　第二章已详细介绍了利用 XRD 分析法及布拉格方程对各种土壤物相鉴定的原理和方法(Zhou H 等,2011)。第三章利用该法测得珠江三角洲典型软土的矿物组成如表3-2所示,珠江三角洲软土 XRD 图谱如图3-3所示,在此不赘述。由此可知,珠江三角洲地区软土粗颗粒的造岩矿物主要为石英、长石,软土中的黏土矿物成分主要以蒙脱石、高岭石为主。

4.2.2　软土试样的比表面积测试

　　按照第二章 EGME 法的原理及试验步骤对软土试样的总比表面积进行测试,表4-1、表4-2分别为珠江三角洲软土主要矿物成分总比表面积的 EGME 测试结果、珠江三角洲天然软土总比表面积的 EGEM 测试结果。

表 4-1　珠江三角洲软土主要矿物成分比表面积的 EGME 测试结果

试样成分	铝盒 W_0/g	铝盒＋干样 W_1/g	铝盒＋干样＋吸附的 EGME W_2/g	总比表面积	
				S_s/ (m²/g)	$\bar{S_s}$/ (m²/g)
膨润土(主要成分蒙脱石)	9.0117	10.0879	10.2374	426.5	426.9
	8.9692	9.9703	10.1092	426.0	
	8.7113	9.7163	9.8566	428.3	

续表

试样成分	铝盒 W_0/g	铝盒＋干样 W_1/g	铝盒＋干样＋吸附的 EGME W_2/g	总比表面积	
				$S_s/$ (m²/g)	$\overline{S_s}/$ (m²/g)
高岭土（主要成分高岭石）	8.8911	9.8972	9.9023	17.6	17.6
	9.5324	10.5369	10.5419	17.3	
	9.5313	10.5343	10.5395	18.0	
石英	8.9446	9.9467	9.9486	6.6	6.6
	8.7136	9.7142	9.7161	6.6	
	9.0131	10.0141	10.016	6.6	
长石	9.0295	10.0416	10.0429	4.5	4.5
	8.5991	9.6014	9.6027	4.5	
	8.3137	9.3204	9.3217	4.5	

表 4-2　珠江三角洲天然软土总比表面积的 EGME 测试结果

试样成分	铝盒 W_0/g	铝盒＋干样 W_1/g	铝盒＋干样＋吸附的 EGME W_2/g	总比表面积	
				$S_s/$ (m²/g)	$\overline{S_s}/$ (m²/g)
南沙软土	8.3132	9.3176	9.3455	94.5	92.8
	8.5961	9.5928	9.6198	92.2	
	9.0233	10.0216	10.0485	91.7	
金沙洲淤泥质黏土	8.6789	9.6848	9.7135	97.0	97.4
	9.0271	10.0312	10.0595	95.8	
	8.5935	9.5956	9.6249	99.3	
番禺淤泥	8.5634	9.5616	9.5874	88.1	89.1
	8.9541	9.9520	9.9783	89.8	
	8.9532	9.9525	9.9787	89.3	
深圳淤泥质土	8.3227	9.3289	9.3632	115.3	115.5
	9.0277	10.0315	10.0656	114.9	
	8.6963	9.6983	9.7328	116.4	

由表 4-1 可知，珠江三角洲四种典型矿物颗粒的总比表面积按长石、石英、高岭石、蒙脱石顺序依次增大。黏土矿物蒙脱石的比表面积最大，为 426.9m²/g；非黏土矿物长石的总比表面积最小，为 4.5m²/g。蒙脱石的总比表面积分别是石英和长石的 64.7 倍、94.9 倍；高岭石的比表面积分别是石英和长石的的 2.7 倍和 3.9 倍。分析原因可知，由于黏土矿物蒙脱石、高岭石属层状硅酸盐，具有特有的片、层状结构；故其总比表面积较大；非黏土矿物中的石英晶体属于三方偏方面体晶类，常发育成完好的柱状晶体，而长石常发育成为平行 a 轴、b 轴或 c 轴的柱状或厚板状晶体，两者并不具有黏土矿物的片、层状结构，而以粒状为主，故总比表面积均较小。

由表 4-2 珠江三角洲天然软土的总比表面积测试结果来看，珠江三角洲各地软土的比表面积为 89.1～115.5m²/g，平均为 98.7m²/g。总体来说，南沙、金沙洲、番禺等地区软土的比表面积较深圳地区的软土比表面积略小。从矿物成分的组成来看，即软土中黏土矿物（如蒙脱石）的相对含量越高，土样的总表面积就越大；而非黏土矿物（石英和长石）的相对含量越高，土样的总比表面积也就越小。对比番禺淤泥、深圳软土矿物成分后发现（表 3-2），两者蒙脱石含量相当（26.5% 和 25.1%），但前者的高岭石、白云母含量较低，长石、石英的含量却远高于后者，故其总比表面积较小，很好地说明了土颗粒的比表面积测试结果与其矿物成分的组成、含量结果相关。

4.2.3　矿物成分对软土强度特性的影响分析

软土中不同矿物成分因其颗粒特征不同，导致比表面积、表面微电场强度、结合水膜厚度及液、塑性指标均不同，进而影响软土的强度特性（周晖，2013）。

珠江三角洲典型软土的人工软土试样和天然软土试样的快剪试验条件参数见表 4-3。在快剪试验中每组试样 4 个，分别施加 100kPa、200kPa、300kPa、400kPa 的竖向压力，剪切速率为 0.8mm/min。人工软土试样以击样法制备，配制的含水量在塑限附近；天然软土试样为原状样。试样的直径和高度分别为 61.8mm、20mm，制样方法及快剪试验的操作步骤参考《土工试验方法标准》（GB/T 50123—2019），保持试验过程中各试样的试验条件一致。图 4-1 为各组试样的快剪强度试验曲线，其具体数值列于表 4-4 中。

表 4 - 3　典型矿物的人工土样和天然软土样的快剪试验参数

试样成分	试样数量	干密度 ρ_d/(g/cm³)	孔隙比 e	液限 w_L/(%)	塑限 w_P/(%)	含水量 w/(%)
膨润土（主要成分为蒙脱石）	4	0.96	1.59	180.9	52.3	53.9
石英	4	2.23	0.88	16.8	11.1	12.7
番禺淤泥	4	1.36	2.06	42.6	22.9	74.1
深圳淤泥质土	4	1.34	1.52	45.1	19.8	58.3

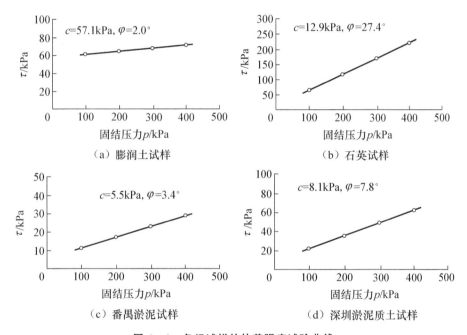

（a）膨润土试样　　（b）石英试样

（c）番禺淤泥试样　　（d）深圳淤泥质土试样

图 4 - 1　各组试样的快剪强度试验曲线

表 4 - 4　试样的抗剪强度及其强度指标

编号	试样成分	各级竖向压力下的抗剪强度 τ/kPa				快剪指标	
		100	200	300	400	c/kPa	φ/(°)
ZJ1	膨润土（主要成分为蒙脱石）	60.2	64.9	67.2	71.1	57.1	2.0

续表

编号	试样成分	各级竖向压力下的抗剪强度 τ/kPa				快剪指标	
		100	200	300	400	c/kPa	φ/ (°)
ZJ2	石英	64.5	116.9	167.8	220.1	12.9	27.4
ZJ3	番禺淤泥	11.4	17.2	23.0	29.1	5.5	3.4
ZJ4	深圳淤泥质土	21.8	35.5	49.2	62.9	8.1	7.8

由快剪试验结果可以看出：不同矿物成分试样的强度特性有显著差异。

（1）对于单一成分的人工软土试样，见表 4-4 中的膨润土、石英试样，随着竖向压力提高，试样的抗剪强度均逐渐增大，但强度增长幅度明显不同，表明不同矿物成分颗粒的强度性状具有各自的特点。与 100kPa 竖向压力对应的抗剪强度相比，其他各级压力下膨润土（其主要成分为蒙脱石）试样强度的增长幅度在 7.8%～18.1%，石英为 81.2%～241.2%，说明随着竖向压力的增加，膨润土的抗剪强度增长不显著，而石英的抗剪强度却有大幅增长；在相同的竖向压力下，膨润土试样的抗剪强度明显低于石英的抗剪强度，随着荷载的增加，此现象更加显著；在黏聚力和内摩擦角等强度指标方面，膨润土黏聚力为 57.1kPa 而内摩擦角仅为 2°；而石英的黏聚力为 12.9kPa，内摩擦角为 27.4°。

（2）对于番禺和深圳的天然软土而言，由于其黏土矿物成分含量较高，由表 3-4 所示，其黏土矿物含量均超过 50%，且含水量较高，使得其抗剪强度指标均较低：两者黏聚力均小于 10kPa，分别为 5.5kPa、8.8kPa；内摩擦角均小于 10°，分别为 3.4°、7.8°。

通过研究珠江三角洲典型的人工软试样和天然软试样的颗粒特征、比表面积，分析矿物成分对软土强度性质的影响，得到如下主要结论。

（1）对于单一成分的试样，随着竖向压力提高，试样的抗剪强度逐渐增大。比较而言，非黏土矿物石英试样比黏土矿物蒙脱石试样的强度增幅大。

（2）天然软土试样因黏土矿物成分和含水量均较高，使其抗剪强度指标均较低。

（3）土体的宏观强度性状可以看作是不同类型矿物颗粒微观摩擦和胶

结性质的综合体现。微观摩擦和胶结性质与颗粒表面的吸附结合水含量密切相关，而结合水的情况又与颗粒特征密切相关。

（4）由于黏土矿物（如蒙脱石）通常为片状结构，因此具有很大的比表面积。随比表面积增加，粒间吸附作用增强，吸附的结合水膜增厚，颗粒间的直接接触点减少，颗粒间由结合水膜连接的胶结作用变得明显，颗粒间易于错动而形成润滑摩擦；表现为抗剪强度与内摩擦角低，而黏聚力高。而非黏土矿物颗粒（如石英）通常为粒状或针状，比表面积小，吸附结合水的胶结作用弱，吸附水膜较薄，黏聚力较低，粒间多为直接接触，使得摩擦角增加，从而使其强度得以增加。

4.3 含水量对软土强度特性的影响试验

4.3.1 试样制备及方案设计

一般情况下，地层中土体的结构、密度和成分等参数随时间和空间的变化都不会太剧烈，而含水量的波动对土体强度参数的影响相对较大。在工程实践中，含水量的增减对工程范围内土体强度的影响非常明显，以往研究表明：土体强度及指标参数总体上随着含水量的增加而降低，但两者通常不是简单的线性或者此消彼长的关系（王丽，2009）。本节通过直剪试验研究含水量对广州粉质黏土和南沙淤泥土强度特性的影响。制样方法和试验步骤参考《土工试验方法标准》（GB/T 50123—2019），试验采用快剪法，试样数量为 4 个，表 4-5 为各试样的基本物理性质。

表 4-5　各试样的基本物理性质

编号	试样成分	干密度 ρ_d/(g/cm³)	孔隙比 e	液限 w_L/(%)	塑限 w_P/(%)	含水量 w/(%)
ZJ5	广州粉质黏土	1.64	0.65	28.5	14.5	7.3
ZJ6						10.9
ZJ7						14.5
ZJ8						28.5

续表

编号	试样成分	干密度 $\rho_d/(g/cm^3)$	孔隙比 e	液限 $w_L/(\%)$	塑限 $w_P/(\%)$	含水量 $w/(\%)$
ZJ9	南沙淤泥土	1.32	0.86	41.6	25.8	12.9
ZJ10						19.4
ZJ11						25.8
ZJ12						41.6

4.3.2　试验结果及分析

图 4-2 为广州粉质黏土和南沙淤泥土试样的快剪强度试验曲线，各级压力下两种试样的抗剪强度、黏聚力、内摩擦角与含水量的关系曲线分别如图 4-3～图 4-5 所示，表 4-6 列出了两种试样的抗剪强度及其指标的具体数值。

从含水量对天然土强度影响的试验结果来看，土体的抗剪强度及其指标与含水量的关系是非线性的，主要表现在如下几个方面。

（1）由图 4-2 可知，各试样的抗剪强度均随着含水量增大而降低。当试样的含水量低于塑限时，在各级竖向压力下，抗剪强度降幅不大。广州粉质黏土含水量从 7.3% 增加到 10.9% 时，抗剪强度降低了 1.7%～6.3%；南沙淤泥土含水量从 12.9% 增加到 19.4% 时，抗剪强度降低了 2.2%～7.9%。当含水量超过塑限达到液限时，试样抗剪强度出抗剪现大幅度下降。而广州粉质黏土在液限（$w_L=28.5\%$）时的抗剪强度是含水量为 7.3% 时的 37.2%～43.0%；南沙淤泥土在液限（$w_L=41.6\%$）时的抗剪强度是含水量为 12.9% 时的 29.9%～34.1%。分析认为土颗粒之间充填的孔隙水在土体剪切过程中起到显著的润滑作用，改变了颗粒间的变形阻力，使土颗粒之间易于发生错动，从而导致土体抗剪强度的降低。

（2）土体黏聚力随着含水量增大出现先增后减的变化趋势。两种试样的黏聚力在塑限以下稍有降低，在塑限附近出现峰值，之后黏聚力随着含水量继续增大急剧减小，如图 4-4 所示。两种试样在液限附近时的黏聚力分别是各自峰值时的 9.8% 和 28.1%。由于颗粒间的胶结与吸附作用提供黏性土的黏聚力，这两种作用的主导地位会随含水量的增加而逐步改变；并且在某一临界含水量时，对黏聚力的贡献最大；含水量的持续增加反而会削弱这些作用，致使黏聚力逐步丧失。

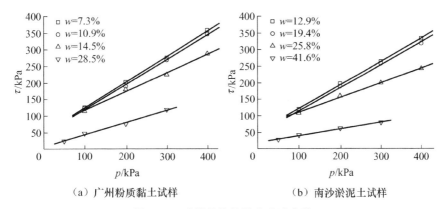

（a）广州粉质黏土试样　　　　　　　（b）南沙淤泥土试样

图 4 - 2　试样的快剪强度试验曲线

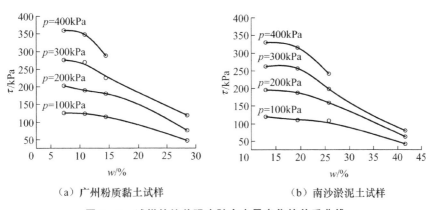

（a）广州粉质黏土试样　　　　　　　（b）南沙淤泥土试样

图 4 - 3　试样的抗剪强度随含水量变化的关系曲线

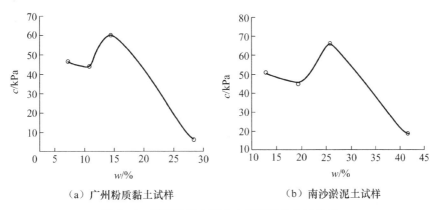

（a）广州粉质黏土试样　　　　　　　（b）南沙淤泥土试样

图 4 - 4　试样黏聚力随含水量变化的关系曲线

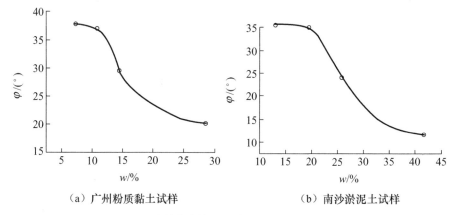

（a）广州粉质黏土试样　　　　　　　　（b）南沙淤泥土试样

图 4-5　试样内摩擦角随含水量变化的关系曲线

表 4-6　两种试样的抗剪强度及其指标

编号	试样成分	含水量 w/%	各级竖向压力下的抗剪强度 τ/kPa				快剪指标	
			100kPa (50kPa)	200kPa (100kPa)	300kPa (200kPa)	400kPa (300kPa)	c/kPa	φ/（°）
ZJ5	广州粉质黏土	7.3	124.9	201.7	275.2	358.6	46.4	37.8
ZJ6		10.9	122.8	188.9	268.8	346.9	43.8	37.0
ZJ7		14.5	114.1	179.5	224.2	287.5	60.1	29.5
ZJ8		28.5	23.0*	46.5*	75.4*	118.2*	5.9	20.2
ZJ9	南沙淤泥土	12.9	119.6	196.8	264.5	334.2	50.9	35.4
ZJ10		19.4	110.2	188.7	258.8	319.4	44.8	34.9
ZJ11		25.8	108.1	159.6	199.5	243.3	66.3	24.0
ZJ12		41.6	27.1*	40.8*	61.3*	79.2*	18.6	11.6

注：表中带 * 号的抗剪强度数据是在括号内的竖向压力下测得的。

（3）由图 4-5 可知，试样内摩擦角随着含水量增加而减小。含水量在塑限以下时，内摩擦角几乎不受含水量的影响，其变化值在 1°以内；当含水量继续增大时，内摩擦角出现明显减小；当含水量提高至液限时，广州粉质黏土的内摩擦角是含水量为 7.3% 时的 53.4%，南沙淤泥土的内摩擦角是含水量为 12.9% 时的 32.8%。内摩擦角的变化趋势同样体现了孔隙水对土颗粒间润滑性质的显著影响。孔隙水改变了土颗粒表面的粗糙度，导致抗滑阻力发生变化，表现为抗滑阻力与法向应力的比值即内摩擦角的改变。

4.4　孔隙液离子浓度对软土强度特性的影响试验

结合水膜厚度的改变可以导致土粒间相对摩擦性质的改变，从而引起变形阻力的增减，而结合水膜的厚度则随孔隙液离子浓度的升降发生改变。本节以人工软土为研究对象，考察孔隙液离子浓度对土体强度特性的影响。

4.4.1　试样制备及方案设计

除了矿物成分和含水量会对土体强度特性产生变化外，孔隙液离子浓度变化也将引起土体强度特性的变化。本试验对不同浓度 NaCl 孔隙液的石英、33.3％膨润土＋66.7％高岭土的混合土、膨润土进行直接剪切试验，并分析孔隙液离子浓度对土体抗剪强度的影响。石英试样分 4 级孔隙液离子浓度进行试验，33.3％膨润土＋66.7％高岭土的混合土、膨润土试样分 5 级孔隙液离子浓度进行试验。各试样的编号及基本物理性质见表 4-7。

表 4-7　各试样的编号及基本物理性质

编号	试样成分	NaCl 溶液浓度 $n/(mol/L)$	试样数量	干密度 $\rho_d/(g/cm^3)$	孔隙比 e	含水量 $w/(\%)$
ZJ13	石英	0.0	4	2.23	0.87	18.1
ZJ14		8.3×10^{-3}	4	2.23	0.87	17.8
ZJ15		8.3×10^{-2}	4	2.23	0.87	18.4
ZJ16		8.3×10^{-1}	4	2.24	0.86	18.1
ZJ17	33.3％膨润土＋66.7％高岭土	0.0	4	1.01	1.62	62.3
ZJ18		8.3×10^{-3}	4	1.00	1.63	63.9
ZJ19		8.3×10^{-2}	4	1.00	1.63	62.8
ZJ20		8.3×10^{-1}	4	1.00	1.66	63.0
ZJ21		2.0	4	0.99	1.63	62.2

续表

编号	试样成分	NaCl 溶液浓度 $n/(\text{mol/L})$	试样数量	干密度 $\rho_d/(\text{g/cm}^3)$	孔隙比 e	含水量 $w/(\%)$
ZJ22	膨润土	0.0	4	0.95	1.63	69.2
ZJ23		8.3×10^{-3}	4	0.94	1.64	68.8
ZJ24		8.3×10^{-2}	4	0.95	1.62	67.9
ZJ25		8.3×10^{-1}	4	0.94	1.64	68.3
ZJ26		2.0	4	0.95	1.63	65.4

在每级孔隙液离子浓度的直剪试验中，每种成分采用 4 个相同的试样，分别施加 100kPa、200kPa、300kPa 和 400kPa 的固结压力，控制剪切速率为 0.8mm/min。孔隙液的溶质为分析纯级 NaCl 颗粒，溶液浓度单位为摩尔浓度（mol/L）。制样方法为击样法，试样的直径和高度分别为 61.8mm、20mm，在试验前经抽气饱和处理。试验采用固结快剪法，试验仪器及操作步骤按照《土工试验方法标准》（GB/T 50123—2019）中的规定进行，各试样的试验条件保持一致。

4.4.2　试验结果及分析

图 4-6 为各试样的固结快剪强度试验曲线。各级固结压力下，试样的黏聚力、内摩擦角、抗剪强度随孔隙液浓度的变化趋势如图 4-7～图 4-9 所示。具体数值列于表 4-8 中。

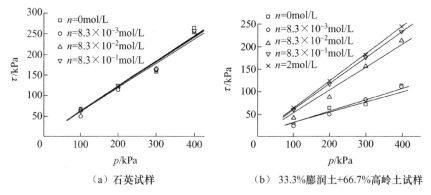

（a）石英试样　　　　（b）33.3%膨润土+66.7%高岭土试样

图 4-6　试样的固结快剪强度试验曲线

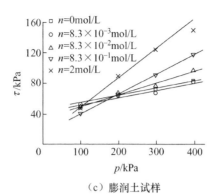

（c）膨润土试样

图4-6 试样的固结快剪强度试验曲线（续）

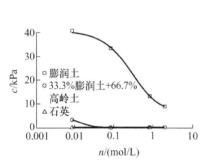

图4-7 试样的黏聚力随孔隙液离子浓度变化的关系曲线

图4-8 试样的内摩擦角随孔隙液离子浓度变化的关系曲线

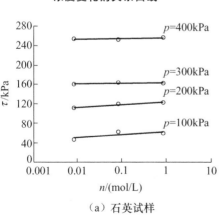

（a）石英试样

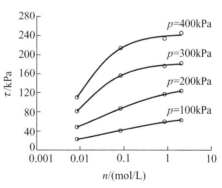

（b）33.3%膨润土+66.7%高岭土试样

图4-9 试样的抗剪强度随孔隙液离子浓度变化的试验曲线

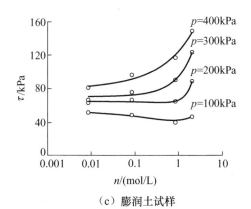

（c）膨润土试样

图 4-9 试样的抗剪强度随孔隙液离子浓度变化的试验曲线（续）

表 4-8 试样的抗剪强度及其强度指标

编号	试样成分	Nacl 溶液浓度 n/(mol/L)	各级固结压力下的抗剪强度 τ/kPa				强度指标	
			100	200	300	400	c/kPa	φ/ (°)
ZJ13	石英	0.0	66.3	118.8	158.1	264.1	0	31.5
ZJ14		8.3×10^{-3}	50.1	111.1	161.8	255.0	0	31.6
ZJ15		8.3×10^{-2}	64.0	121.2	165.1	253.4	0	31.1
ZJ16		8.3×10^{-1}	61.1	124.1	163.7	256.6	0	31.4
ZJ17	33.3%膨润土＋66.7%高岭土	0.0	23.3	62.3	69.8	112.7	6.60	12.9
ZJ18		8.3×10^{-3}	22.6	48.3	81.5	110.2	3.30	14.3
ZJ19		8.3×10^{-2}	39.2	86.6	156.0	213.3	0.15	27.1
ZJ20		8.3×10^{-1}	59.5	116.7	176.1	233.4	0.13	30.3
ZJ21		2.0	62.5	123.4	181.6	244.7	0.12	31.4
ZJ22	膨润土	0.0	48.0	65.5	72.5	83.7	45.90	5.3
ZJ23		8.3×10^{-3}	52.4	63.9	67.5	82.1	40.90	5.6
ZJ24		8.3×10^{-2}	49.1	67.6	76.8	97.2	33.80	8.6
ZJ25		8.3×10^{-1}	39.6	65.8	91.6	118.2	13.30	14.4
ZJ26		2.0	47.3	88.9	124.8	150.1	9.00	21.1

从测试结果来看，不同孔隙液离子浓度试样的抗剪强度及其指标参数具有如下特点。

(1) 各级固结压力下，孔隙液离子浓度变化对各试样抗剪强度的影响存在显著差异。随着孔隙液离子浓度增大，石英试样的抗剪强度基本保持不变；混合土试样的抗剪强度表现为非线性增长，但随着孔隙液浓度增大其增长速度渐缓并趋于稳定；膨润土试样的抗剪强度则出现非线性加速增长的趋势。

(2) 随着孔隙液离子浓度的增大，石英试样的黏聚力、内摩擦角基本不变；膨润土试样的黏聚力则迅速降低，内摩擦角则迅速增大；混合土试样的黏聚力逐渐下降至 0kPa，内摩擦角逐渐增大，总体上趋于稳定。

(3) 研究表明：土体的强度性状受孔隙液离子浓度的影响程度与其矿物成分密切相关。根据孔隙液离子浓度 $n=0\sim2.0$mol/L 时各试样的强度变化趋势分析，可将石英、混合土和膨润土三种试样分别归类为非增长型、稳定增长型及快速增长型。

(4) 各试样的黏聚力随孔隙液离子浓度变化的关系曲线，尝试从微细观角度分析孔隙液离子浓度对土体黏聚力的影响。孔隙液中的离子通过颗粒表面微电场改变结合水膜厚度，在饱和状态下，随着离子浓度的增加，结合水含量减少，即结合水膜变薄，而自由水含量相对增加，由吸附水中阳离子扩散导致的渗透压力（即土粒间排斥力）增加，静吸附力降低，颗粒趋于分散，黏聚力表现为减小状态。因此，膨润土等黏土矿物由于颗粒微小能吸附很厚的结合水膜，则受孔隙液离子浓度变化影响比较明显，黏聚力的变化也比较明显；反之，如石英等非黏土矿物的离子作用效果微弱，则黏聚力基本不受影响；而混合土的离子作用居于两者之间，则黏聚力趋向稳定。

4.5　土体强度特性的微细观分析

4.2~4.4 节从矿物成分、含水量、孔隙液离子浓度三方面对人工土试样和天然软土试样进行了强度特性影响试验，分析表明结合水是引起土体强度特性改变的重要物质因素之一。Gouy-Chapman 扩散双电层理论指出，结合水膜厚度的改变很大程度上与颗粒表面微电场有关。不同矿物成分、孔隙液离子浓度均会影响颗粒表面微电场的强弱，从而引起结合水膜发生变化，含水量在某种程度上能表征结合水膜的厚度，下面从微细观角度对影响土体强度特性的物理化学机制进行初步分析。

4.5.1　结合水性质与微电场强度的关系分析

当土体处于干燥状态时，阳离子被固定在带负电的黏土颗粒表面，中和黏粒表面负电荷的剩余阳离子和与它们相联系的阴离子以盐的形式存在于颗粒表面。当黏土颗粒遇水时，盐类发生溶解，吸附在颗粒表面的高浓度阳离子将出现扩散趋势，而颗粒表面的负电场与阳离子之间的静电吸引抑制了阳离子的逸散，导致颗粒表面附近形成了离子吸附层和扩散层组成的双电层，具体如图 4-10 所示。由于水为极性分子，在电场作用下形成定向排列，吸附层形成具有很大黏滞阻力的强结合水膜，结合水膜具有类固体性质，几乎不能流动；扩散层形成黏滞阻力较强、结合水膜稍小的弱结合水膜，虽在静电引力影响范围内，但黏滞阻力相对仍较大，流动性较低。

由图 4-10 黏土颗粒表面结合水的双电层示意图可以看出，强结合水分布在靠近土颗粒表面的吸附层中，而弱结合水分布在吸附层以外的扩散层中，双电层厚度可认为就是结合水膜厚度。双电层厚度与带电土颗粒的表面电位有很大关系，一般认为土颗粒的表面电位越高，双电层厚度越厚，结合水膜厚度也就越厚。

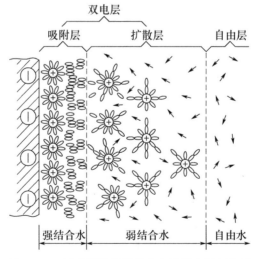

图 4-10　黏土颗粒表面结合水的双电层示意图

根据 Gouy-Chapman 理论，当颗粒表面电位 ψ 小于 25mV 时，距离颗粒表面 x 处的电位 ψ 可用式(4-1) 表示。

$$\psi = \psi_0 \exp(-Kx) \tag{4-1}$$

$$K^2 = \frac{8\pi n e^2 v^2}{\varepsilon k T} \tag{4-2}$$

Gouy-Chapman 理论中，对单一平面的双电层及相互作用的双电层这两种模型而言，其表面电位 Ψ_0 与颗粒表面电荷密度 σ 的关系可分别用式(4-3) 和式(4-4) 表示。

单一平面的双电层：

$$\sigma = \left(\frac{2\varepsilon n k T}{\pi}\right)^{1/2} \sinh\left(\frac{v e \psi_0}{k T}\right) \tag{4-3}$$

相互作用的双电层：

$$\sigma = \left(\frac{\varepsilon n k T}{2\pi}\right)^{1/2} \left[2\cosh\left(\frac{v e \psi_0}{k T}\right) - 2\cosh\left(\frac{v e \psi_d}{k T}\right)\right]^{1/2} \tag{4-4}$$

式中　ε——介电常数；

　　　n——孔隙液离子浓度 mol/L；

　　　k——Boltzmann 常数，$J \cdot K^{-1}$；

　　　T——绝对温度，K；

　　　v——离子化合价；

　　　e——电子电荷，C。

利用式(4-3) 和式(4-4) 计算时，计算参数 $\varepsilon = 80.0$（水），$k = 1.38 \times 10^{-23} J \cdot K^{-1}$，$v = \pm 1$，$T = 290K$，$e = 1.602 \times 10^{-19} C$。

由式(4-1) 可知，颗粒表面电位随距离按指数曲线呈下降态势，扩散电荷的重心与平面 $x = 1/K$ 一致，因此可将 $1/K$ 定义为双电层厚度，即结合水膜厚度。由式(4-2) ~式(4-4) 可知，当颗粒表面电荷密度 σ 恒定时，孔隙液离子浓度 n 减小将引起颗粒表面电位 ψ_0 增加，而双电层厚度即结合水膜厚度 $1/K$ 也会增加。

有科学家通过对黏土表面吸附结合水的研究后，提出如下观点：在水-土相互作用下，结合水的结构异于自由水，具有似晶体结构的特点，如非牛顿流体、较高的黏滞性和低于流动的临界梯度（Low P F，1961）。土中的吸附结合水可以看作是具有黏滞性的类固体物质，是土体具有黏聚力的重要内因。

4.5.2 结合水含量与微细观参数的定量分析

由式（4-2）的分析可知，颗粒表面微电场的变化可引起结合水膜厚度的改变，从而导致颗粒的吸附结合水含量发生变化。因此，本研究认为影响颗粒表面微电场的重要因素即是影响颗粒吸附结合水含量的重要因素。本节主要讨论微细观参数，如比表面积、孔隙液离子浓度、介电常数、阳离子化合价等变化与结合水膜厚度的关系。

1. 比表面积

比表面积与土颗粒的表面活性、界面特性密切相关。当颗粒粒径达到微米级时，随着比表面积增大，颗粒的表面活性提高，颗粒表面与孔隙水的界面性质发生很大改变，对结合水的吸附能力也大幅度提高。液、塑限可以表征土颗粒表面的吸附结合水量，不同矿物成分的颗粒由于比表面积差异较大、颗粒的表面活性不同，因而吸附结合水量不同，表现为液、塑限指标的明显差异。表4-9汇总了各单一成分人工软土试样的比表面积与液、塑限等。

表4-9 各单一成分人工软土试样的比表面积与液、塑限等

试样成分	平均粒径/ μm	比表面积/ (m^2/g)	液限 w_L/ (%)	塑限 w_P/ (%)	塑性指数 I_P/ (%)
长石	9.471	4.5	12.6	6.8	5.8
石英	10.563	6.6	15.7	9.1	6.6
高岭土	3.457	17.6	60.2	34.6	25.6
膨润土	9.459	426.9	187.9	56.1	131.8

由表4-9可知，四种单一成分人工软土试样中，长石的比表面积最小，为 $4.5m^2/g$；其液限、塑限与塑性指数也最低，分别为12.6%、6.8%和5.8%。石英的比表面积次小，高岭土次高，膨润土最高。由此，也从一个侧面表明颗粒的吸附结合水量按照从低到高的顺序为：长石<石英<高岭土<膨润土。

2. 孔隙液离子浓度

取孔隙液离子浓度 n 从高到低分别为 $2.0mol/L$、$8.3 \times 10^{-1} mol/L$、$5.0 \times 10^{-1} mol/L$、$8.3 \times 10^{-2} mol/L$、$8.3 \times 10^{-3} mol/L$、$8.3 \times 10^{-4} mol/L$、

8.3×10^{-5} mol/L 时，取计算参数 $\varepsilon = 80.0$（水）、$k = 1.38 \times 10^{-23}$ J·K^{-1}、$v = \pm 1$、$T = 290K$、$e = 1.602 \times 10^{-19}$ C，利用式（4-2）分别计算出不同离子浓度孔隙液中的双电层厚度即结合水膜厚度 $1/K$，如图 4-11 所示，具体数值可见表 4-10 所示。

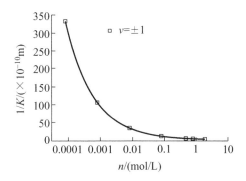

图 4-11　结合水膜厚度随孔隙液离子浓度的变化曲线（一价阳离子）

表 4-10　结合水膜厚度与孔隙液浓度的关系

孔隙液浓度 n/（mol/L）	结合水膜厚度 $1/K \times 10^{-10}$/（m）
2.0	2.1
8.3×10^{-1}	3.3
5.0×10^{-1}	4.3
8.3×10^{-2}	10.5
8.3×10^{-3}	33.3
8.3×10^{-4}	105.2
8.3×10^{-5}	332.6

由图 4-11 和表 4-10 分析可知，颗粒表面微电场受孔隙液离子浓度影响，离子导致结合水膜厚度的改变。孔隙液离子浓度较高时，颗粒表面电位较低，双电层厚度即颗粒表面结合水膜厚度较薄；减小孔隙液离子浓度导致颗粒表面电位上升，双电层厚度迅速增大，即颗粒表面的结合水膜厚度明显增厚。由图 4-11 可以看出，当孔隙液浓度 $n < 8.3 \times 10^{-2}$ mol/L 时，结合水膜厚度随孔隙液浓度变化曲线陡降明显；当孔隙液浓度 $n > 8.3 \times 10^{-2}$ mol/L 时，随孔隙液浓度增大，其结合水膜厚度减小速度显著放缓且趋于稳定。由表 4-10 可知，$n = 8.3 \times 10^{-5}$ mol/L 时结合水膜厚度是 $n =$

2.0mol/L 时的近 160 倍。

3. 介电常数

颗粒表面的双电层厚度即结合水膜厚度 $1/K$ 除受孔隙液离子浓度影响外，还受孔隙液介电常数的影响，$1/K$ 随介电常数 ε 增加而增加。图 4－12 是不同一价阳离子浓度的乙醇（$\varepsilon=24.3$）溶液和水（$\varepsilon=80.0$）与结合水膜厚度的关系曲线，具体数值见表 4－11。

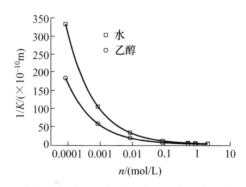

图 4－12　不同介电常数时结合水膜厚度随孔隙液离子浓度的变化曲线

表 4－11　不同介电常数时结合水膜厚度与孔隙液离子浓度的关系

孔隙液浓度 n/（mol/L）	结合水膜厚度 $1/K\times10^{-10}$/（m）	
	水	乙醇
2.0	2.1	1.2
8.3×10^{-1}	3.3	1.8
5.0×10^{-1}	4.3	2.4
8.3×10^{-2}	10.5	5.8
8.3×10^{-3}	33.3	18.3
8.3×10^{-4}	105.2	58.0
8.3×10^{-5}	332.6	183.3

由表 4－11 可知，同一浓度下，水介质的结合水膜厚度是乙醇介质的结合水膜厚度的 1.81 倍。

4. 阳离子化合价

阳离子化合价会影响双电层厚度即结合水膜厚度。利用式(4-2)计算出各浓度下含一价、二价和三价阳离子孔隙液相应的结合水膜厚度，如图4-13所示，具体数值见表4-12。

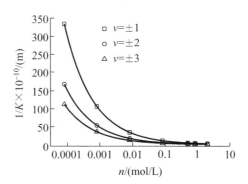

图4-13　一价、二价、三价阳离子时结合水膜厚度随孔隙液离子浓度的变化曲线

表4-12　一价、二价、三价阳离子时结合水膜厚度与孔隙液离子浓度的关系

孔隙液离子浓度 n/（mol/L）	各价离子对应的结合水膜厚度 $1/K$/（$\times 10^{-10}$ m）		
	$v=\pm1$	$v=\pm2$	$v=\pm3$
2.0	2.1	1.1	0.7
8.3×10^{-1}	3.3	1.7	1.1
5.0×10^{-1}	4.3	2.1	1.4
8.3×10^{-2}	10.5	5.3	3.5
8.3×10^{-3}	33.3	16.6	11.1
8.3×10^{-4}	105.2	52.6	35.1
8.3×10^{-5}	332.6	166.3	110.9

由表4-12计算可知，随着孔隙液离子浓度 n 递减，结合水膜厚度迅速增厚；在相同孔隙液离子浓度下，阳离子价数越高，对结合水膜厚度的影响越大，二价、三价阳离子的孔隙液中结合水膜厚度分别为一价阳离子孔隙液中的1/2和1/3。

4.5.3　对强度特性影响的微细观解析

从宏观领域来看，软土的强度取决于土体各种物理状态变量，如结构、密度、组成成分与含水量等的大小及组合，当其中某个或者多个变量发生变化时，土体的抗剪强度及其指标就会发生改变。从微观领域来看，软土的强度实际上是由变形时颗粒之间的摩擦性质、胶结黏聚状态及结合水的性质等因素决定，各种因素之间相互不独立，存在着复杂的相互作用。其中，摩擦作用又细分为固体间的直接摩擦、润滑摩擦及介于两者间的复合摩擦。下面从微细观角度对强度特性影响的机理进行探讨。

1. 颗粒间的摩擦与胶结黏聚作用

经典的摩擦黏聚理论（Mitchell J K，1993）认为无论是片状颗粒还是块状颗粒，其表面都是由连续的凹陷和凸起曲面构成，颗粒之间会通过各

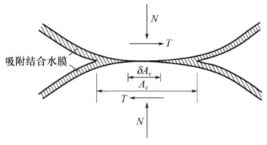

自的凸起体形成接触点，在法向应力 N 的作用下，凸起体形成接触面，而颗粒间的滑动阻力正是由接触面积和接触处的抗剪强度提供，图 4-14所示为颗粒间的凸起接触。

吸附结合水膜

图 4-14　颗粒间的凸起体接触

接触处的抗剪强度 T 和摩擦系数 μ 可以用式(4-5)和式(4-6)加以表示。

$$T = A_c [\delta \tau_m + (1-\delta) \tau_c] \tag{4-5}$$

$$\mu = \tan \varphi_u = T/N \tag{4-6}$$

式中，A_c——总接触面积；

δ——颗粒间直接接触的面积百分数；

τ_m——颗粒间直接接触处的强度；

τ_c——吸附结合水膜的强度；

φ_u——颗粒间纯滑动摩擦的内摩擦角。

实际上，因 δ 和 τ_c 不易直接测出，因此难以用式(4-5)进行定量计

算，但由式（4-5）可知，颗粒间的抗剪强度 T 由颗粒间的直接摩擦和吸附结合水膜的润滑摩擦两部分组成。在法向应力（即正应力）一定的情况下，颗粒的表面特性与结合水的性质决定了颗粒间抗剪强度和内摩擦角的大小。由前述可知，不同的矿物成分其比表面积可相差几个数量级，如黏土矿物的比表面积一般可达数十至数百平方米每克，而非黏土矿物通常只有几平方米每克。拥有大比表面积的矿物颗粒往往具有活跃的表面能，可以吸附更多结合水，导致不同矿物颗粒的表面特性产生差异，从而表现出不同的摩擦性状。4.2 节对单一矿物成分的人工软土试样和天然软土试样进行的直剪试验表明，矿物成分对试样的强度特性有显著的影响。就膨润土和石英而言，膨润土的主要成分是蒙脱石，为黏土矿物，其颗粒比表面积远远高于石英（见 4.2.2 节），能吸附相当厚的结合水膜，在法向应力作用下颗粒间主要由强度较低的水膜连接而缺少直接接触点、试样表现出的抗剪强度偏低、内摩擦角也较小；而石英颗粒的比表面积仅为膨润土的 1.6%，只吸附很薄的结合水膜，颗粒间主要靠强度较高的直接接触形成摩擦阻力，因而试样的抗剪强度和内摩擦角较高。天然土体因富含多种矿物成分，其所表现出的强度特性应是各种成分综合作用的结果，当黏土矿物（如蒙脱石）含量较高而非黏土矿物（如石英、长石）含量较低时，试样就表现出较低的强度和内摩擦角。

除了摩擦作用外，由胶结和吸附作用形成的黏聚力也是土体强度的重要组成部分。颗粒间的黏聚力由表观黏聚力和真黏聚力两部分组成。其中，表观黏聚力则主要来源于：①土颗粒表面上的水的吸引力和表面张力联合作用形成的毛细管应力；②颗粒之间紧密堆积形成的机械咬合力。相比而言，真黏聚力与应力无关，它主要来源于：①当粒间间距小于 25Å 时，粒径＜1μm 的颗粒之间产生的静电引力和范德华电磁引力；②有机化合物、碳酸盐和诸如二氧化硅、氧化铝和氧化铁等氧化物的胶结作用而形成的颗粒间化学键；③在吸附水的参与下颗粒间在固结后保持的主价键结合和黏聚。对于矿物颗粒而言，蒙脱石等黏土矿物颗粒表面具有较厚的黏滞性结合水膜，可产生强烈的吸附作用，形成较高的黏聚力；结合水膜对石英等非黏土矿物颗粒的吸附作用很弱，其黏聚力主要靠颗粒紧密堆积产生的机械咬合力及毛细管应力。可以认为，结合水的吸附作用是影响黏土矿物颗粒黏聚力的重要因素，而机械咬合力与毛细管应力则是非黏土矿物形成黏聚力的主要来源。天然软土的黏聚力则主要体现了其中黏土矿物的影响，当天然软土中蒙脱石、高岭石等黏土矿物含量越高，试样的黏聚力越大；反之，石英、长石等非黏土矿物含量越高，其黏聚力越小。比较 4.2 节中的番禺淤泥和深圳淤泥质土，前者的非黏土矿物含量远高于后者，则表现出其黏聚力也较小。

针对指定工程区域，由于其地基土的矿物成分、天然密度等参数在施工范围内的分布基本相对固定，此时土体的强度主要受各种可变因素如含水量、温度等的影响，在这些因素中含水量的作用尤其突出。当含水量发生改变时，上述 4.5.3 节的摩擦作用与胶结、吸附作用就会产生持续不断的变化，使土体的强度特性发生改变。由 4.3 节不同含水量的广州粉质黏土和南沙软土的直剪试验结果可知，试样抗剪强度及其强度指标与含水量并非呈简单的增减关系。如前所述，颗粒间相对滑动的阻力即抗剪强度是由颗粒间的直接摩擦和吸附结合水膜的润滑摩擦两者共同承担的：土体含水量增加使颗粒表面的吸附结合水膜变厚，导致粒间直接接触的面积 δA_c 减小而水膜的接触连接面积 $(1-\delta) A_c$ 增大，由于直接接触的强度 τ_m 要远远高于吸附结合水膜的强度 τ_c，因此颗粒接触处的强度 T 降低，宏观上表现为土体的抗剪强度与内摩擦角随土体含水量的增加而降低。同时，土体的黏聚力与孔隙水含量密切相关，对特定的天然软土而言，可认为其组成成分不变，孔隙液离子浓度随含水量增加而降低的情况：当含水量处于较低水平时，土体的黏聚力由颗粒间的胶结状态起主导作用，随含水量的增加，土体由干燥逐步过渡到湿润状态，颗粒间由碳酸盐、有机物和氧化物等产生的胶结作用逐步被软化，粒间机械咬合力也逐渐减弱，黏聚力呈现出少量下降，见表 4-6 中试样 ZJ6、ZJ10。由图 4-4 可知，当含水量处于较高水平时，土体黏聚力的主导因素由颗粒间的胶结作用转向颗粒间的吸附作用，此时，随着含水量的进一步增加，自由水含量增加且孔隙液离子浓度降低，由吸附水中阳离子扩散导致的渗透压力（即土粒间排斥力）增强，静吸附力减小，颗粒趋于分散，水的润滑作用也大大削弱了机械咬合力，黏聚力呈现急剧下滑，见表 4-6 中试样 ZJ8、ZJ12。由图 4-4 可知，当含水量处于某一临界状态 w_{cr} 时，颗粒间的胶结作用和吸附作用对黏聚力的贡献作用相当，由于此时的含水量较低，孔隙水主要为吸附的强结合水，吸附水中阳离子扩散导致的渗透压力随距离增大迅速衰减，而粒间力为范德华吸引力占明显优势，因此，在临界含水量 w_{cr} 附近黏聚力反而随含水量的提高而呈现略微的上升趋势，见表 4-6 中试样 ZJ7、ZJ11。总体来说，含水量提高将导致土体的抗剪强度与内摩擦角随之降低，而黏聚力呈现稍微下降、进而略微上升增至峰值后急剧下降的态势。

2. 吸附结合水的作用

在颗粒-水-电解质系统中，颗粒表面的吸附结合水是由带电颗粒表面微电场使水中各种离子在静电吸引和逸散趋势的作用下达到平衡状态而形成的。由前述对结合水性质与微电场的关系及各种影响因素的讨论，表明结合水对土体物理力学性质的影响根源于颗粒表面微电场的变化，进而引起结合水性质的改变。为分析颗粒表面微电场对土体抗剪强度的影响，需要测试颗粒表面电荷密度并以此计算表面电位。依据 Gouy-Chapman 理论，基于相互作用的双电层模型，对颗粒表面电荷密度与表面电位进行了换算，以 4.4 节固结快剪试验的试样为例，将换算结果汇总于表 4-13。根据该表的换算结果，将 4.4 节中的黏聚力 c、内摩擦角 φ、抗剪强度 τ 随孔隙液离子浓度 n 变化的结果如图 4-7～图 4-9（即 $c-n$、$\varphi-n$、$\tau-n$ 的关系）所示，转化为其随颗粒表面电位 ψ_0 变化的关系曲线（即 $c-\psi_0$、$\varphi-\psi_0$、$\tau-\psi_0$ 的关系），具体如图 4-15～图 4-17 所示。

表 4-13　不同孔隙液离子浓度下各人工软土试样的颗粒表面电位 ψ_0 与中面电位 ψ_d

试样成分	含水量 $w/$（%）	孔隙液浓度 $n/$（mol/L）	阳离子交换当量 $\Gamma/$（$\times 10^{-3}$ meq/m²）	表面电位 $\psi_0/$ mV	中面电位 $\psi_d/$ mV
石英	17.8	8.3×10^{-3}	0.326	93.000	0.086
	18.4	8.3×10^{-2}		42.000	0.000
	18.1	8.3×10^{-1}		14.000	0.000
33.3%膨润土 + 66.7%高岭土	63.9	8.3×10^{-3}	1.662	166.000	56.000
	62.8	8.3×10^{-2}		106.000	10.000
	63.0	8.3×10^{-1}		57.000	0.006
	62.2	2.0		41.000	0.000

续表

试样成分	含水量 $w/$（%）	孔隙液浓度 $n/$（mol/L）	阳离子交换当量 $\Gamma/$（$\times 10^{-3}$ meq/m²）	表面电位 $\psi_0/$ mV	中面电位 $\psi_d/$ mV
膨润土	68.8	8.3×10^{-3}	1.722	176.000	96.000
	67.9	8.3×10^{-2}		114.000	35.000
	68.3	8.3×10^{-1}		61.000	2.000
	65.4	2.0		43.000	0.110

　　根据平板扩散双电层理论，吸附结合水膜厚度与孔隙液离子浓度的平方根成反比，即吸附结合水膜厚度随颗粒表面电位的增大而增加，随孔隙液离子浓度的升高而减小。从表 4-13 的换算结果来看，各成分试样的表面电位与中面电位的变化趋势表征了颗粒表面结合水膜的变化情况，即随着孔隙液离子浓度的提高，颗粒的表面电位与中面电位降低，结合水膜变薄；石英试样的表面电位最低而且中面电位基本接近于零；33.3％膨润土＋66.7％高岭土的混合土试样次之但衰减迅速；膨润土试样的表面电位与中面电位最高而衰减最慢，表明了结合水膜厚度的排序：膨润土＞33.3％膨润土＋66.7％高岭土的混合土＞石英。

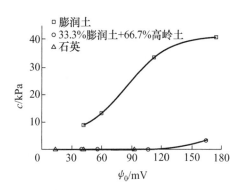

图 4-15　试样的黏聚力随表面电位
　　　　　变化的关系曲线

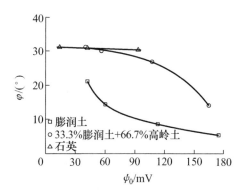

图 4-16　试样的内摩擦角随表面电位
　　　　　变化的关系曲线

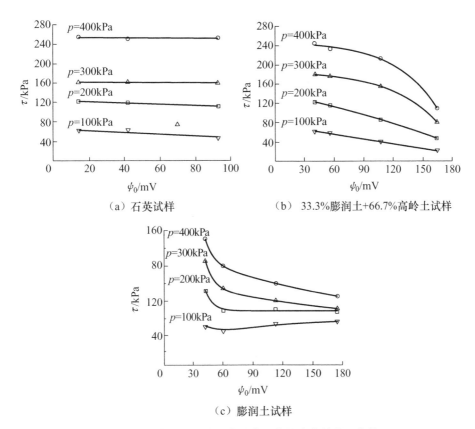

（a）石英试样　　　　　　　（b）33.3%膨润土+66.7%高岭土试样

（c）膨润土试样

图 4-17 试样的抗剪强度随表面电位变化的关系曲线

　　图 4-15～图 4-17 建立了试样的黏聚力、内摩擦角、抗剪强度与表面电位的对应关系，其变化趋势与 4.4 节中的图 4-7～图 4-9 基本对应，也就是说，在各级固结压力下，随着颗粒表面电位的降低或孔隙液离子浓度的提高，各试样的抗剪强度及其强度指标参数的变化趋势分化明显。图 4-15、图 4-16 表明，随着孔隙液离子浓度的提高，石英试样的黏聚力、内摩擦角基本不变；33.3%膨润土＋66.7%高岭土的混合土试样的黏聚力逐渐下降，内摩擦角逐渐增大，总体上趋于稳定；膨润土试样的黏聚力随孔隙液离子浓度的提高迅速降低，内摩擦角则迅速增大。图 4-17 表明，在各级固结压力下，随着孔隙液离子浓度的提高，石英试样的抗剪强度基本保持不变；33.3%膨润土＋66.7%高岭土的混合土试样的抗剪强度的增长速度减缓而趋于稳定；而膨润土试样的抗剪强度随着孔隙液离子浓度的提

高（表面电位的下降）出现加速增长的趋势。对各种成分的试样在孔隙液离子浓度 $n=0\sim2mol/L$ 的变化趋势进行分类，可将石英、33.3％膨润土＋66.7％高岭土的混合土、膨润土试样分别归类为非增长型、稳定增长型和快速增长型。

　　以下从颗粒-水-电解质系统的相互作用关系进行分析，图 4-18 所示为结合水膜厚度对颗粒间错动的影响。

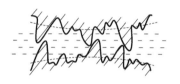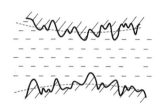

（a）颗粒吸附较薄的结合水膜　　　　　　（b）颗粒吸附较厚的结合水膜

图 4-18　结合水膜厚度对颗粒间错动的影响

　　由于石英属于非黏土矿物，液、塑限低，表面活性小，可以看作是惰性较大的物质，颗粒之间相互作用的本质属于物理作用。石英颗粒的表面电荷密度和比表面积远低于蒙脱石、高岭石颗粒，吸附结合水膜相当薄，如图 4-18（a）所示，颗粒之间缺乏黏聚力，因此孔隙液离子浓度对其强度特性的影响非常小，但颗粒间因直接接触而使抗剪强度与内摩擦角一直维持在相对较高的水平。

　　膨润土的主要成分蒙脱石属黏土矿物，具有较大的表面电荷密度和比表面积，表面活性高，能形成较厚的具有黏滞性的吸附结合水膜［图 4-18（b）］，产生较大的静吸附力，使颗粒间的黏聚力增强，在一定的固结压力作用下颗粒之间的接触点较少而易于滑动，因而表现出较低的抗剪强度、内摩擦角及较高的黏聚力；孔隙液离子浓度的增大会引起结合水膜迅速变薄，自由水相对含量增加，由结合水中阳离子扩散导致的渗透压力（粒间排斥力）增加，使静吸附力下降，削弱了颗粒间的黏聚性，固结压力使颗粒间的接触点增加，剪切变形阻力增大，表现为抗剪强度与内摩擦角的迅速提高。

　　高岭土中的主要成分高岭石属黏土矿物，其表面电荷密度、比表面积、液塑限及表面活性均次于膨润土。当膨润土与高岭土混合后，形成的结合水膜厚度有限，静吸附力较弱。孔隙液离子浓度较小时，高岭土颗粒的表观黏聚力下降剧烈,因而提供的总黏聚力较弱;随着孔隙液离子浓度的增大,颗粒间的凸面容易相互接触使抗剪强度与内摩擦角增大至稳定状态。

4.6　本章小结

本章通过对单一成分及混合成分的极细颗粒人工软土试样和天然软土试样强度特性试验,并运用相应的颗粒-水-电解质系统和 Gouy-Chapman理论,从微细观角度解释了影响土体强度特性的各种因素,现将主要结论归纳如下。

(1) 矿物成分及含量是影响土体强度特性的重要因素之一。对于单一成分的试样,随着竖向压力提高,试样的抗剪强度逐渐增大,非黏土矿物石英试样比黏土矿物蒙脱石试样的增幅大;天然软土因其黏土矿物成分含量和含水量较高,其抗剪强度及强度指标均较低。影响土体强度的实质是由各种成分颗粒之间的摩擦、胶结、吸附作用共同决定的。膨润土颗粒间主要靠黏滞性的结合水膜连接,静吸附力高,颗粒间以润滑摩擦为主,抗剪强度与内摩擦角很低而黏聚力较高;石英土颗粒间直接接触较多而吸附水膜很薄,静吸附力非常微弱,主要靠直接摩擦和机械咬合力抵抗颗粒间的滑动,其抗剪强度与内摩擦角较高,但缺乏黏聚力。人工混合软土及天然软土试样的强度特性则是各种矿物成分综合作用的结果。

(2) 含水量也是影响土体强度特性的重要参数,总体而言,土体的强度及其指标随着含水量的增加而降低,但它们之间存在非线性关系。微细观分析认为,颗粒之间的抗剪强度可视为由强度较高的颗粒间直接摩擦和强度较低的结合水膜间润滑摩擦两部分按一定权重共同组成的;颗粒表面的结合水膜厚度随含水量的增加而变厚,使颗粒间的摩擦性状由以直接摩擦为主导逐渐过渡到以润滑摩擦为主导,在宏观上表现为抗剪强度和内摩擦角的降低。黏聚力是由土中各种胶结物质和颗粒间的胶结、吸附作用及机械咬合力共同组成的,含水量在塑限附近时有利于胶结、吸附作用的充分发挥,使土体的黏聚力达到最大值,此后,随着含水量的进一步增大反而会导致胶结力的丧失,粒间排斥力增强,机械咬合作用被大大削弱,土体的黏聚力也会出现大幅度的降低。

(3) 孔隙液离子浓度也是影响土体强度特性的重要参数。黏土颗粒因具有较大的比表面积与表面电荷密度，在水的作用下，可溶盐离子通过颗粒表面微电场的作用改变结合水膜厚度，在宏观上引起土体强度特性的改变。结合水膜厚度随土颗粒表面电位的改变而改变，表面电位升高结合水膜厚度变厚；反之，表面电位降低结合水膜厚度变薄。结合水膜厚度变化引起颗粒间的摩擦性质和胶结、吸附作用的改变，使试样的抗剪强度及其强度指标—黏聚力和内摩擦角发生变化。

第五章
软土固结特性的
微细观参数试验与分析

5.1 概 述

土体宏观工程性质除了与其物质成分、颗粒组成等因素密切相关外，土体的微观结构因素如颗粒大小、形状、分布、排列和连结方式、微颗粒聚合体的形态、尺度和胶结形式、孔隙率和孔隙的大小及尺度（范明桥等，1997；陆培炎，2006）等对其起到支配和控制作用。相对于孔隙而言，颗粒在固结过程中很难被压缩，故本章重点研究孔隙微观结构因素及其变化对土体固结特性的影响。

研究表明，土体孔隙的变化受外界条件的影响较大（房后国等，2007），如对原始土层的扰动、黏性土含水量增加引起的膨胀等会使土体孔隙体积增大（张咸恭等，2000；施斌等，2007）；反之，加载、黏性土失水收缩等会使土体孔隙体积减小，土体的孔隙形状和尺度分布等也会随之改变。可以认为，孔隙变化是土体固结、变形的内因，是决定土体宏观物理力学性质改变的重要因素，无论是土体的强度特性还是固结特性都不同程度地受到土体微观孔隙结构变化的影响。

由于软土具有特殊的诸如地质与水文环境、矿物成分、颗粒特征、微观特征等区域特性，本章以番禺、深圳两种天然软土为研究对象，通过MIP法测试试样的孔隙尺度及分布等特征；研究天然软土在固结前及固结过程中的孔隙比、孔隙尺度分布、连通性和曲折性等微细观参数的变化规律；与 ESEM 分析结果进行比对，从微细观角度探讨土体孔隙特征对宏观固结特性的影响，用以指导软土地基工程设计和施工实践。

5.2　孔隙特征参数的试验研究

　　MIP 试验用到的土样种类为天然番禺软土（下用 PY 软土表示）、深圳软土（下用 SZ 软土表示）。各试样的矿物成分与 3.3.1 节相同，其物理力学性质指标见表 5-1。MIP 法测试的基本原理及试样制备方法参照 2.4.5 节。

表 5-1　MIP 法测试的天然软土试样的主要物理力学指标

土样种类	土样名称	相关物理、力学指标							
		天然密度 ρ_o/ (g/cm³)	天然含水量 ω/%	孔隙率 n/%	液性指数 I_L	压缩系数 a_{1-2}/ MPa^{-1}	凝聚力 c/kPa	内摩擦角 φ/ (°)	渗透系数 k_v/（×10^{-7} cm/s）
PY 软土	淤泥	1.51	74.1	67.3	1.59	1.48	5.50	3.30	2.8
SZ 软土	淤泥质土	1.62	58.3	60.3	2.23	1.01	8.10	7.80	1.9

5.2.1　孔隙特征测试结果

　　软土的物理力学性质如渗透性、固结特性与土的微孔隙特征密切相关，本节利用 MIP 法测试天然软土的微孔隙大小及尺度分布特征。图 5-1～图 5-6所示分别为 PY 和 SZ 原状天然软土试样的累积进汞量-进汞压力的关系曲线、累积进汞量-孔径的关系曲线、进汞增量-进汞压力的关系曲线、进汞增量-孔径的关系曲线、进汞增量对孔径的变化率-孔径的关系曲线、累积孔隙面积-孔径的关系曲线等各种压汞试验曲线。

5.2.2　孔隙特征结果分析

　　1. 累积进汞量曲线分析

　　图 5-1 所示的软土试样累积进汞量-进汞压力的关系曲线、图 5-2 所示的试样累积进汞量-孔径的关系曲线，分别在表 5-2、表 5-3 中列出具体数值。

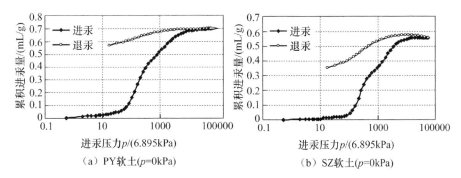

图 5-1　试样累积进汞量-进汞压力的关系曲线

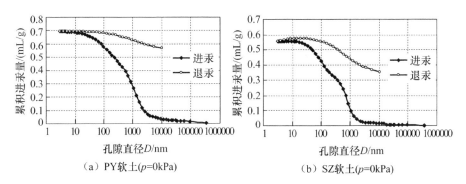

图 5-2　试样累积进汞量-孔径的关系曲线

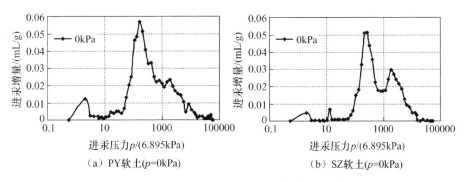

图 5-3　试样进汞增量-进汞压力的关系曲线

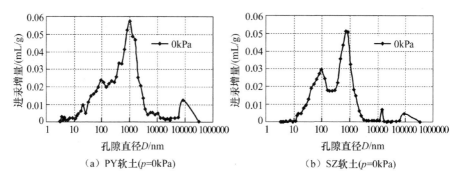

（a）PY软土(*p*=0kPa)　　　　　　（b）SZ软土(*p*=0kPa)

图 5-4　试样进汞增量-孔径的关系曲线

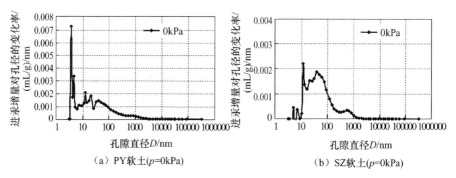

（a）PY软土(*p*=0kPa)　　　　　　（b）SZ软土(*p*=0kPa)

图 5-5　试样进汞增量对孔径的变化率-孔径的关系曲线

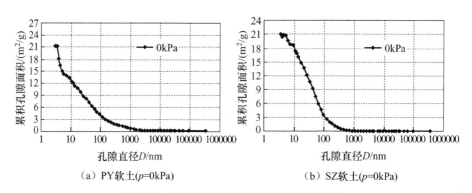

（a）PY软土(*p*=0kPa)　　　　　　（b）SZ软土(*p*=0kPa)

图 5-6　试样累积孔隙面积-孔径关系曲线

表5-2 不同进汞压力时各土样的累积进汞量（p＝0kPa）   单位：mL/g

土样种类	进汞压力 psia（1psia＝6.895kPa）						
	20	110	1200	3600	25000	40000	60000
PY 软土	0.035	0.161	0.534	0.633	0.692	0.694	0.698
SZ 软土	0.016	0.045	0.369	0.495	0.555	0.557	0.557

表5-3 不同压汞孔径对应的各土样累积进汞量（p＝0kPa）   单位：mL/g

土样种类	孔径/nm							
	90000	10000	2500	1000	150	50	6	3
PY 软土	0.011	0.035	0.090	0.266	0.534	0.631	0.692	0.698
SZ 软土	0.005	0.023	0.029	0.110	0.369	0.495	0.557	0.557

由图5-2和表5-3可知，两种试样的累积进汞量随进汞压力变化的规律类似，总结如下。

（1）对于 PY、SZ 两种试样，累积进汞量均随进汞压力增大而逐渐增大，表明随着进汞压力的增大，汞逐渐被压入孔径越来越小的孔隙中。当进汞压力达到最大值 60000psia（即 413.7MPa）时，两种试样的累积进汞量分别为 0.698mL/g 和 0.557mL/g。

（2）对于不同地区的天然原状软土，由于孔隙结构特征存在差异，致使相同进汞压力下，不同试样呈现的累积进汞量差异明显，这表明不同试样的孔隙特征及分布具有显著差别。由表 5-1 可知，PY 软土较 SZ 软土的最终累积进汞量要大 0.141mL/g，前者是后者的 1.25 倍。这说明 PY 软土结构更为松散，孔隙率（比）要大于 SZ 软土。土样的进汞、退汞曲线不重合，说明土样内部均存在墨水瓶状孔隙、残留孔隙等连通性较差的孔隙，导致退汞不充分。

由图 5-2 和表 5-2 分析可知，两种试样的累积进汞量随孔径的变化规律相似，总结如下。

① 两种试样在压汞孔径相同时，累积进汞量明显不同。当压汞孔径相同时，压入的汞量越多（即累积进汞量越多），说明该试样中大于该孔径的孔隙含量越多。由图 5-2、图 5-4 的孔隙特点并参考 Shear 对孔隙的划分，将珠江三角洲软土的孔隙划分成大孔隙（$D>10000nm$）、中孔

（2500nm≤D<10000nm）、小孔隙（400nm≤D<2500nm）、微孔隙（30nm≤D<400nm）和超微孔隙（D<30nm）五种。

②当压汞孔径为10000nm时，PY软土试样的累积进汞量达到0.035mg/L，而SZ软土试样累积进汞量只有0.023mg/L，前者是后者的1.5倍，说明番禺软土的大孔隙含量要远多于深圳软土；当压汞孔径为2500nm时，前者是后者的3.1倍，说明前者的中孔隙数量也要多于后者。软土中的微孔隙和超微孔隙（特别是超微孔隙）很难被汞压入（3nm孔径对应的进汞压力已达60000psia，即413.7MPa）。因此可知，在一般水头压力下，孔径小于30nm的超微孔隙几乎很难发生渗流，这类孔隙越多，土体的渗透性越差。

2. 试样进汞增量、进汞增量对孔径的变化率、累积孔隙面积分析

根据图5-3～图5-6所示的各试样的进汞增量-进汞压力的关系曲线、进汞增量-孔径的关系曲线、进汞增量对孔径的变化率-孔径的关系曲线、累积孔隙面积-孔径的分布曲线可总结如下。

（1）进汞增量-进汞压力的关系曲线形状类似于多峰曲线。当进汞压力处于较小及较大状态时，进汞增量均很小；只有进汞压力适中时，进汞增量才出现峰值。总体说明，PY、SZ两种天然软土的大孔隙（主要为团粒间孔隙）和超微孔隙（主要为颗粒内孔隙）的数量较少，中、小孔隙较多，即以团粒内孔隙和颗粒间孔隙为主。其中，PY软土试样的进汞增量-进汞压力曲线的峰值点明显偏左于SZ软土试样，说明后者在小孔隙范围内的分布更为集中。同理，分析进汞增量-孔径的关系曲线、土样的进汞增量对孔径的变化率-孔径的关系曲线，也可得出上述结论。

（2）由累积孔隙面积-孔径分布曲线可知，PY软土试样最终的累积孔隙面积为21.103m²/g，而SZ软土试样为21.157m²/g，前者略小于后者。这说明虽然SZ软土试样的孔隙率要明显小于PY软土试样，但前者微孔隙、超微孔隙要远多于后者，使得其累积孔隙面积也较大。

3. 土样孔隙大小、尺度分布分析

根据前述软土的孔隙划分标准及5.2.1节关于孔隙的测试结果，可换算出试样的最大孔径、最小孔径、平均（等效）孔径及孔径尺度分布等孔隙特征参数。表5-3所示即为换算后的土样等效孔径和孔隙尺度分布情况。

表5-4　土样等效孔径和孔隙尺度分布情况（$P=0$kPa）　单位:%

土样	等效孔径/nm	孔隙尺度/nm				
		大孔隙 >10000	中孔隙 2500~10000	小孔隙 400~2500	微孔隙 30~400	超微孔隙 <30
PY软土	1735	4.4	8.3	48.0	33.5	5.8
SZ软土	1273	2.7	1.7	45.4	45.0	5.2

由表5-4的土样等效孔径和孔隙尺度分布情况可知。

（1）对PY软土和SZ软土而言，均以孔径尺度为400~2500nm、30~400nm的小孔隙和微孔隙为主，占比分别为48.0%、45.4%和33.5%、45.0%；等效孔径分别为1.735μm和1.273μm，属于极细颗粒土，前者等效孔径是后者的1.36倍；两者的大、中孔隙和超微孔隙的占比均较少。其结果也与图5-1、图5-2曲线的两端平缓、中间陡峭形态相吻合。

（2）不同地区的原状天然软土的孔隙尺度和分布存在明显差异。PY软土的孔隙尺度的主要分布范围是400~2500nm，也就是以团粒内孔隙和颗粒间孔隙为主，团粒间的大孔隙占比较SZ软土稍多，为4.4%，颗粒间的微孔隙的占比达到33.5%，颗粒内的超微孔隙占比仅为5.8%。而SZ软土的孔隙尺度的主要分布范围是30~2500nm，是以颗粒间孔隙为主导的，而团粒间大孔隙、团粒内的中孔隙和颗粒内的超微孔隙的占比均很少，分别为2.7%、1.7%和5.2%。相比而言，SZ软土孔隙的小、微孔隙占比更高，为90.4%，PY软土为81.5%，因此，SZ软土的孔隙尺度更小。这说明本节MIP法试验结果与第三章软土矿物成分、第四章比表面积等测试结果均保持一致。由表3-2可知，PY软土、SZ软土中黏土矿物含量分别为54.3%和78.3%；由表4-2可知，两者的总比表面积分别为89.1m²/g和115.5m²/g。微细观结果的相互印证可以说明SZ软土的黏土矿物含量较高，颗粒较细、比表面积较大，因此，颗粒间形成的孔隙尺度也较小。

4. 孔隙连通性、曲折性分析

除了孔隙率、孔隙尺度分布等会对软土的宏观工程特性产生影响外，孔隙形状特征如连通性和曲折性也会对其工程特性产生重要影响。若软土中存在较多的封闭孔隙，这类孔隙会阻塞渗流通道，进而导致其渗透性大幅下降；若软土中存在较多的类似细喉管、大腹腔组成的墨水瓶状孔隙、形状曲折的孔隙，则会影响其渗透性，进而影响其强度和变形特性等。本节利用退汞效率与曲折因子来衡量孔隙的连通性和曲折性特征。

退汞效率是指在压汞仪的额定压力范围内，从最大注入压力降低到最小注入压力时，从土样内退出的汞体积占最大注入压力时注入的汞体积的百分比。因为，孔隙实际上是粗细相间的，粗的部分称作孔腹，细的部分称作孔喉或喉道。孔腹与孔喉半径的比值，称作孔喉比，通常用其衡量孔隙开度的非均匀程度。孔隙开度越均匀，孔喉比就越小，最小值为1，当孔喉比的取值为1时，表明孔隙为均匀圆管。如果孔喉比很大，如墨水瓶状孔，即使是大孔隙也无法产生高渗透性，这就是所谓的瓶颈效应。孔喉比是反映孔隙形状的重要指标之一，也是影响孔隙退汞效率的主要原因。退汞效率随孔喉比的增大而下降，而退汞效率是反映孔隙连通性的重要指标，其值越大，表明土体内部孔隙的连通性越好；反之，连通性越差。

曲折因子是指土中孔隙两端的实际距离与孔隙两端的直线距离之比，是衡量孔隙曲折程度的重要指标，其值越大孔隙越曲折。

根据前述 5.2.1 节 MIP 试验的孔隙特征测试结果，可得到各土样的退汞效率和曲折因子，见表 5-5。

表 5-5 各土样的退汞效率和曲折因子 ($p = 0$ kPa)

土样种类	退汞效率/（%）	曲折因子
PY 软土	18.6	1.752
SZ 软土	38.4	1.795

由表 5-5 可知，比较而言，PY 软土的退汞效率要明显低于 SZ 软土，即前者的退汞曲线更加平缓（图 5-1、图 5-2），这从侧面说明 PY 软土的孔隙结构的复杂性和变异性要更高一些。

5.3 基于 MIP 试验的固结过程孔隙特征测试结果与分析

5.3.1 固结试验及结果分析

固结试验的操作步骤和方法按照《土工试验方法标准》(GB/T 50123—

2019）进行，主要包括试样制备、固结仪校正、试样安装、压缩固结、测读固结压缩量等。土样种类仍为天然 PY 软土和 SZ 软土、各试样矿物成分同前，其物理力学性质指标与表 5-1 相同。图 5-7 所示为试样分级加载时的压缩-时间（即 s-t）曲线。

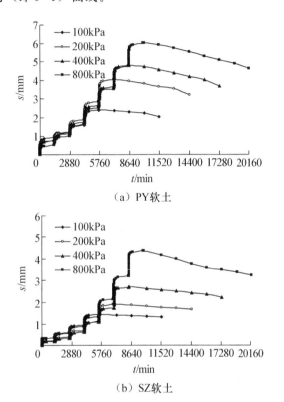

（a）PY 软土

（b）SZ 软土

图 5-7 试样分级加载、卸载固结的压缩-时间曲线

由图 5-7 可知，由于所取试样均为连续切取，矿物成分、组构、含水量等均比较接近，因此，同级压力下的压缩量接近，压缩曲线基本重合，表明同区域的试样具有基本相同的固结特性。其中，PY 软土试样在荷载为 800kPa 时的压缩量较大，为 6.119mm；SZ 软土试样在荷载 800kPa 时的压缩量相对较小，为 4.365mm，这与实测的试样含水量、孔隙比情况一致。

图 5-8 所示为试样的孔隙比随荷载变化的关系曲线（即 e-p曲线）。

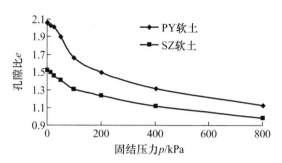

图 5-8 试样样的 e-p 曲线

由图 5-8 可知，两种试样孔隙比减小趋势基本相同，存在"倒大"现象。荷载较小时，由于天然土结构性承重骨架的影响，其压缩变形较小、孔隙比减小不明显；随着荷载的增大，承重骨架发生破坏，变形量显著增加、孔隙比减小趋势明显；荷载继续增大，孔隙比减小趋势变缓。

由图 5-7、图 5-8 分析可知，两种土样均为高压缩性土，从固结加载的过程中可以得出如下结论。

（1）PY 软土试样在加载初期（0～25kPa），压缩量变化较小、孔隙比变化不明显；随着荷载增大，e-p 曲线出现"倒大"现象，压缩增量明显增大；当荷载达到 100kPa 时，其压缩量达到 2.593mm；当荷载超过 200kPa 后，随荷载增大压缩量变化趋缓；最终压缩量较大，为 6.119mm。

（2）SZ 软土试样与 PY 软土试样的变化类似，只是前者的结构更为密实，故压缩量、孔隙比（率）均较小。

5.3.2 MIP 试验的孔隙特征测试结果

固结后试样取出分别进行 MIP 试验和 ESEM 试验（具体见 5.4 节），MIP 试验的基本原理及试样制备方法参照 2.4.5 节。

图 5-9～图 5-14 所示分别为 PY 软土和 SZ 软土试样在固结过程中的各种 MIP 试验曲线，包括：累积进汞量-进汞压力的关系曲线、累积进汞量-孔径的关系曲线、进汞增量-进汞压力的关系曲线、进汞汞增量-孔径的关系曲线、进汞增量对孔径的变化率-孔径的分布曲线、累积孔隙面积-孔径的关系曲线。

　　为了更好地将软土固结前、固结后的孔隙变化进行对比，特将固结前 $p=0$kPa 时的曲线也一并绘入。

1. 累积进汞量-进汞压力的关系曲线

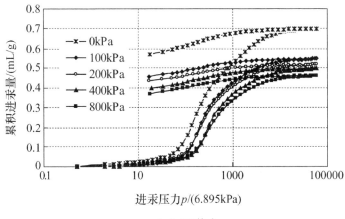

（a）PY软土

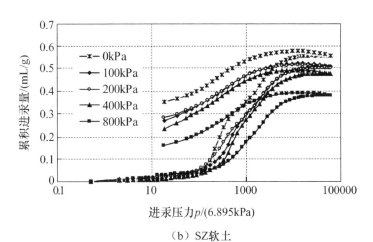

（b）SZ软土

图 5-9　试样累积进汞量-进汞压力的关系曲线

2. 累积进汞量-孔径关系曲线

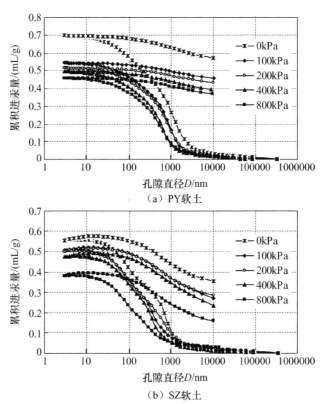

（a）PY软土

（b）SZ软土

图 5-10　试样累积进汞量-孔径的关系曲线

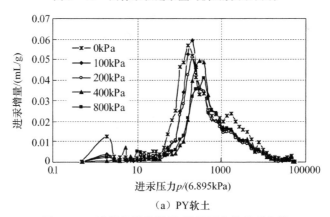

（a）PY软土

图 5-11　试样的进汞增量-进汞压力的关系曲线

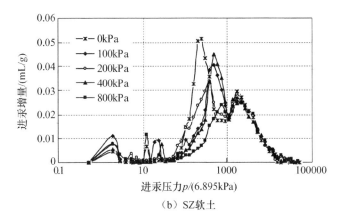

（b）SZ软土

图 5－11　试样进汞增量-进汞压力的关系曲线（续）

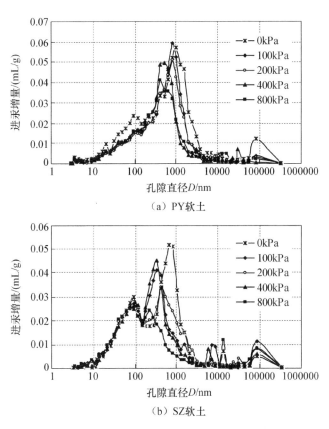

（a）PY软土

（b）SZ软土

图 5－12　试样进汞增量-孔径的关系曲线

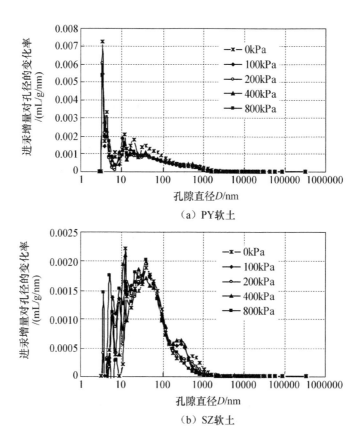

（a）PY软土

（b）SZ软土

图 5 - 13   进汞增量对孔径的变化率-孔径的关系曲线

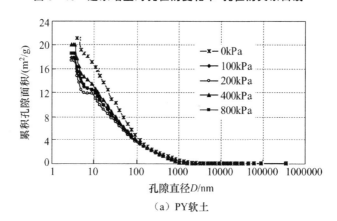

（a）PY软土

图 5 - 14   累积孔隙面积-孔径的关系曲线

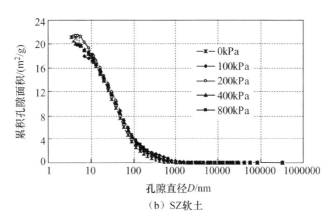

（b）SZ软土

图 5-14　累积孔隙面积-孔径的关系曲线（续）

5.3.3　孔隙特征测试结果分析

1. 累积进汞量曲线分析

表 5-5 中列出了不同固结压力下试样的累积进汞量。为对比起见，将固结前即 $p=0kPa$ 时的数据也一并列出。通过对图 5-9、图 5-10 和表 5-6 的分析可得到如下结论。

（1）固结过程中，PY 软土试样的最终累积进汞量从固结前的 0.698mg/L 降至固结后的 0.459mg/L，降幅达 34.2%；SZ 软土试样的最终累积进汞量从固结前的 0.557mg/L 降至固结后的 0.380mg/L，降幅达 31.8%。这说明软土固结是孔隙水逐渐排出、孔隙结构重新调整的过程，各软土试样的孔隙体积都明显减小。

表 5-6　不同固结压力下试样的累积进汞量　　单位：mL/g

土样种类	试样编号	固结压力/kPa	不同进汞压力/(psia)（1psia=6.895kPa）						
			20	110	1200	3600	25000	40000	60000
PY 软土	PY-1	0	0.035	0.161	0.534	0.633	0.692	0.694	0.698
	PY-2	100	0.022	0.078	0.436	0.500	0.539	0.543	0.545
	PY-3	200	0.017	0.082	0.413	0.472	0.511	0.513	0.516
	PY-4	400	0.020	0.055	0.379	0.445	0.490	0.493	0.496
	PY-5	800	0.016	0.048	0.348	0.413	0.452	0.456	0.459

续表

土样种类	试样编号	固结压力/kPa	不同进汞压力/(psia) (1psia＝6.895kPa)						
			20	110	1200	3600	25000	40000	60000
SZ 软土	SZ-1	0	0.016	0.045	0.369	0.495	0.555	0.557	0.557
	SZ-2	100	0.023	0.062	0.311	0.436	0.504	0.506	0.507
	SZ-3	200	0.021	0.056	0.316	0.432	0.499	0.500	0.501
	SZ-4	400	0.011	0.036	0.293	0.413	0.472	0.473	0.474
	SZ-5	800	0.009	0.034	0.193	0.308	0.379	0.380	0.380

（2）由于软土的孔隙尺度、孔隙结构存在明显的区域性差异，导致固结过程中孔隙调整表现出不同的规律性。对比 PY 软土试样和 SZ 软土试样，由于前者的大、中孔隙占比相对较多、等效孔径较大（表 5-4），汞易于被压入，且在低固结压力下大、中孔隙容易湮灭分解成较小的孔隙，因此，在 $p < 200$kPa 的固结初期，累积进汞量曲线降幅明显。同理，PY 软土试样的小、微孔隙含量相对较少（表 5-4），既难于被汞压入又难于分解成更小的孔隙，因此，在 $p > 200$kPa 的固结后期，累积进汞量曲线降幅明显趋缓。而 SZ 软土试样在固结初期，累积进汞量曲线降幅较小，说明其结构相对密实，大、中孔隙含量较少；但在固结后期，特别是 $p > 400$kPa 时，累积进汞量曲线降幅明显，说明其小、微孔隙占比远远多于 PY 软土试样，较小孔隙结构仍在不断调整，向更小孔隙发展。

总体来说，固结过程导致软土孔隙的总体积减小。对比而言，固结使 PY 软土试样孔隙体积减小的幅度比 SZ 软土试样更大，说明前者的初始结构相对松散，有较大的初始孔隙比；MIP 试验结果与固结试验计算的孔隙比结论一致。

2. 进汞增量曲线、进汞增量对孔径的变化率曲线分析

由图 5-11～图 5-13 进汞增量-进汞压力的关系曲线、进汞增量-孔径的关系曲线、进汞增量对孔径的变化率-孔径的关系曲线均可知，固结过程中，两种天然软土试样的孔隙分布发生明显变化，表现为进汞增量-进汞压力关系曲线中的峰值点不断右移，而进汞增量-孔径关系曲线中的峰值点却不断左移，表明达到进汞增量峰值（进汞增量峰值对应的孔隙含量

最多）所需的进汞压力越来越大，对应的孔径却越来越小。表5-7中列出了试样固结过程中达到进汞增量峰值时对应的进汞压力和孔径。

表5-7　试样达到进汞增量峰值时对应的进汞压力和孔径

土样种类	参数	固结压力/kPa				
		0	100	200	400	800
PY软土	进汞增量峰值/（mL/g）	0.057	0.059	0.051	0.049	0.041
	进汞压力/（psia）	172	216	217	327	417
	孔径/nm	1050	836	834	554	434
SZ软土	进汞增量峰值/（mL/g）	0.051	0.041	0.034	0.045	0.025
	进汞压力/（psia）	267	416	517	517	1897
	孔径/nm	678	434	350	350	95

从表5-7可知，固结不仅改变了软土的孔隙率，还改变了孔隙的尺度分布。软土孔隙从固结初期以团粒内和颗粒间的小孔隙为主、团粒间的大孔隙、颗粒内的超微孔隙含量均较少的状态，逐步过渡到固结后期的以颗粒间的小孔隙、颗粒内的微孔隙甚至超微孔隙为主的状态。固结使得软土的孔隙尺度及分布向微孔隙和超微孔隙发展。

固结过程中，PY软土试样的优势孔径（即进汞增量峰值所对应的孔径）从固结前（$p=0$kPa）的1050nm逐渐转变为固结后（$p=800$kPa）的434nm，但仍然位于小孔隙2500～400nm的孔径内。固结过程中，SZ软土试样的优势孔径从固结前（$p=0$kPa）的678nm（小孔隙范畴）变为固结后（$p=800$kPa）的95nm（微孔隙范畴），优势孔径从小孔隙（2500～400nm）向微孔隙（400～30nm）发展。由此也可说明PY软土试样的孔隙尺度分布较SZ软土试样要大一些，后者孔径在小、微孔隙范围内分布更为集中，这与图5-9、图5-10的累积进汞量曲线分析结果一致。

固结过程中，图5-11和图5-12的进汞增量曲线均与X轴围成的面积越来越小，说明固结使得软土结构的密实性显著提高，孔隙体积减小，孔隙分布向小、微甚至超微孔隙发展，汞被压入孔隙变得越来越困难。根据5.3.2节的孔隙特征测试结果可以换算出具体的等效孔径和孔隙尺度分布结果。

3. 累积孔隙面积曲线分析

图 5-15 为依据图 5-14 得到的试样累积孔隙面积-固结压力的关系曲线，具体数值列于表 5-8 中。

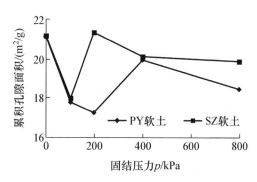

图 5-15　累积孔隙面积-固结压力关系曲线

表 5-8　不同固结压力下试样的累积孔隙面积　　单位：m²/g

土样种类	固结压力/kPa				
	0	**100**	**200**	**400**	**800**
PY 软土	21.103	17.786	17.224	19.926	18.446
SZ 软土	21.157	17.998	21.332	20.083	19.856

通过对图 5-14、图 5-15 和表 5-8 的分析可得如下结论。

（1）固结前，即 $p=0$kPa 时，PY 软土试样的累积进汞量 0.698mg/L 大于 SZ 软土试样的累积进汞量 0.557mg/L；但 PY 软土试样的累积孔隙面积 21.103m²/g 却小于 SZ 软土试样的累积孔隙面积 21.157m²/g。由此可以说明：SZ 软土的小、微孔隙的占比要超过 PY 软土，PY 软土的等效孔径更大一些，这与 5.2.2 节的分析结论吻合。

（2）固结过程中，一方面孔隙总体积的减少将导致累积孔隙面积有减小的趋势，但另一方面大孔隙破裂分解成中、小、微孔隙，又会使累积孔隙面积有所增加。因此，固结过程中，累积孔隙面积变化呈现出非单调变化的趋势，如图 5-15 所示，基本呈现先减小后增大再减小的趋势。原因为固结初期孔隙总体面积的减小占主导作用，故孔隙累积面积减小；固结中期孔隙破裂使得小、微孔隙数量急剧增加起决定作用，故孔隙累积面积呈现一定的涨幅，但不明显；固结后期试样已基本形成相对稳定的密实结构，孔隙数量增加减缓，孔隙累积面积基本表现出减小并趋稳态势。最终，当固结压力达到 800kPa 时，试样的累积孔隙面积均小于固结前。

　　4. 孔隙连通性和曲折性分析

　　根据 5.3.2 节的试验结果，可以计算试样的退汞效率和孔隙曲折因子。图 5-16 为退汞效率-固结压力的关系曲线，图 5-17 为曲折因子-固结压力的关系曲线，具体数值见表 5-9。

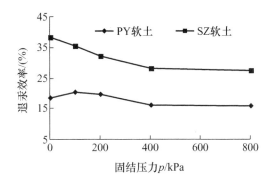

图 5-16　退汞效率-固结压力的关系曲线

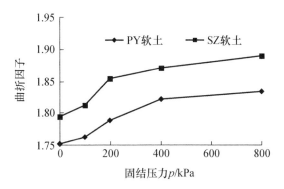

图 5-17　孔隙曲折因子-固结压力的关系曲线

表 5-9　试样的退汞效率和孔隙曲折因子

土样种类	试样编号	固结压力/kPa	退汞效率/%	孔隙曲折因子
PY 软土	PY-1	0	18.6	1.752
	PY-2	100	20.5	1.764
	PY-3	200	19.7	1.790
	PY-4	400	16.2	1.824
	PY-5	800	15.9	1.835
SZ 软土	SZ-1	0	38.4	1.795
	SZ-2	100	35.5	1.812
	SZ-3	200	32.3	1.856
	SZ-4	400	28.2	1.871
	SZ-5	800	27.6	1.891

　　通过对图 5-16、表 5-9 分析可知，退汞效率随荷载的变化而随机波动。PY 软土试样呈现先增大后减小趋势，SZ 软土试样呈减小趋势，并无明显的规律性。但总体而言，随着固结压力的增加，各软土试样最终的（$p=800$kPa 时）退汞效率较固结前（$p=0$kPa 时）要小一些。这说明固结压力增大的过程本身就是大孔隙破裂，小、微孔隙生成，孔隙体积减小，孔隙尺度改变的孔隙结构破坏—再造—破坏—再造的复杂过程，受多个参数指标的影响，不能仅用退汞效率指标来简单描述。同时，由前述分析可知，退汞效率是反映孔隙连通性的重要指标，其值越高说明土体内部孔隙孔喉比越小，越接近于 1，孔隙的连通性越好；反之则连通性越差。固结过程中 PY 软土试样、SZ 软土试样的退汞效率分别降低了 14.5%、28.1%，也就是说，荷载作用导致孔隙的连通性变得更差了。

　　由图 5-17、表 5-9 分析可知，对于不同区域的软土，孔隙曲折因子的变化规律基本相同。随着固结压力增大，孔隙曲折因子呈增大并趋稳态势。固结压力 $p<200$kPa 时，孔隙曲折因子增长较快，之后随着荷载增大，其变化趋缓并逐渐稳定。固结过程中，PY、SZ

两种软土试样的孔隙曲折因子的增幅分别为 4.7%、5.3%，这说明固结过程孔隙的曲折性略有增加。

5.4　基于 ESEM 试验的固结过程孔隙特征测试结果与分析

　　按照 2.4.4 节所述的 ESEM 试样制作方法制备天然原状软土的 ESEM 试样，此过程必须注意几点：①制备毛坯时，尽量选择土样中间的未扰动部位；②制作镜下观察样时，先用刀片环切毛坯后再小心掰出新鲜的、较平整的观察面，并控制观察样尺寸在 4mm×8mm×4mm 左右；③放入保湿缸中养护一周，等结构恢复后再进行观察；④控制样品室温度为 5℃，压力为 650Pa，选取观察面的平整部位进行观察；⑤根据需要选择代表性强的水平及竖直切面上的 ESEM 图像作为分析对象。为使分析结果具有可比性，统一取图像的放大倍数（×2000 倍），分辨率（0.145μm/pixel）和分析区域（147.9μm×127.6μm）完全一致。利用 Quanta200 环境扫描电子显微镜拍摄的试样的水平切面与竖直切面 ESEM 照片，如图 5-18 所示。

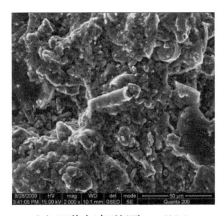

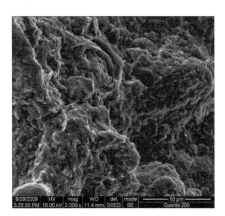

　（a）PY软土(水平切面，p=0kPa)　　　　（b）PY软土(竖直切面，p=0kPa)

图 5-18　试样的 ESEM 图片（×2000 倍）

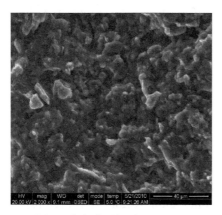 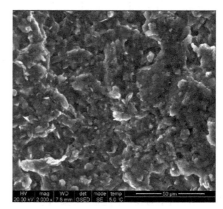

(c) SZ软土(水平切面，$p=0$kPa)　　　　(d) SZ软土(竖直切面，$p=0$kPa)

图 5 - 18　试样的 ESEM 图片 （×2000 倍）（续）

（每张 ESEM 图片最下方的黑色条带为测试的相关参数，具体分析ESEM图片时必须切去黑色条带）

5.4.1　固结过程中试样的 ESEM 图片

前文 2.6.3 节已介绍如何通过 ESEM 试验提取软土结构单元体的相关微结构参数，只要将研究对象改成孔隙，即可提取孔隙的相关微结构参数。本节利用固结过程中天然原状软土试样的 ESEM 图片，试样的物理力学性质同 5.2 和 5.3 节。通过 PCAS 软件提取软土孔隙的相关参数并进行具体分析，以便将两种显微试验（即 ESEM 试验和 MIP 试验）的孔隙测试结果进行比对。图 5 - 19、图 5 - 20 分别为不同固结压力下 PY 软土试样、SZ 软土试样的 ESEM 图片。

由图 5 - 19 可见，PY 软土试样在固结过程中存在微结构类型的变化。加载初期，颗粒单元体以黏粒形成的聚合体为主，呈海绵状结构，颗粒无明显的定向性排列，孔隙较均匀地分布在聚合体之间；随着荷载的增加，颗粒单元体的连接方式由边-边连接向面-面连接转变。

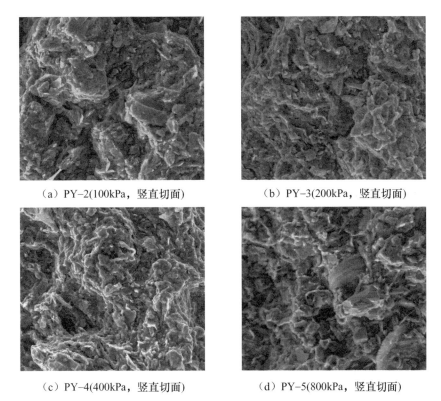

（a）PY-2(100kPa，竖直切面)　　　　（b）PY-3(200kPa，竖直切面)

（c）PY-4(400kPa，竖直切面)　　　　（d）PY-5(800kPa，竖直切面)

图 5-19　不同固结压力下 PY 软土试样的 ESEM 图片

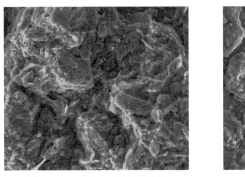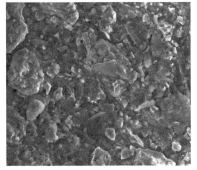

（a）SZ-2(100kPa，竖直切面)　　　　（b）SZ-2(100kPa，水平切面)

图 5-20　不同固结压力下 SZ 软土试样的 ESEM 图片

（c）SZ-3(200kPa，竖直切面) （d）SZ-3(200kPa，水平切面)

（e）SZ-4(400kPa，竖直切面) （f）SZ-4(400kPa，水平切面)

（g）SZ-5(800kPa，竖直切面) （h）SZ-5(800kPa，水平切面)

图 5-20　不同固结压力下 SZ 软土试样的 ESEM 图片（续）

　　由图 5-20 的 SZ 软土试样的 ESEM 图片可以看出，加载初期，颗粒结构单元体呈随机分布，无明显定向性排列，中、小孔隙较多且分布凌乱；在加载过程中，随着颗粒结构单元体的碎散、团聚的反复进行，最终荷载达 800kPa 时，颗粒结构单元体团聚现象明显（团聚体由众多的细小颗粒构成），大部分颗粒结构单元体的等效孔径明显增大，颗粒间的连接方式以面-面连接为主，孔隙体积明显减小。这说明随着固结荷载的增加，土体中的孔隙体积不断减少，大部分孔隙为结合水所占据，结合水膜变得越来越薄，越来越多的颗粒靠结合水膜连结形成新的团聚体。

综上所述，固结过程中软土微结构的变化会引起其宏观工程性质的改变，主要归纳如下。

（1）固结过程中，软土微结构发生变化，孔隙体积（即 ESEM 图片的孔隙面积）减小、颗粒结构单元体体积（即 ESEM 图片的结构单元体面积）增加，使土体的密实度增加，导致软土强度增加。

（2）孔隙是主要的渗流通道，固结过程中，孔隙体积（面积）减小；固结后期大部分孔隙为结合水所占据，自由水较少，在水头差作用下要推开较厚的结合水膜发生渗流相当困难，因而导致软土的渗透性降低。

（3）竖直切面的颗粒结构单元体（孔隙）的定向性较明显，这将导致软土各向异性程度加剧，使水平向和竖直向的渗透性差异化更显著。

5.4.2　孔隙比、孔隙数量、等效孔径及孔径分布变化分析

固结过程中两种试样的等效孔径及孔隙尺度分布情况见表 5-10。图 5-21、图 5-22 和图 5-23 分别反映固结过程中试样的孔隙比、孔隙数量与等效孔径的变化。

由表 5-10 可知，固结前，PY、SZ 两种软土试样的孔径优势分布区间为 0.4～2.5μm，该区间孔隙的占比分别达到 45.8%、47.2%，这与 5.2 节 MIP 试验的结果基本一致。这说明一般情况下，软土的孔隙以小孔隙为主。随着固结压力的增大，大孔隙明显减小，微孔隙显著增加，等效孔径不断减小。与固结前相比，固结压力 800kPa 时，PY 软土试样孔径大于 10μm 的大孔隙由 6.4% 降至 2.6%，SZ 软土试样由 4.3% 降至 3.1%，降幅分别为 59.4% 和 27.9%；PY 软土试样孔径小于 0.4μm 的微孔隙和超微孔隙含量由 37.7% 增至 40.7%，SZ 软土试样由 44.9% 增至 76.4%，增

幅分别为 8.0% 和 70.2%；PY 软土试样的等效孔径由 1.934μm 降至 0.992μm，SZ 软土试样的等效孔径由 1.524μm 降至 0.758μm，降幅分别达到 48.7% 和 50.3%。

表 5-10　固结过程中两种试样的等效孔径及孔径尺度分布

土样种类	固结压力/kPa	等效孔径/μm	孔隙尺度分布/（%）			
			>10μm（大孔隙）	2.5～10μm（中孔隙）	0.4～2.5μm（小孔隙）	<0.4μm（微、超微孔隙）
PY 软土	0	1.934	6.4	10.1	45.8	37.7
	50	1.851	5.8	12.0	46.4	35.8
	100	1.535	5.8	6.5	55.6	32.1
	200	1.328	3.2	9.7	55.6	31.5
	400	1.194	5.6	9.3	50.2	34.9
	800	0.992	2.6	4.8	51.9	40.7
SZ 软土	0	1.524	4.3	3.6	47.2	44.9
	50	1.462	2.8	9.9	45.2	42.1
	100	1.225	4.9	6.2	38.4	50.5
	200	1.173	5.8	2.9	27.1	64.2
	400	0.916	2.7	7.2	19.2	70.9
	800	0.758	3.1	3.4	17.1	76.4

由图 5-21～图 5-23 可知，固结初期，固结压力较小，由于软土存在一定的结构强度，故此时孔隙数量较少，孔径尺度分布变化较小。当固结压力小于 50kPa 时，试样等效孔径的变化并不明显；当固结压力增至结构屈服应力时，小、微孔隙增加较快，等效孔径也明显变小，孔隙数量明显增加，孔隙比减小较快，该区段各曲线出现幅度较大的陡降或陡升，这与图 5-7 所示的固结试验结果保持一致。随着固结压力继续增大，当试样的结构强度破坏以后，大、中孔隙变化不大，微孔隙不断增加，孔隙数量也在不断增加，但变化趋势减缓。

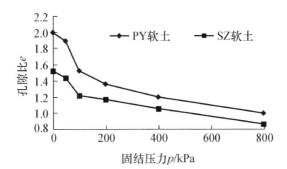

图 5 - 21　固结过程中试样的孔隙比的变化

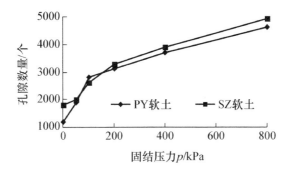

图 5 - 22　固结过程中试样的孔隙数量的变化

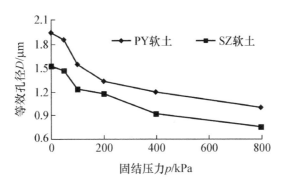

图 5 - 23　固结过程中试样的等效孔径的变化

5.4.3 孔隙形状变化分析

固结过程中，除了孔隙的尺度分布、数量、孔隙比等参数不断变化以外，孔隙的形状也在不断发生变化，图 5 - 24、图 5 - 25 分别为固结过程中试样孔隙平均形状系数 F 和孔隙平均圆形度 R 的变化，具体数值列于表 5 - 11 中。

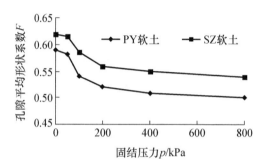

图 5 - 24 固结过程中试样孔隙平均形状系数的变化

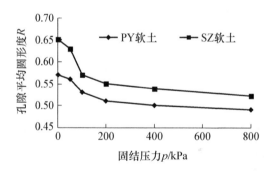

图 5 - 25 固结过程中试样孔隙平均圆形度的变化

表 5 - 11 固结过程中试样平均形状系数 F 和孔隙平均圆形度 R

土样种类	孔隙的形状	固结压力/kPa					
		0	50	100	200	400	800
PY 软土	平均形状系数 F	0.593	0.582	0.541	0.521	0.507	0.501
	平均圆形度 R	0.572	0.559	0.531	0.508	0.498	0.489

土样种类	孔隙的形状	固结压力/kPa					
		0	50	100	200	400	800
SZ 软土	平均形状系数 F	0.623	0.615	0.587	0.562	0.549	0.537
	平均圆形度 R	0.650	0.628	0.572	0.548	0.538	0.521

由图 5-24、图 5-25 和表 5-11 可知，固结过程中，随着固结压力的增大，孔隙的平均形状系数和平均圆形度发生规律性的变化。固结前，PY 软土、SZ 软土试样孔隙的平均形状系数分别为 0.593、0.623，平均圆形度分别为 0.572、0.650，说明孔隙形状相对狭长；固结初期（$p < 50$kPa 时），由于试样具有一定的结构性，骨架尚未破坏，孔隙大小变化较小，孔隙平均形状系数和平均圆形度变化很小；当试样的结构强度逐渐破坏时，伴随着大、中孔隙的孔壁塌落，大、中孔隙变为小、微孔隙，孔隙的平均形状系数和平均圆形度发生显著变化；固结后期（$p > 200$kPa 时），土样的微观结构经历破坏—再造的复杂过程后趋于一种新的平衡，此时孔隙形态对固结压力的反应明显变缓，表现为孔隙的平均形状系数和平均圆形度曲线基本呈水平直线。

由图 5-24、图 5-25 还可知，相比 PY 软土试样而言，SZ 软土试样孔隙的平均形状系数和平均圆形度较大，原因是 SZ 软土试样的小、微孔隙占比超过 90%，而小、微孔隙主要为颗粒间和颗粒内的孔隙，受荷载的影响较团粒间、团粒内的大、中孔隙要小很多，故孔隙圆度相对较高，反映为平均形状系数和平均圆形度两个参数数值相应较大。

5.4.4　孔隙定向性变化分析

固结过程是土体孔隙体积减小的过程，在孔隙大小、数量、尺度分布及形状变化的同时，孔隙的定向性也有所调整。固结过程中试样的方向角及概率熵 H_m 的具体数值列于表 5-12 中，图 5-26、图 5-27 分别为固结过程中试样的孔隙方向角分布及孔隙概率熵的变化。

表 5-12 固结过程中试样的孔隙方向角及概率熵 H_m

角度/ (°)	固结压力/kPa									
	0		100		200		400		800	
0~10	7	5	5	7	6	6	8	3	2	7
10~20	8	10	3	4	4	4	9	6	1	11
20~30	5	3	5	2	3	3	2	3	5	8
30~40	6	6	8	6	5	5	1	3	7	2
40~50	10	7	2	4	7	7	3	4	5	5
50~60	5	8	4	9	9	9	2	7	3	4
60~70	6	6	3	10	10	10	5	3	4	6
70~80	2	4	9	5	8	8	6	5	9	5
80~90	3	3	6	4	7	7	4	6	10	6
90~100	7	4	2	6	5	5	6	5	7	3
100~110	4	8	6	3	4	4	8	7	4	2
110~120	2	3	11	6	6	6	10	2	5	5
120~130	6	4	7	9	5	10	6	9	6	4
130~140	5	5	5	10	10	8	5	4	7	3	4
140~150	2	7	6	6	3	3	8	6	2	2
150~160	5	3	8	4	2	2	7	5	8	7
160~170	9	8	4	5	1	1	5	10	13	9
170~180	8	6	6	5	5	5	6	9	6	10
H_m	0.925	0.898	0.948	0.921	0.921	0.906	0.937	0.918	0.909	0.897

注：同级固结压力下，前一列为 PY 软土试样数值，后一列为 SZ 软土试样数值。

由图 5-26 和表 5-12 可知，PY 软土试样孔隙的比较优势方向为 40°~50°，原状 SZ 软土孔隙的比较优势方向为 10°~20°，孔隙排列方向相对混乱。固结压力使孔隙发生破裂、兼并、生长的交替和反复的复杂变化，大孔隙湮灭，小、微孔隙增长，孔隙的优势方向不断变化且存在多个优势方向，但整个固结过程对孔隙定向性的影响并不明显，孔隙排列仍旧比较混乱。

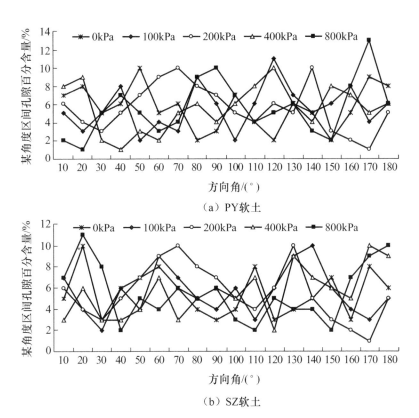

图 5-26　固结过程中试样的孔隙方向角分布

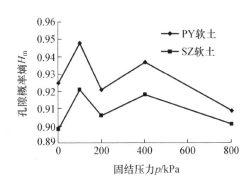

图 5-27　固结过程中试样的孔隙概率熵的变化

由图 5-27 可看出，随着固结压力的增加，体现孔隙排列的规律性指标孔隙概率熵 H_m 发生随机波动，PY 软土试样的孔隙概率熵的变化范围为

0.875～0.989，SZ 软土试样的孔隙概率熵为 0.897～0.921，并无明显规律可言，但总体来说，随着固结压力的增加，孔隙概率熵有减小的趋势，也就是说，固结压力使孔隙定向性微微增强。

5.5　两种显微试验固结过程的孔隙特征测试结果比较

5.5.1　孔隙比

利用常规固结试验、MIP 试验和 ESEM 试验得到固结过程中 PY 软土试样和 SZ 软土试样的孔隙比列于表 5-13。

表 5-13　固结过程中三种试验的试样的孔隙比

土样种类	固结压力/kPa	常规固结试验	MIP 试验	ESEM 试验	最大相对误差
PY 软土	0	2.11	2.06	2.01	4.7%
	100	1.59	1.55	1.52	4.4%
	200	1.48	1.34	1.36	9.5%
	400	1.21	1.14	1.20	5.8%
	800	1.01	0.91	0.99	9.9%
SZ 软土	0	1.56	1.61	1.52	5.6%
	100	1.31	1.27	1.22	6.9%
	200	1.23	1.23	1.17	4.9%
	400	1.12	1.14	1.08	5.3%
	800	0.80	0.82	0.86	7.0%

由表 5-13 可知，固结压力增加，使孔隙中的水被挤出，孔隙体积减小，孔隙比（率）随固结压力增大而减小。三种试验—常规固结试验、MIP 试验和 ESEM 试验计算得到的孔隙比数值较接近，最大相对误差为 4.4%～9.9%，均值为 6.5%。由此可以说明：MIP 法和 ESEM 法均是软土微观结构研究的有效手段，两种方法的试验结果接近，可以相互印证。

　　由表 5-13 分析可知，多数情况下，MIP 试验和 ESEM 试验测试
的孔隙比小于常规固结试验换算得到的结果。产生该现象的可能原因
为：软土试样中存在汞无法压入或较难入的封闭孔隙或喉管狭长孔隙，
这类孔隙的存在导致 MIP 测试的孔隙比结果偏小；ESEM 试验得到的
孔隙比是根据 ESEM 图片黑白面积比例得到的面孔隙比而非真正意义
上的体孔隙比，由于实际软土集聚体内包裹有团粒内孔隙和颗粒内孔
隙等，这些在图片中并未显现，均会导致面孔隙比计算结果小于体孔
隙比计算结果。

5.5.2　孔隙尺度分布

　　固结过程中，软土的孔隙尺度分布在不断发生变化。固结过程中，
MIP 试验和 ESEM 试验换算得到的孔隙尺度分布结果汇总列于表 5-14。

表 5-14　固结过程中 MIP 试验和 ESEM 试验换算得到的
试样孔隙尺度分布结果　　　　　　单位：%

土样种类	固结压力/kPa	孔隙尺度/nm									
		大孔隙 >10000		中孔隙 2500~10000		小孔隙 400~2500		微孔隙 30~400		超微孔隙 <30	
PY 软土	0	4.4	6.4	8.3	10.1	48.0	45.8	33.5	37.7	5.8	0
	100	2.3	5.8	5.5	6.5	54.3	55.6	32.6	32.1	5.3	0
	200	3.5	3.2	6.2	9.7	52.0	55.6	33.0	31.5	5.3	0
	400	3.4	5.6	3.8	9.3	45.4	50.2	40.7	34.9	6.7	0
	800	1.1	2.6	2.1	4.8	45.3	51.9	42.9	40.7	8.6	0
SZ 软土	0	2.7	4.3	1.7	3.6	45.4	47.2	45.0	44.9	5.2	0
	100	4.3	4.9	3.3	6.2	33.8	38.4	51.6	50.5	7.0	0
	200	3.1	5.8	5.2	2.9	24.2	27.1	60.1	64.2	7.4	0
	400	1.9	2.7	3.6	7.2	21.3	19.2	65.9	70.9	7.3	0
	800	2.5	3.1	2.8	3.4	15.2	17.1	69.1	76.4	10.4	0

　　注：对于某级荷载下的孔隙尺度分布，前列为 MIP 试验结果，后列为 ESEM 试验
结果。

通过对表 5-14 分析可知，除超微孔隙外，两种显微试验能得到较一致的孔隙尺度分布，即随着固结压力增加，较大尺度的大、中孔隙的占比有所减小，而小、微甚至超微孔隙等小尺度孔隙的占比则有所增加。这说明在固结压力作用下，较大尺度的孔隙被压碎分裂成较小尺度的孔隙，孔隙向小、微甚至超微孔隙方向发展。

固结前，PY 软土试样以小孔隙为主，微孔隙占比次之，大、中及超微孔隙的占比都较小；而 SZ 软土试样的小、微孔隙占比相当，均为 45% 左右，两者占比之和超过 90%，其他孔隙的占比均较小，不足 10%。相比而言，SZ 软土试样的孔径更小，这与第三章两种土体矿物成分分析的结论一致。

固结压力超过 200kPa 后，PY 软土试样孔隙以微孔隙和小孔隙为主；当固结压力达到 800kPa 时，两者的占比达 85% 左右。而 SZ 软土试样在固结压力超过 100kPa 以后，孔隙即以微孔隙为主；当固结压力达到 800kPa 时，微孔隙占比均为 75% 左右，其中 MIP 试验为 69.1%，ESEM 试验为 76.4%。上述结果表明固结过程使软土的孔隙结构及其尺度分布特征发生显著变化。固结过程中，较大孔隙先被压缩/破裂，较小孔隙后被压缩/破裂，团粒内孔隙向颗粒间孔隙转化，最终颗粒间孔隙占据主导地位。

固结过程中，MIP 试验测得的试样中超微孔隙的占比增加不明显，由固结前至固结压力为 800kPa，两种软土试样的超微孔隙占比仅分别增加了 2.8% 和 5.2%，原因在于超微孔隙主要为颗粒内孔隙，其受荷载影响很小，不易被压碎也很难被汞压入。比较 MIP 试验和 ESEM 试验两种显微试验结果，除超微孔隙外［原因分析如下述第（4）点］，测得的孔隙尺度分布结果误差一般控制在 10% 以内，说明测得的孔隙分布结果可信且两种试验可以相互印证。

分析 MIP 试验与 ESEM 试验在孔隙测试方面存在误差的原因，主要可以归纳为如下几个方面。

（1）固结试验后，在同一固结试样的不同部位切取并制作 MIP 样和 ESEM 样，由于试样本身具有非均匀的各向异性，研究对象存在实际的差异，因此会导致两种微观试验试样本身存在一定的差异性。

（2）MIP 试验求得的是体孔隙分布，而 ESEM 试验求得的是面孔隙分布，两者存在本质的不同。如假定各个切面土体形态一致，则体孔隙比与面孔隙比的理论结果应一致。

（3）MIP 试验受到试样内部孔隙特征、汞的自身特性（如纯度、自身的可压缩性等)、试样表面物理化学性质、真空度、粗糙度、清洁度、温度变化、试验操作等因素影响，会导致 MIP 孔隙测试结果产生一定的误差。

(4) ESEM 试验在孔隙的换算过程中，均假定孔隙为圆形孔隙，与实际情况存在一定差距，且由于去杂、去噪处理及图像分辨率等因素影响，会导致 ESEM 试验结果产生一定的误差。如对于 10 像素以下孔隙（以 ESEM 图像分辨率 $0.0145\mu m/piexl$ 换算，即 145nm），图像识别软件一般已将其在去杂操作中除去，故利用 ESEM 图片无法统计出超微孔隙。

5.5.3　孔隙连通性和曲折性

由图 5-1～图 5-2、图 5-9～图 5-10 可见，退汞曲线明显滞后于进汞曲线。主要是由于试样内部主要存在有狭小口径和肥大腹腔的墨水瓶状孔隙和残留孔隙，前者由于进汞时压强要高于退汞时的对应压强，后者是汞一旦被压入即难被排出。这两类孔隙的连通性和曲折性特征均可由 ES-EM 图片直观显示，图 5-28 为 PY 软土试样的 ESEM 分析彩图，彩色部分表示孔隙，黑色部分表示颗粒。

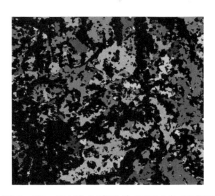

图 5-28　PY 软土试样的 ESEM 分析彩图

将图 5-28 中的典型"好"孔隙和"差"孔隙呈现在图 5-29 中，这可与压汞试验的累积进汞量-进汞压力的关系曲线及累积进汞量-孔径关系的曲线相互印证。

由分析可知，图 5-29（a）所示的典型孔隙，形状均匀、连通性好、孔道平缓且各向几乎同性，故能够较好地进汞和退汞，退汞效率较高，属

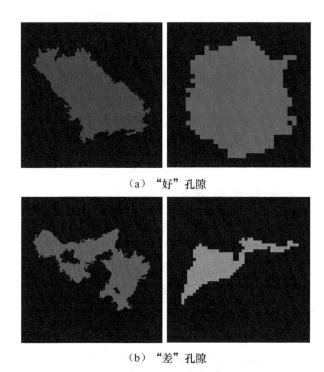

（a）"好"孔隙

（b）"差"孔隙

图 5 - 29　孔隙的连通性及曲折性特征

于"好"孔隙；反之，图 5 - 29（b）所示孔隙因具有狭长喉管，其孔喉比大、孔隙曲折或不连通等特征，导致该类孔隙的曲折因子大、退汞效率低，属于"差"孔隙，如该类孔隙的占比较大，则将导致退汞曲线明显滞后于进汞曲线。

5.6　本章小结

本章研究了典型天然软土试样固结前和固结过程中孔隙的大小、尺度、形状、曲折性、连通性等变化特征及微结构因素，现将主要观点归纳如下。

（1）由天然原状软土的孔隙特征测试发现：不同地区的天然原状软土其孔隙结构特征存在明显差异，珠江三角洲地区软土的孔隙可划分成大孔隙、中孔隙、小孔隙、微孔隙和超微孔隙五种。天然软土孔隙以小孔隙为主，即以团粒内孔隙、颗粒间孔隙为主。比较而言，PY 软土结构更为松散，孔隙比较大，大、中孔隙含量比 SZ 软土试样多，而 SZ 软土试样孔径在小孔隙范围内分布更为集中。

（2）固结过程中，孔隙微观结构在不同阶段呈现出不同的变化规律。固结前期，微观结构处于稳定调整阶段，软土孔隙的数量较少，孔隙比较大，孔隙大小、形态和定向性等参数的变化幅度均较小；当固结压力增至结构屈服应力时，孔隙数量明显增加，等效孔径不断变小，形态变得更为复杂，孔隙分布由中、小孔隙向小、微孔隙甚至超微孔隙发展，但定向性变化不显著；随着固结压力继续增大，新的微观结构仅做适当调整，孔隙结构变化趋缓。

（3）MIP 试验、ESEM 试验测得孔隙比数值接近，说明 MIP 法和 ESEM 法均是软土微结构研究的有效手段。两种试验均显示，随着固结压力增加，较大尺度的大、中孔隙占比减小，而小、微、超微孔孔隙占比显著增加。说明在固结压力作用下，较大尺度的孔隙被压碎分裂成较小尺度的孔隙。当荷载超过 200kPa 以后，试样中孔隙以微孔隙和超微孔隙为主，孔隙结构及其尺度分布特征发生显著变化，但由于两种显微试验的假设条件与研究手段存在差异，故导致孔隙尺度测试结果存在一定的误差，一般控制在 10% 以内。

（4）通过对 MIP 与 ESEM 试验的结果比对分析表明，两种显微试验能够较好地印证软土内部孔隙的连通性和曲折性特征，正是由于土体内部存在墨水瓶状孔隙和残留孔隙等连通性较差的孔隙，导致土体退汞不充分，其退汞曲线明显滞后于进汞曲线。

第六章
软土流变特性的
微细观参数试验与分析

6.1 概　述

软土是由固相、液相和气相物质组成的复杂的天然多相介质，具有含水量高、压缩性高、灵敏度高、强度低、渗透性低等工程特性。流变是土体的基本特性之一，是土体的应力-应变关系与时间密切相关的性质，流变特性在软土中的表现尤为明显。实际工程中，常有流变现象发生，如各种建筑物的长期沉降，边坡的长期蠕滑，堤坝、公路和铁路路基的流变破坏，隧道和基坑开挖引起的地面长期沉降等。对软土流变的研究已经成为一门学科，研究内容主要有蠕变、应力松弛、长期强度、弹性后效和滞后效应四个方面（孙钧，1999）。软土的流变特性受到多种因素影响，主要可归结为三方面：①结构因素，如黏土的片架结构和片堆结构等；②物质因素，固体矿物成分（特别是黏土矿物）、氧化物、有机物和含水量等；③外界条件，包括应力状态、应力水平、温度等。从微细观角度来看，软土从稳定状态到开始蠕变，直到破坏的过程，就是在应力作用下土体微结构变化的过程。孙钧（1999）以扫描电镜分析了淤泥质黏土的矿物骨架组织在流变全过程中的动态变化，指出随着剪切力的增长，片状黏土矿物的组织结构在蠕变阶段经历了由分散排列到首尾连接，再到最终定向排列的过程（图 6-1）；完成了结构再造，产生软弱结构面，开始出现明显的蠕变现象直至破坏。矿物骨架结构再造需要耗费一定的能量，也就是说存在一个应力值，当剪切力达到或超过该值时，土体就会出现明显的蠕变现象，这个应力值被称为蠕变应力阈值，对于确定土体蠕变的长期强度有重要的意义。

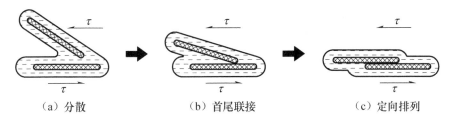

|（a）分散|（b）首尾联接|（c）定向排列|

图 6-1　剪应力下土体的微结构变化过程

本章的主要研究内容是采用直剪蠕变试验研究影响软土蠕变特性的物理机制，分析各微细观参数对软土流变特性影响的数量关系。

6.2　直剪蠕变试验

6.2.1　试验理论假定与步骤

本书对试样进行的蠕变试验主要是在改进的直剪蠕变仪上进行的，根据该蠕变仪的特点，对直剪蠕变试验做如下假定。

（1）假设土体为均匀连续体。

（2）采用分级加载方式进行加载，假定土体为线性流变体，任一时刻的蠕变量是前面时刻每级荷载增量在此时刻的蠕变量的总和，忽略土体在加载过程中的硬化作用，即假定土体满足线性叠加原理。

（3）忽略试验过程中各部件之间的摩擦作用、加压杠杆倾斜引起的出力偏差等系统误差及由于室内温、湿度的波动对位移量表、量力环等部件的影响。

（4）试验过程中，试样大、小主应力的值和方向在剪切变形时会发生改变，而且试样的剪切面积会逐渐变小，在数据处理时忽略了这些变化（谷任国，2007）。

直剪蠕变试验的主要步骤如下。

（1）进行试验之前，先对直剪蠕变仪的垂直、水平出力进行校准，以便在试验时获得较准确的竖向压力和水平剪切力。

（2）以击样法制备试样。按所需含水量配制试样，将试样倒入装有环刀的击样容器内，击实至所需密度，取出环刀样并拂平表面。详细的方法可参考《土工试验方法标准》（GB/T 50123—2019）。

（3）将环刀样装入叠式饱和器，放进真空饱和装置中再抽气饱和，饱和时间不少于 15h（研究含水量对试样流变特性的影响时，试样不需要抽气饱和）。

（4）用透水石将试样推入剪切盒后，对试样施加竖向固结压力。固结稳定的标准为每小时的竖向变形小于 0.01mm，一般情况下固结 24h 后可以达到固结稳定。

（5）固结稳定后保持固结压力不变，按照分级加载的方式施加剪切荷载，剪切荷载级数为 4～8 级，加载至试样出现剪切破坏为止。直剪蠕变稳定的标准为：当施加的剪切力水平较低时，试样通常处于衰减蠕变阶段，24h 内剪切位移小于 0.005mm 则可视为蠕变达到稳定，此时可以施加下一级剪切荷载；当施加的剪切荷载水平较高时，试样可能进入等速蠕变阶段，待试样的剪切变形速率趋于匀速后，可以施加下一级剪切荷载。

（6）在直剪蠕变试验过程中保持实验环境稳定，记录每级剪切荷载下试样的剪切位移，室内温、湿度，试验历时等原始数据。当试样剪切破坏后，试验结束。

（7）按照 Boltzmann 原理整理试验数据。

6.2.2 流变参数的定义

直剪蠕变试验的黏滞系数 η 是蠕变曲线图上的等速蠕变阶段的剪应力与相应的剪切速率的比值（胡华，2005），见式(6-1)。

$$\eta_i = \tau_i / \dot{\gamma}_i ; \tag{6-1}$$

式中，η_i——某级剪切荷载下的黏滞系数，Pa·s；

τ_i——某级剪切荷载的剪应力，Pa；

$\dot{\gamma}_i$——等速蠕变阶段的剪切速率，m/s。

因此，当剪应力 τ_i 相同时，试样的黏滞系数 η_i 越小，则其蠕变速率 $\dot{\gamma}_i$ 就越大，表明结合水的黏滞性较弱，土颗粒易于克服黏滞阻力产生相对运动，试样的流变现象比较显著。

平均黏滞系数就是试样在各级剪切荷载水平下的黏滞系数的平均值，见式(6-2)。

$$\bar{\eta} = \sum_{i=1}^{n} \eta_i / n \tag{6-2}$$

式中，$\bar{\eta}$——平均黏滞系数，Pa·s；

　　n——剪切荷载级数。

6.3 矿物成分对流变特性影响的试验分析

由黏滞系数可以判断试样的流变性的大小，而流变性又体现了土颗粒间相对运动的难易程度。土体中不同成分的颗粒吸附的结合水含量不同，各成分的颗粒相对运动所需克服的阻力就不同，从而表现出不同的流变特性。本节主要对不同成分的人工软土和天然软土进行直剪蠕变试验，探讨黏土矿物、有机物、氧化物等成分对土体流变特性的影响。

6.3.1 矿物成分不同的试样的直剪蠕变试验

1. 试验方案设计

采用改进的直剪蠕变仪对 5 种矿物成分不同的人工软土试样和 1 种天然软土试样进行直剪蠕变试验，研究不同矿物成分的软土的流变特性。其中第 1 组试样仅含膨润土；第 2 组试样仅含高岭土；第 3 组试样仅含石英；第 4～6 组由膨润土和高岭土依次按照 1∶2、1∶1 和 2∶1 的干质量比例混合而成；第 7～9 组由膨润土和石英依次按照 1∶3、1∶1 和 3∶1 的干质量比例混合而成；第 10 组为南沙软土。各试样的编号为 ZLB1～ZLB10。各试样均以击样法制备，制备方法参考《土工试验方法标准》（GB/T 50123—2019），试验前经过抽气饱和处理，试样的编号、组成成分及物理性质见表 6-1，剪切荷载分级及大小列于表 6-2 中。

表 6-1 试样的编号、组成成分及物理性质

编号	试样组成成分	液限 $w_L/(\%)$	塑限 $w_P/(\%)$	塑性指数 $I_P/(\%)$	含水量 $w/(\%)$
ZLB1	膨润土	187.9	56.1	131.8	63.0
ZLB2	高岭土	60.2	34.6	25.6	42.9
ZLB3	石英	15.7	9.1	6.6	18.4
ZLB4	33.3%膨润土+66.7%高岭土	91.2	44.6	46.6	63.1
ZLB5	50%膨润土+50%高岭土	112.2	43.5	68.7	61.7

续表

编号	试样组成成分	液限 $w_L/(\%)$	塑限 $w_P/(\%)$	塑性指数 $I_P/(\%)$	含水量 $w/(\%)$
ZLB6	66.7％膨润土＋33.3％高岭土	139.4	51.3	88.1	61.3
ZLB7	25％膨润土＋75％石英	58.8	20.9	37.9	29.3
ZLB8	50％膨润土＋50％石英	101.8	32.6	69.2	36.9
ZLB9	75％膨润土＋25％石英	181.9	50.7	131.2	57.0
ZLB10		41.6	25.8	15.8	37.4

表 6-2　剪切荷载分级及大小　　　　　单位：kPa

编号	1级	2级	3级	4级	5级	6级	7级	8级
ZLB1	25	58	86	119	—	—	—	
ZLB2	25	54	84	116	145	186	223	264
ZLB3	25	57	86	117	147	187	225	
ZLB4	25	56	84	114	—	—	—	
ZLB5	25	58	87	116	146	186	—	
ZLB6	26	57	86	115	146	—	—	
ZLB7	27	56	86	116	—	—	—	
ZLB8	26	59	87	115	146	185	226	—
ZLB9	27	56	85	114	146	—	—	
ZLB10	25	54	83	114	144	185	224	

2. 试验结果

图 6-2～图 6-11 为不同矿物成分的试样的蠕变曲线，图 6-12～图 6-21为对应的应力-应变等时曲线。根据蠕变曲线，按式（6-2）求得试样的平均黏滞系数列于表 6-3。图 6-22、图 6-23 分别为人工软土的蠕变应力阈值、平均黏滞系数与矿物成分含量的关系曲线。

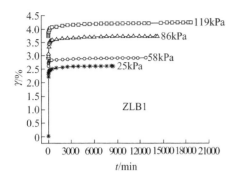

图 6-2　膨润土试样的
蠕变曲线（σ＝400kPa）

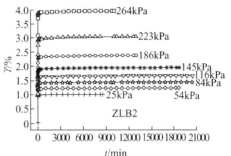

图 6-3　高岭土试样的
蠕变曲线（σ＝400kPa）

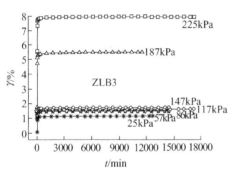

图 6-4　石英试样的
蠕变曲线（σ＝400kPa）

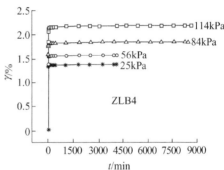

图 6-5　33.3％膨润土＋66.7％高岭土
试样的蠕变曲线（σ＝400kPa）

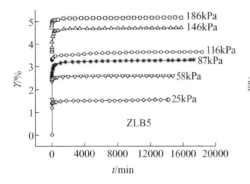

图 6-6　50％膨润土＋50％高岭土
试样的蠕变曲线（σ＝400kPa）

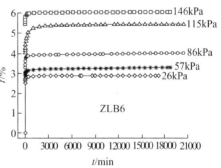

图 6-7　66.7％膨润土＋33.3％高岭土
试样的蠕变曲线（σ＝400kPa）

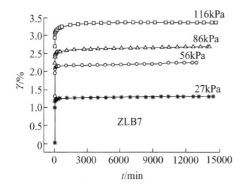

图 6-8　25%膨润土＋75%石英试样的
蠕变曲线（σ＝400kPa）

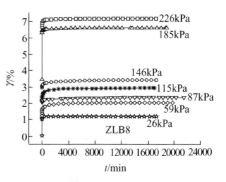

图 6-9　50%膨润土＋50%石英试样的
蠕变曲线（σ＝400kPa）

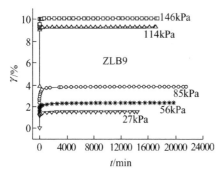

图 6-10　75%膨润土＋25%石英试样的
蠕变曲线（σ＝400kPa）

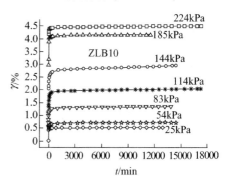

图 6-11　南沙软土试样的蠕变
曲线（σ＝400kPa）

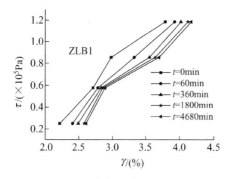

图 6-12　膨润土试样的应力-
应变等时曲线

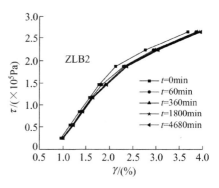

图 6-13　高岭土试样的应力-
应变等时曲线

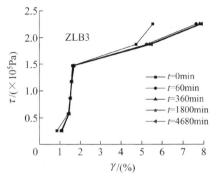

图 6 - 14　石英试样的应力-应变等时曲线

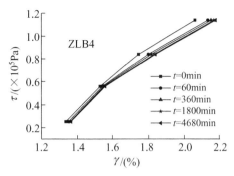

图 6 - 15　33.3%膨润土＋66.7%高岭土
试样的应力-应变等时曲线

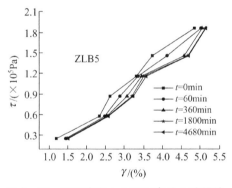

图 6 - 16　50%膨润土＋50%高岭土试样的
应力-应变等时曲线

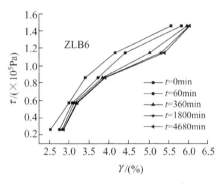

图 6 - 17　66.7%膨润土＋33.3%高岭土
试样的应力-应变等时曲线

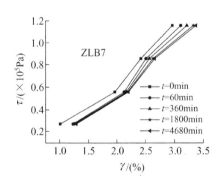

图 6 - 18　25%膨润土＋75%石英试样的
应力-应变等时曲线

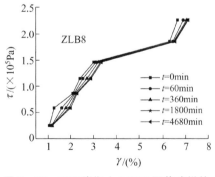

图 6 - 19　50%膨润土＋50%石英试样的
应力-应变等时曲线

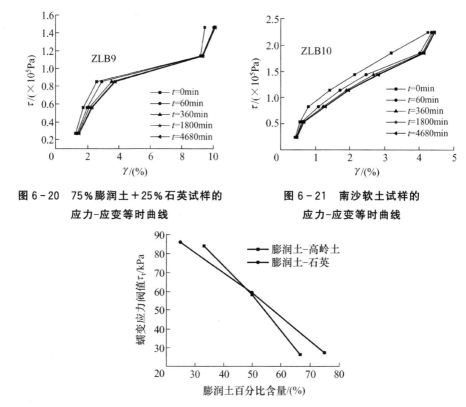

图 6-20 75%膨润土＋25%石英试样的 应力-应变等时曲线

图 6-21 南沙软土试样的 应力-应变等时曲线

图 6-22 蠕变应力阈值与矿物成分含量的关系曲线

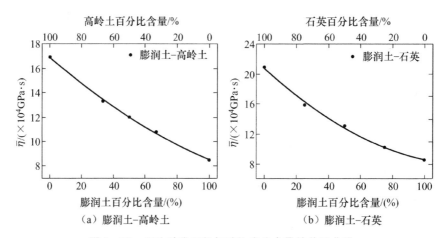

（a）膨润土-高岭土

（b）膨润土-石英

图 6-23 平均黏滞系数与矿物成分含量的关系曲线

表 6-3　试样的平均黏滞系数

试样编号	$\overline{\eta}/(\times 10^4\,GPa\cdot s)$	试样编号	$\overline{\eta}/(\times 10^4\,GPa\cdot s)$
ZLB1	8.5	ZLB6	10.8
ZLB2	16.9	ZLB7	15.9
ZLB3	21.0	ZLB8	13.1
ZLB4	13.3	ZLB9	10.2
ZLB5	12.0	ZLB10	13.4

3. 试验结果分析

从不同矿物成分的人工软土试样和天然软土试样的直剪蠕变试验结果可以总结出以下结论。

(1) 单一矿物成分的试样（膨润土、高岭土和石英）在加载瞬间会产生一定的瞬时变形，而在随后的蠕变剪切阶段会表现出不同的蠕变变形规律：膨润土试样的蠕变曲线（图 6-2）呈上凸形，在剪应力 $\tau=25\,kPa$ 时各时间段的应力-应变等时曲线（图 6-12）已有分开的趋势，表明变形随时间有较明显的增长，而且衰减较慢，即膨润土的流变性非常显著；高岭土试样的蠕变曲线（图 6-3）也稍有上凸，应力-应变等时曲线（图 6-13）中各时间段的曲线非常接近，变形随时间有增长，但衰减较快，表明高岭土的流变性弱于膨润土；石英试样在瞬时变形后的蠕变曲线（图 6-4）接近水平，应力-应变等时曲线（图 6-14）除了 $t=0\,min$ 的曲线以外，其余时间段的曲线几乎重合，表明剪切速率衰减迅速，变形很快趋于稳定，即石英的流变性不明显。从表 6-3 所列的平均黏滞系数（ZLB1～ZLB3）来看，膨润土的平均黏滞系数最低，高岭土次之，石英最高，说明膨润土试样的流变变形阻力较小，剪切变形率较大，流变现象明显；石英试样的流变变形阻力较大，剪切变形率较小，流变现象不明显；高岭土介于两者之间。

(2) 膨润土与高岭土的混合试样的蠕变曲线（图 6-5～图 6-7）呈上凸形，不同时间段的应力-应变等时曲线（图 6-15～图 6-17）中互不重合，即含黏土矿物的试样具有较明显的流变性质，平均黏滞系数随膨润土百分比含量的增加而有所减小 [表 6-3 中 ZLB4～ZLB6 及图 6-23 (a)]，说明膨润土中的主要成分蒙脱石对土体流变性的影响程度比高岭土中的主要成分高岭石要显著，这与谷任国（2007）的研究结论是一致的。对比膨润土与石英的混合试样的蠕变曲线（图 6-8～图 6-10）、应力-应变等时曲线（图 6-18～图 6-20）和石英试样的蠕变曲线（图 6-4）、应力-应变等时曲线（图 6-14）可以看出，黏土矿物是试样产生流变的重要因素，而且混合土的平均黏滞系数［表 6-3 中 ZLB7～ZLB9 及图 6-23（b）］随着膨润土百分比含量的增加而减小，即流变变形阻力随膨润土含量的增加而降低，试样的剪切变形率增加，表现出更明显的流变性。

（3）试样的流变现象与剪应力水平有关，即荷载达到蠕变应力阈值 τ_t 后，蠕变开始出现黏塑性流动，各簇应力-应变等时曲线有分开的趋势，试样开始出现明显的流变现象，而且 τ_t 随着黏土矿物含量的提高而相应下降（图 6-22）。例如膨润土-高岭土混合土样：当膨润土的含量从 33.3% 增加至 50%、66.7% 时，试样的 τ_t 依次约为 84kPa、58kPa、26kPa；膨润土-石英混合试样：当膨润土的含量从 25% 增至 50%、75% 时，试样的 τ_t 依次约为 86kPa、59kPa、27kPa。这表明膨润土含量增加，试样产生明显流变现象的剪应力阈值有所降低。

6.3.2　有机物和氧化物不同的土样的直剪蠕变试验

1. 试验方案设计

软土中的有机物包括两类物质，一类是与已知的有机化合物具有相同结构的单一物质，包括碳水化合物、石蜡等碳氢化合物、脂肪族有机酸、脂类、醇类、酯类、醛类、树脂类、含氮化合物等；另一类是普遍存在于土壤和江湖河海底部淤泥中的腐殖质类物质，如胡敏酸、富里酸、富啡酸等。土中的氧化物主要有晶质和非晶质的铁、铝、锰、硅的氧化物、其水合物，以及非晶质的水铝英石类含水硅酸铝矿物等（李学垣，1997）。本试验所用的有机物来源于有机质土，氧化物为氧化铁、氧化钙和氧化铝的混合物。

软土中的有机物和氧化物具有化学活性高、易受环境条件影响的特点，常以凝胶态的形式存在，或呈胶膜状包裹在土颗粒表面，或将土颗粒胶结在一起。有机物与氧化物能直接或间接影响软土的物理、化学和力学性质，本节以有机物和氧化物对软土流变特性的影响进行试验研究，分别对有机物和氧化物百分比含量不同的试样进行直剪蠕变试验。试样均以击样法制备，试验前经过抽气饱和处理，各试样的成分（有机物或氧化物的干质量百分比含量）、有机质含量、液限、塑限、塑性指数、含水量列于表 6-4，各级剪切荷载见表6-5。

表 6-4　试样的编号、成分及物理性质

编号	试样成分	有机质 /(%)	液限 w_L/(%)	塑限 w_P/(%)	塑性指数 I_P/(%)	含水量 w/(%)
ZLB11	9.4%有机质土＋77%石英＋13.6%长石	5	34.9	18.8	16.1	32.6
ZLB12	28.3%有机质土＋60.9%石英＋10.8%长石	15	83.4	36.4	47.0	74.1
ZLB13	56.7%有机质土＋36.8%石英＋6.5%长石	30	167.2	63.0	104.2	143.2
ZLB14	5%氧化物＋80.8%石英＋14.2%长石	—	15.7	9.0	6.7	17.0
ZLB15	15%氧化物＋72.3%石英＋12.7长石	—	16.5	9.6	6.9	20.5
ZLB16	30%氧化物＋59.5%石英＋10.5%长石	—	19.8	10.6	9.2	23.6

注：1. 有机质土中的有机质平均含量为52.95%。

2. 氧化物的成分及其干质量比例：氧化铁75%，氧化钙15%，氧化铝10%。

表 6-5　各级剪切荷载　　　　　　　　单位：kPa

编号	荷载级数						
	1 级	2 级	3 级	4 级	5 级	6 级	7 级
ZLB11	25	54	84	113	134	155	196
ZLB12	26	55	84	119	133	155	184
ZLB13	25	53	85	113	133	154	186
ZLB14	26	55	84	115	136	156	
ZLB15	24	53	84	117	135		
ZLB16	29	55	85	115	136		

2. 试验结果

图 6-24～图 6-29 为有机物和氧化物含量不同的试样的蠕变曲线，图 6-30～图 6-35为对应的应力-应变等时曲线，各试样的平均黏滞系数见表 6-5，图 6-36 和图 6-37 分别为蠕变应力阈值、平均黏滞系数与有机物（或氧化物）含量变化的关系曲线。其中含有机物试样的流变试验数据取自谷任国（2007）文献。

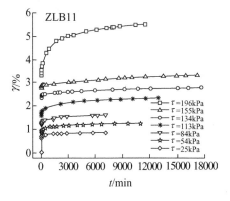

图 6-24　9.4% 有机质土＋77%
石英＋13.6% 长石试样的
蠕变曲线（σ=400kPa）

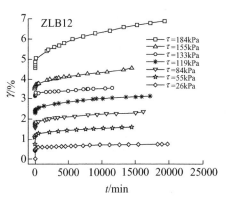

图 6-25　28.3% 有机质土＋60.9%
石英＋10.8% 长石试样的
蠕变曲线（σ=400kPa）

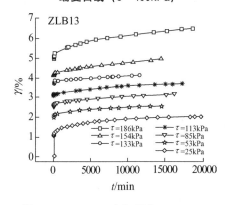

图 6-26　56.7% 有机质土＋36.8%
石英＋6.5% 长石试样的
蠕变曲线（σ=400kPa）

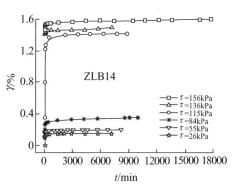

图 6-27　5% 氧化物＋80.8%
石英＋14.2% 长石试样的
蠕变曲线（σ=400kPa）

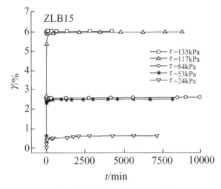

图6-28　15%氧化物+72.3%石英+12.7%
长石试样的蠕变曲线（σ=400kPa）

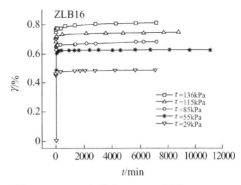

图6-29　30%氧化物+59.5%石英+10.5%
长石试样的蠕变曲线（σ=400kPa）

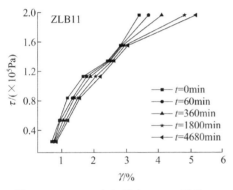

图6-30　9.4%有机质土+77%石英+
13.6%长石试样的应力-应变等时曲线

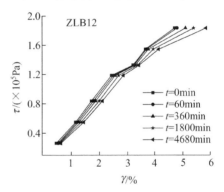

图6-31　28.3%有机质土+60.9%石英+
10.8%长石试样的应力-应变等时曲线

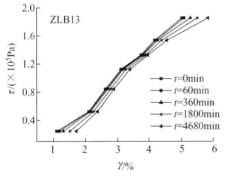

图6-32　56.7%有机质土+36.8%石英+
6.5%长石试样的应力-应变等时曲线

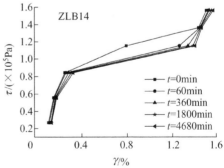

图6-33　5%氧化物+80.8%石英+
14.2%长石试样的应力-应变等时曲线

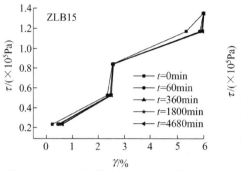

图 6-34 15%氧化物+72.3%石英+
12.7%长石试样的应力-应变等时曲线

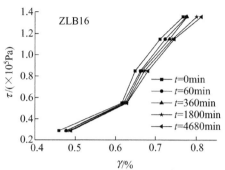

图 6-35 30%氧化物+59.5%石英+
10.5%长石试样的应力-应变等时曲线

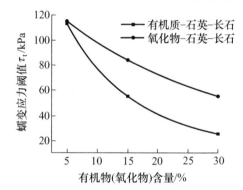

图 6-36 蠕变应力阈值与有机质/氧化物含量的关系曲线

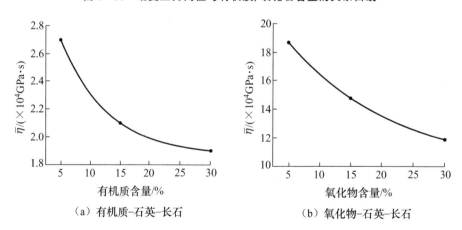

（a）有机质-石英-长石

（b）氧化物-石英-长石

图 6-37 平均黏滞系数与有机质/氧化物含量的关系曲线

表 6-6　试样的平均黏滞系数 $\bar{\eta}$　单位：（$\times 10^4 \text{GPa} \cdot \text{s}$）

编号	$\bar{\eta}$	编号	$\bar{\eta}$	编号	$\bar{\eta}$	编号	$\bar{\eta}$	编号	$\bar{\eta}$	编号	$\bar{\eta}$
ZLB11	2.7	ZLB12	2.1	ZLB13	1.9	ZLB14	18.7	ZLB15	14.8	ZLB16	11.9

3. 试验结果分析

对不同有机物和氧化物含量的试样的直剪蠕变试验结果进行分析，可以总结出如下结论。

(1) 含有机物的试样随着剪应力的提高会出现不同的蠕变变形规律 (图 6-24～图 6-26)。当剪应力较低时，试样产生瞬时变形后，蠕变变形随时间的增长而趋于稳定，表现为稳定型蠕变；当剪应力较高时，试样出现瞬时变形、衰减蠕变变形和等速蠕变变形三个阶段，表现为亚稳定型蠕变。从试样的应力-应变等时曲线 (图 6-30～图 6-32) 来看，低剪应力水平的应力-应变等时曲线近似于一组平行直线，试样的蠕变性状表现为线性黏弹性；随着剪应力水平的逐步提高，应力-应变等时曲线逐渐向应变轴偏转，试样的蠕变性状表现为非线性特性。

(2) 含氧化物的试样 (图 6-27～图 6-29) 在加载瞬间产生瞬时变形后，蠕变变形随时间有一定的增长，但最终都趋于稳定，表现为稳定型蠕变。应力-应变等时曲线 (图 6-33～图 6-35) 也表明试样的蠕变变形随时间逐步增长，随着剪应力的提高，应力-应变等时曲线也逐渐向应变轴偏转，即试样的蠕变性状由线性黏弹性逐渐向非线性转化。

(3) 对比含有机物和含氧化物的试样的蠕变试验曲线可以发现，前者的蠕变曲线有比较明显的等速蠕变阶段，蠕变应力阈值 τ_t 低于后者 (图 6-36)；两者产生线性黏弹性流动的剪应力水平随有机物或氧化物含量的提高而相应下降：当有机物含量从 5% 增加到 10%、15%，τ_t 依次约为 113kPa、55kPa 和 25kPa；当氧化物含量从 5% 增加到 10%、15%，τ_t 依次约为 115kPa、84kPa 和 55kPa。

(4) 试样的平均黏滞系数随着有机物和氧化物含量的增加而减小 (表 6-6和图 6-37)，表明流变变形阻力随有机物和氧化物含量的增加而降低，试样显现出一定的流变性，但两者的显著程度不同，含有机物的试样的流变性要比含氧化物的试样显著得多。

6.4 含水量对流变特性影响的试验分析

6.3 节通过改变矿物成分来研究土体的流变特性，而对于特定成分的土体，其流变特性在很大程度上受到结合水含量的影响。谷任国（2007）通过对不同结合水含量的软土的蠕变试验，证实了结合水是软土产生流变现象的物质基础，认为土体产生流变的主要因素是强结合水，而弱结合水属相对次要因素。本节探讨试样的含水量从干燥状态过渡到液限及以上状态时的流变规律。

6.4.1 土中的孔隙水性质的界定

由于土颗粒表面带电电荷的影响，土中的孔隙水分布主要以图 6 - 38 所示的结合水和自由水的形态存在。并且按强结合水、弱结合水和自由水的先后顺序形式。李文平等（1995）测定了黏性土的吸附结合水含量，认为土中最大强结合水含量 w_g（强弱结合水的界限值）约为其塑限的 0.885 倍，见式（6 - 3），即含水量低于此界限值时，土颗粒表面仅存在强结合水。

$$w_g \approx 0.885 w_P \qquad (6 - 3)$$

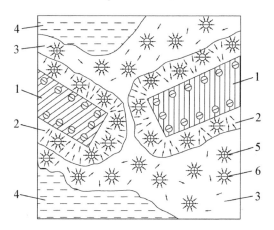

1—带电黏土颗粒；2—强结合水层；3—弱结合水层；

4—自由水；5—阳离子；6—阴离子

图 6 - 38 土中的孔隙水分布示意图

含水量提高至此界限值以上及液限以下时，土颗粒表面同时存在强结合水和弱结合水，一般认为，可能形成的结合水的最大含水量 w_a，即总结合水含量大致相当于液限（何俊等，2003），见式（6-4）。

$$w_a \approx w_L \qquad\qquad (6-4)$$

当含水量继续提高至液限以上时，则开始出现自由水，此时土中同时存在强结合水、弱结合水和自由水。

本书以下的分析中涉及结合水含量的计算均以式（6-3）和式（6-4）为依据。

6.4.2　不同初始含水量试样的直剪蠕变试验

为了研究不同初始含水量下土体的流变特性，本试验根据特定成分的人工混合土的界限含水量范围设计了 7 种不同初始含水量的试样（$w=0\%$，$0.33w_P$，$0.51w_P$，w_P，$w_P+0.47I_P$，w_L，$w_L+15\%$）进行直剪蠕变试验。试样成分为 70% 膨润土+30% 石英，以击样法制备，制备方法参考《土工试验方法标准》（GB/T 50123—2019），试样的编号及液限、塑限、初始含水量等参数见表 6-7。考虑到试样的抗剪强度会随着含水量的提高而降低，在设计蠕变剪切荷载时，适当减小了塑限以上含水量的试样的剪切荷载增量，各级剪切荷载见表 6-8。

表 6-7　不同初始含水量的试样的组成成分及物理性质

编号	组成成分	液限 $w_L/(\%)$	塑限 $w_P/(\%)$	塑性指数 $I_P/(\%)$	初始含水量 $w/(\%)$	与界限含水量的关系
ZLB17					0	0
ZLB18					16.1	$0.33w_P$
ZLB19					25.1	$0.51w_P$
ZLB20	70%膨润土+30%石英	177.4	49.1	128.3	49.2	w_P
ZLB21					110	$w_P+0.47I_P$
ZLB22					177.6	w_L
ZLB23					192.5	$w_L+15\%$

表 6-8　各级剪切荷载　　　　　　　　单位：kPa

试样编号	荷载级数							
	1 级	2 级	3 级	4 级	5 级	6 级	7 级	8 级
ZLB17	25	59	85	116	146	186	227	
ZLB18	25	57	84	116	144	185	226	
ZLB19	26	58	84	114	145	186	225	267
ZLB20	28	55	86	116				
ZLB21	24	57	71	86	105	125		
ZLB22	25	55	70	85	100	125		
ZLB23	15	30	41	56				

6.4.3　试验结果与分析

　　图 6-39（a）～（g）分别是不同初始含水量下试样的蠕变曲线，对应的应力-应变等时曲线见图 6-40（a）～（g），根据蠕变曲线求得的平均黏滞系数列于表 6-9 之中。图 6-41 和图 6-42 分别为以试样的蠕变应力阈值、平均黏滞系数为纵轴，对应的初始含水量为横轴绘制成的 $\tau_t - w$、$\overline{\eta} - w$ 关系曲线。

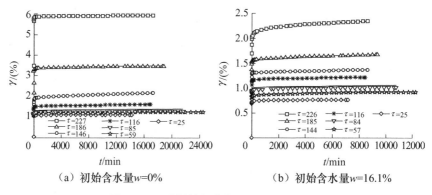

（a）初始含水量 w=0%　　　　　　　（b）初始含水量 w=16.1%

图 6-39　试样的蠕变曲线（σ=300kPa）

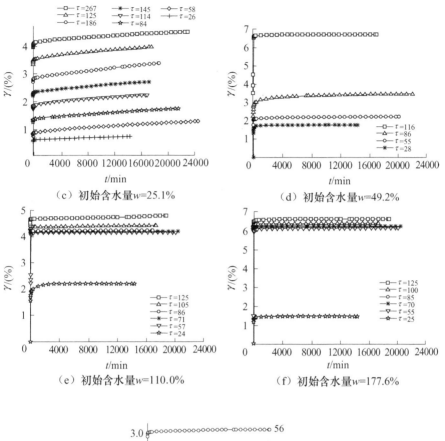

（c）初始含水量w=25.1%

（d）初始含水量w=49.2%

（e）初始含水量w=110.0%

（f）初始含水量w=177.6%

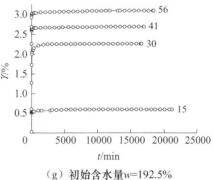

（g）初始含水量w=192.5%

图 6-39　试样的蠕变曲线（σ＝300kPa）（续）

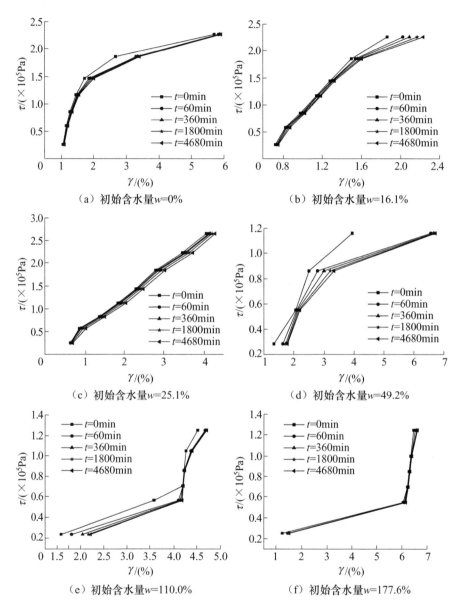

（a）初始含水量w=0% （b）初始含水量w=16.1%

（c）初始含水量w=25.1% （d）初始含水量w=49.2%

（e）初始含水量w=110.0% （f）初始含水量w=177.6%

图 6-40 试样的应力-应变等时曲线

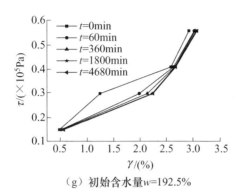

（g）初始含水量w=192.5%

图6-40 试样的应力-应变等时曲线（续）

表6-9 试样的平均黏滞系数 $\overline{\eta}$ 单位：（$\times 10^4$ GPa·s）

ZLB17	ZLB18	ZLB19	ZLB20	ZLB21	ZLB22	ZLB23
19.5	15.3	13.7	14.8	16.4	20.7	21.1

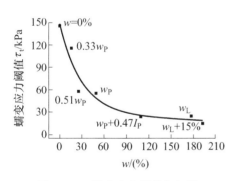

图6-41 蠕变应力阈值与初始
含水量的关系曲线

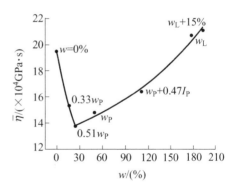

图6-42 平均黏滞系数与初始
含水量的关系曲线

从图6-39～图6-42所示的不同初始含水量下试样的直剪蠕变曲线可以得出如下结论。

（1）当试样处于干燥状态时（w=0%），土颗粒表面没有结合水包裹，固结压力的作用使土颗粒之间的直接接触点较多。施加剪切荷载后，试样的流变变形阻力较大，主要由颗粒之间的接触摩擦力和机械咬合力构成，此时颗粒间难以相对移动，因此试样在加载瞬间产生瞬时应变后，随后的蠕变曲线接连水平 [图 6-39 (a)]；应力-应变等时曲线除了 $t=0\text{min}$ 外，其余时间段的曲线非常接近 [图 6-40 (a)]，表明试样的流变性不明显。

（2）当试样的初始含水量（$w=16.1\%$ 和 $w=25.1\%$）低于最大强结合水含量（$w_\text{g} \approx 0.885 w_\text{P} \approx 43.5\%$）时，土颗粒表面主要由强结合水膜包裹并相互联结，变形阻力主要为颗粒间的润滑摩擦力。强结合水属于黏滞性较强的类固体物质，随着含水量的增大，强结合水膜变厚，在剪切荷载作用下，试样的流变速率变大，表现出明显的流变性。图 6-39 (b)（$w=16.1\%$）所示的蠕变曲线随剪应力水平的提高，从仅有衰减蠕变阶段的稳定型蠕变逐渐过渡到衰减蠕变阶段和稳定流动阶段并存的亚稳定型蠕变；而图 6-39 (c)（$w=25.1\%$）所示的蠕变曲线从第二级剪切荷载开始就已经达到稳定流动状态，应变随时间不断增长，应变速率逐渐达到稳定，从图 6-40 (b)、(c) 也可以看出各时间段的应力-应变等时曲线互不重合，说明试样具有明显的流变性。

（3）当试样的初始含水量进一步提高到强结合水含量以上至液限以下时（$w=49.2\%$ 和 $w=110\%$），土颗粒表面的强结合水层以外可形成弱结合水层，颗粒间主要靠弱结合水联结，变形阻力主要为颗粒间的润滑摩擦力，弱结合水也属于黏滞性流体，但其黏滞性不如强结合水，从蠕变曲线 [图 6-39 (d)、(e)] 及应力-应变等时曲线 [图 6-40 (d)、(e)] 可以看出，试样在剪应力作用下的蠕变很快达到稳定，主要表现为衰减型蠕变，试样的流变性有所减弱。

（4）当试样的初始含水量提高到液限以上时（$w=w_\text{L}=177.6\%$，$w=192.5\%$），土体孔隙中开始出现自由水并接近饱和（$S_\text{r}>94\%$），自由水在颗粒间起润滑作用，使土体的黏滞性和强度进一步降低，试样在蠕变剪切过程中主要表现为衰减型蠕变，如图 6-39 (f)、(g) 和图 6-40 (f)、(g)，试样的流变性不明显。

（5）试样从干燥状态过渡到塑限含水量时，其蠕变曲线开始出现明显的等速蠕变阶段，蠕变应力阈值 τ_t 随着初始含水量的增加而迅速降低；当含水量大于塑限含水量时，τ_t 的下降幅度减小，并在液限含水量附近达到稳定（图 6-41）。

（6）从表 6-9 和图 6-42 可见，随着试样含水量的提高，平均黏滞系数具有先由大变小，达到某一数值后又由小变大的特性，从另一个侧面表明了不同初始含水量的试样的流变性变化规律。当含水量低于最大强结合水含量（$w_g \approx 0.885w_p \approx 43.5\%$）时，试样的平均黏滞系数随强结合水含量的增大而降低，表明蠕变速率在增大而变形阻力在减小，试样的流变性较明显；当含水量高于最大强结合水含量而低于液限时，其平均黏滞系数随含水量的增大而提高，表明流变变形阻力随弱结合水含量的增大而提高，试样的流变性减弱；当含水量超过液限时，试样接近饱和，平均黏滞系数与流变变形阻力提高的幅度减小，试样的流变性不明显。

　　试样的蠕变应力阈值随着含水量的增大而下降，平均黏滞系数则呈现先减小再增大的变化趋势，可从结合水膜厚度的增减引起颗粒间的摩擦性质变化及颗粒间吸附力与排斥力的主导地位改变的角度进行分析。土颗粒表面非常粗糙而且凹凸不平，当土体处于干燥状态或含水量很低时，竖向压力的作用使颗粒间直接接触而紧密咬合，同时颗粒间的扩散双电层的排斥力很弱，范德华力明显占优而使颗粒间呈现相互吸附的作用；在颗粒间吸附力的作用下，咬合效应使颗粒间的错动和蠕动阻力很大，以致试样的蠕变应力阈值很高、平均黏滞系数较大、显现脆性性质、流变性不明显（如试样 ZLB17）。随着土体含水量的逐步增加，土颗粒表面吸附结合水膜增厚，颗粒间的扩散双电层的排斥力增强，范德华力削弱而使颗粒间吸附作用减小，同时结合水膜使颗粒间直接咬合点减少并起到摩擦润滑作用，致使颗粒间的错动和蠕动阻力明显减小，导致试样的蠕变应力阈值降低、平均黏滞系数减小、显现塑性性质与流变性（如试样 ZLB18、ZLB19）。当土体含水量进一步增加时，土颗粒表面结合水膜增加到最大值，颗粒间出现大量的自由水，此时颗粒间的扩散双电层的排斥力占优而范德华力很弱，颗粒间呈现相互排斥作用；土颗粒完全被结合水膜包裹，致使颗粒间不出现直接咬合点，颗粒间克服自由水或吸附水的抗剪力即可产生相对运动，因而试样的变形阻力很小而显现出流动性。土体的流动性使其在很低的剪应力下产生显著的剪切变形，显著的剪切变形使土颗粒重新排列，并在剪切面上把片状颗粒间的部分结合水挤出而重新出现直接咬合点，从而增加变形阻力使变形较快达到稳定，即土体出现流动性而产生显著的剪切变形后，又使颗粒间的错动和蠕动阻力增加。因此，当土体的含水量较高时，随含水量的增加而产生流动性，将出现变形大而变形稳定快、蠕变应力阈值低而平均黏滞系数反而提高的现象（如试样 ZLB20～ZLB23）。除此以外，自由水的增加还使土体的强度大幅度下降，试样破坏前的最大剪切荷载是仅含结合水时的 48%～21%（如试样 ZLB23）。

6.5 土体流变的理论模型分析

在土体的流变学研究中，流变本构模型的建立是其中一个重要的研究内容。一个合理土体流变本构模型必须满足两个条件：①能充分表达土体的内部结构与物理力学特性；②由本构模型推导出来的本构方程能正确反映土体的流变特性。长期以来，国内外许多学者做了大量的试验与研究，建立了许多流变本构模型。这些模型一般是用数学表达式来反映流变试验数值的变化规律，包括应力、应变和时间等主要物理量。常见的流变本构有两种形式，第一种是根据土体的流变特性总结出的流变经验本构关系式，通常分为应力、应变关系的经验函数形式和应力、应变速率关系的经验函数形式；第二种是根据土体的流变特性，运用模型理论、遗传蠕变理论及动载下的黏弹塑性理论建立流变本构模型。以应力、应变关系表达的经验本构关系式和以模型理论建立的流变本构模型具有概念直观、物理意义明确、表达式简单等特点，因此，在土体的流变学研究和工程设计领域应用较为广泛。本文采用以上两种常用的流变本构关系来研究土体的流变规律，拟合直剪条件下试样的蠕变曲线。

6.5.1 土体蠕变的经验本构关系分析

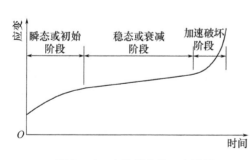

图 6-43 土体蠕变的三个阶段

在大多数情况下，土体受力后会产生瞬态蠕变，应变速率随时间急速降低；然后进入恒定应变速率或者应变速率随时间逐渐降低的蠕变阶段。对易于产生蠕变破坏的土体，稳态蠕变阶段之后蠕变速率会加快，最后导致破坏。图 6-43 所示为土体蠕变的三个阶段。

以往有关土体流变的试验研究表明，适用于描述土体蠕变的经验关系式多为幂函数、指数函数及对数函数形式，而大多数蠕变经验公式只能表达衰减蠕变和等速蠕变，未能描述加速蠕变（卢刚，2019）。从本文利用改进的直剪蠕变仪研究直剪条件各试样的流变特性结果来看，绝大部分试样在破坏前表现为减速蠕变状态，个别试样表现为等速蠕变状态；只有在较高剪应力时，试样才发生加速蠕变，在几分钟至几十分钟内破坏。本文只研究蠕变的前两个阶段。

以下为土体蠕变速率常用的三种经验关系式，见式(6-5)~式(6-7)。

幂函数型：
$$\varepsilon(t) = at^b \qquad (6-5)$$

指数函数型：
$$\varepsilon(t) = a[1 - \exp(-bt)] \qquad (6-6)$$

对数函数型：
$$\varepsilon(t) = a + b\ln t \qquad (6-7)$$

式中，$\varepsilon(t)$——蠕变速率；

a、b——试验常数。

用相关系数 r 来评价拟合曲线与试验数据之间的相关程度，$|r|$ 越接近 1，则表明两者之间的误差越小，拟合程度越好。相关系数的计算见式(6-8)。

$$r = \frac{\sum (X - \overline{X})(Y - \overline{Y})}{\sqrt{\sum (X - \overline{X})^2 \sum (Y - \overline{Y})^2}} \qquad (6-8)$$

式中，$\overline{X}$、$\overline{Y}$——样本 X、Y 的平均值。

采用 OriginLab 公司开发的绘图、数据分析软件 OriginPro7.5 中特有的非线性最小平方拟合（Nonlinear Least Squares Fitter，NLSF）工具对直剪蠕变试验数据进行拟合。拟合公式包括幂函数型与对数函数型经验公式，幂函数可直接在 OriginPro7.5 中调用 Allometric1 函数 $y = ax^b$ 进行拟合；对数函数则可调用 Logarithm 函数 $y = a - b\ln(x+c)$，拟合时取 b 的初值为负值，c 固定为 0。表 6-10~表 6-12 列出了矿物成分、有机物和氧化物、初始含水量对试样流变性影响的拟合结果。

表 6-10　矿物成分对试样流变性影响的拟合结果

试样编号	剪应力 τ/kPa	幂函数型			对数函数型		
		试验常数 a	试验常数 b	相关系数 r	试验常数 a	试验常数 b	相关系数 r
ZLB1	25	2.22693	0.01867	0.98797	2.21773	0.04605	0.99059
	58	2.70392	0.00811	0.98696	2.70217	0.02290	0.98522

续表

试样编号	剪应力 τ/kPa	幂函数型			对数函数型		
		试验常数 a	试验常数 b	相关系数 r	试验常数 a	试验常数 b	相关系数 r
ZLB1	86	3.04103	0.02240	0.93264	3.01435	0.07841	0.94248
	119	3.74490	0.01253	0.99203	3.73781	0.05045	0.98961
ZLB2	25	0.96329	0.00541	0.98398	0.96297	0.00537	0.98507
	54	1.16212	0.00646	0.96968	1.16132	0.00783	0.97203
	84	1.36193	0.00596	0.98263	1.36117	0.00843	0.98394
	116	1.57178	0.00597	0.98110	1.57113	0.00971	0.97982
	145	1.79123	0.00932	0.93595	1.78848	0.01773	0.94017
	186	2.19514	0.00968	0.91716	2.19155	0.02259	0.92350
	223	2.81856	0.00932	0.96456	2.81476	0.02782	0.96887
	264	3.73623	0.00689	0.95557	3.73375	0.02680	0.95860
ZLB3	25	0.94146	0.01999	0.83178	0.93378	0.02149	0.84938
	57	1.40453	0.00505	0.99146	1.40415	0.00730	0.99041
	86	1.50707	0.00125	0.60465	1.50703	0.00190	0.60516
	117	1.55400	0.00321	0.90710	1.55381	0.00508	0.90661
	147	1.59773	0.00764	0.89774	1.59702	0.01270	0.89374
	187	4.93969	0.01259	0.89094	4.92468	0.06754	0.90166
	225	6.73581	0.01857	0.60350	6.65856	0.14539	0.62789
ZLB4	25	1.34042	0.00253	0.92975	1.34033	0.00343	0.93091
	56	1.52818	0.00233	0.98942	1.52812	0.00360	0.98920
	84	1.75140	0.00588	0.98871	1.75070	0.01064	0.99005
	114	2.07608	0.00555	0.96383	2.07522	0.01191	0.96657
ZLB5	25	1.29667	0.01846	0.84696	1.28720	0.02713	0.86245
	58	2.38160	0.00889	0.91569	2.37797	0.02246	0.92238
	87	2.65430	0.02261	0.96671	2.63089	0.06917	0.97367

续表

试样编号	剪应力 τ/kPa	幂函数型			对数函数型		
		试验常数 a	试验常数 b	相关系数 r	试验常数 a	试验常数 b	相关系数 r
ZLB5	116	3.22865	0.01221	0.94367	3.22523	0.04201	0.93616
	146	3.84747	0.02267	0.86222	3.80640	0.10143	0.87705
	186	4.84866	0.00684	0.98182	4.84550	0.03453	0.98287
ZLB6	26	2.65016	0.00869	0.76120	2.64494	0.02458	0.77148
	57	2.98173	0.00899	0.98114	2.97913	0.02820	0.97829
	86	3.51242	0.01297	0.93609	3.50075	0.04968	0.94355
	115	4.06177	0.03138	0.92652	3.97735	0.15703	0.93502
	146	5.64562	0.00745	0.90241	5.63928	0.04422	0.90791
ZLB7	27	1.09352	0.01951	0.86258	1.08474	0.02432	0.87828
	56	1.99687	0.01222	0.93164	1.99261	0.02624	0.93468
	86	2.38314	0.01283	0.98619	2.37926	0.03279	0.98209
	116	2.94839	0.01489	0.97181	2.93962	0.04789	0.97231
ZLB8	26	1.14058	0.00607	0.58381	1.13929	0.00727	0.59158
	59	1.36941	0.04274	0.95407	1.31525	0.07763	0.97154
	87	2.06191	0.01264	0.97434	2.05848	0.02799	0.96852
	115	2.36180	0.02302	0.97541	2.34465	0.06228	0.97365
	146	2.94860	0.01516	0.98159	2.94184	0.04861	0.97616
	185	6.35220	0.00389	0.98555	6.35080	0.02529	0.98646
	226	6.70934	0.00697	0.93757	6.70392	0.04887	0.94103
ZLB9	27	1.27745	0.01713	0.97270	1.27165	0.02429	0.97751
	56	1.73720	0.03154	0.97177	1.70673	0.06683	0.97727
	85	2.67002	0.03817	0.89221	2.58086	0.13203	0.91004
	114	9.18240	0.00157	0.89017	9.18192	0.01454	0.89138
	146	9.60100	0.00565	0.68611	9.59337	0.05658	0.69197

续表

试样编号	剪应力 τ/kPa	幂函数型			对数函数型		
		试验常数 a	试验常数 b	相关系数 r	试验常数 a	试验常数 b	相关系数 r
ZLB10	25	0.44807	0.01505	0.96909	0.44720	0.00730	0.96464
	54	0.58484	0.02228	0.98226	0.58063	0.01487	0.98494
	83	0.93944	0.03929	0.89950	0.90684	0.04794	0.92810
	114	1.53530	0.03002	0.92590	1.50623	0.05624	0.94313
	144	2.19900	0.03053	0.97651	2.16584	0.08082	0.98347
	185	3.62499	0.01678	0.67728	3.59814	0.06881	0.69769
	224	4.27857	0.00547	0.99031	4.27681	0.02418	0.99087

表 6-11 有机物和氧化物对试样流变性影响的拟合结果

试样编号	剪应力 τ/kPa	幂函数型			对数函数型		
		试验常数 a	试验常数 b	相关系数 r	试验常数 a	试验常数 b	相关系数 r
ZLB11	25	0.68273	0.02315	0.95150	0.68121	0.01749	0.94226
	54	0.87279	0.03681	0.94895	0.86746	0.03801	0.92461
	84	1.16675	0.03426	0.97192	1.15774	0.04690	0.96115
	113	1.56307	0.04074	0.95967	1.55106	0.07749	0.93848
	134	2.32760	0.01564	0.81945	2.32724	0.03892	0.80309
	155	2.67003	0.01897	0.78847	2.66970	0.05501	0.76978
	196	2.97829	0.06472	0.96156	2.89110	0.26544	0.92507
ZLB12	26	0.45047	0.04967	0.91108	0.44252	0.02887	0.87556
	55	1.08866	0.03694	0.89585	1.08529	0.04765	0.86920
	84	1.57286	0.03702	0.86789	1.56844	0.06864	0.83291
	119	2.24066	0.03160	0.85463	2.23578	0.08187	0.82647
	133	3.11438	0.01206	0.83294	3.11291	0.03962	0.82350

续表

试样编号	剪应力 τ/kPa	幂函数型			对数函数型		
		试验常数 a	试验常数 b	相关系数 r	试验常数 a	试验常数 b	相关系数 r
ZLB12	155	3.39187	0.02436	0.77413	3.39308	0.09124	0.74943
	184	4.11711	0.04565	0.82974	4.11213	0.23034	0.78667
ZLB13	25	0.85015	0.08570	0.93561	0.80005	0.11389	0.86761
	53	2.00319	0.02233	0.83199	2.00302	0.04925	0.81262
	85	2.46704	0.02082	0.74310	2.46879	0.05576	0.71962
	113	2.92659	0.02075	0.79022	2.92620	0.06645	0.76969
	133	3.64681	0.01057	0.80786	3.64586	0.04035	0.79883
	154	3.95015	0.01798	0.72916	3.95182	0.07627	0.71071
	186	4.63461	0.02948	0.83579	4.63094	0.15569	0.80841
ZLB14	26	0.11814	0.02727	0.93696	0.11744	0.00368	0.93752
	55	0.16103	0.01942	0.94489	0.16080	0.00340	0.93377
	84	0.24769	0.03571	0.93415	0.24684	0.01035	0.91026
	115	0.98576	0.04353	0.79579	0.95253	0.05623	0.83406
	136	1.43657	0.00299	0.68683	1.43657	0.00434	0.68480
	156	1.49855	0.00595	0.91913	1.49829	0.00918	0.91488
ZLB15	24	0.29546	0.08906	0.94474	0.26300	0.04235	0.96574
	53	2.38482	0.00646	0.88611	2.38342	0.01599	0.89131
	84	2.54454	0.00240	0.87607	2.54451	0.00618	0.87446
	117	4.08539	0.04725	0.60609	3.86520	0.26729	0.65766
	135	5.99720	0.00046	0.90851	5.99720	0.00278	0.90827
ZLB16	29	0.45833	0.00722	0.97409	0.45817	0.00342	0.97445
	55	0.61349	0.00274	0.94751	0.61345	0.00171	0.94734
	85	0.64326	0.00603	0.87437	0.64318	0.00398	0.87077

续表

试样编号	剪应力 τ/kPa	幂函数型			对数函数型		
		试验常数 a	试验常数 b	相关系数 r	试验常数 a	试验常数 b	相关系数 r
ZLB16	115	0.70562	0.00639	0.98441	0.70546	0.00464	0.98304
	136	0.75560	0.00759	0.83747	0.75558	0.00591	0.83122

表 6-12　初始含水量对试样流变性影响的拟合结果

试样编号	剪应力 τ/kPa	幂函数型			对数函数型		
		试验常数 a	试验常数 b	相关系数 r	试验常数 a	试验常数 b	相关系数 r
ZLB17	25	1.05118	0.00341	0.95296	1.05103	0.00365	0.95314
	59	1.13420	0.00671	0.85381	1.13383	0.00788	0.84883
	85	1.23103	0.00968	0.87841	1.23027	0.01253	0.87083
	116	1.39839	0.01210	0.83663	1.39729	0.01796	0.82676
	146	1.65917	0.02420	0.92992	1.65094	0.04568	0.91641
	186	2.98273	0.01609	0.74827	2.96257	0.05400	0.76488
	227	5.71227	0.00386	0.97622	5.71113	0.02258	0.97680
ZLB18	25	0.72296	0.00562	0.94329	0.72278	0.00418	0.94032
	57	0.79229	0.01394	0.84063	0.79164	0.01184	0.82658
	84	0.96471	0.00833	0.88765	0.96426	0.00839	0.88128
	116	1.12383	0.00739	0.85964	1.12353	0.00861	0.85319
	144	1.26245	0.00703	0.78359	1.26229	0.00917	0.77700
	185	1.46756	0.01235	0.89334	1.46626	0.01929	0.88382
	226	1.83584	0.02411	0.98459	1.82483	0.05056	0.97618
ZLB19	26	0.57902	0.02322	0.72627	0.57879	0.01486	0.70202
	58	0.65545	0.06134	0.78783	0.64743	0.05468	0.72417
	84	1.20037	0.03261	0.72645	1.19851	0.04560	0.69199

续表

试样编号	剪应力 τ/kPa	幂函数型			对数函数型		
		试验常数 a	试验常数 b	相关系数 r	试验常数 a	试验常数 b	相关系数 r
ZLB19	114	1.68052	0.02602	0.80652	1.67718	0.04940	0.78044
	145	2.12425	0.02191	0.74465	2.12418	0.05124	0.72064
	186	2.55101	0.02438	0.71290	2.55165	0.06923	0.68609
	225	3.27841	0.01726	0.78605	3.27715	0.06116	0.76798
	267	3.89652	0.01308	0.78507	3.89433	0.05430	0.77185
ZLB20	28	1.45416	0.02327	0.85259	1.43598	0.03973	0.87415
	55	2.01278	0.01038	0.95334	2.01095	0.02210	0.94698
	86	2.42743	0.03660	0.99519	2.37728	0.11099	0.98982
	116	5.10433	0.03135	0.57643	4.93002	0.20562	0.61295
ZLB21	24	1.60265	0.03587	0.93856	1.56656	0.07175	0.94856
	57	3.12756	0.03228	0.53778	3.00464	0.13178	0.57481
	71	4.18431	0.00047	0.86568	4.18431	0.00198	0.86531
	86	4.20861	0.00073	0.86580	4.20860	0.00310	0.86515
	105	4.28930	0.00313	0.90658	4.28868	0.01369	0.90752
	125	4.52528	0.00517	0.84665	4.52377	0.02414	0.84648
ZLB22	25	1.32290	0.01362	0.75947	1.31680	0.01988	0.77467
	55	6.02106	0.00223	0.99200	6.02069	0.01360	0.99175
	70	6.19727	0.00077	0.96476	6.19723	0.00481	0.96449
	85	6.26499	0.00083	0.97696	6.26495	0.00524	0.97667
	100	6.33763	0.00078	0.90610	6.33760	0.00497	0.90573
	125	6.45923	0.00261	0.96313	6.45856	0.01712	0.96399
ZLB23	15	0.47488	0.02017	0.94219	0.47232	0.01079	0.93800
	30	1.62529	0.03670	0.77747	1.55922	0.07846	0.81862

续表

试样 编号	剪应力 τ/kPa	幂函数型			对数函数型		
		试验常数 a	试验常数 b	相关系数 r	试验常数 a	试验常数 b	相关系数 r
ZLB23	41	2.59152	0.00389	0.98127	2.59102	0.01032	0.98153
	56	2.94057	0.00544	0.97223	2.93938	0.01652	0.97281

从表 6-10～表 6-12 的幂函数型和对数函数型经验公式拟合结果可以看出，采用两者拟合试验数据的试验常数 a 值在 0.11744～9.60100 内变化，而且随着剪应力的升高而增大；其中采用幂函数型经验公式拟合的试验常数 b 值在 0.00046～0.08906 内变化，采用对数函数型经验公式拟合的试验常数 b 值在 0.00171～0.26729 内变化；两种经验公式拟合所得的相关系数 r 比较接近，而且大部分值高于 0.83，表明幂函数型经验公式和对数函数型经验公式均能较好地反映本章试样的蠕变规律。

6.5.2 土体蠕变的模型理论分析

土体的流变模型大多是借鉴固体材料（如金属、塑料等）及流体（如各种浆体、悬浮液、体液等）的流变模型，把土体的蠕变、松弛、弹性后效与滞后效应等流变特性看作是弹性、黏滞性和塑性的联合作用结果，通过将一些基本的流变元件—弹簧、黏壶、滑块等以串联和并联的方式进行适当组合再根据土体的流变特性加以改进而成的，在试验的基础上，拟合出描述土体蠕变规律的数学关系式及各参数的具体值，表明土体的应力、应变与时间的关系。与经验本构关系相比，模型理论所建立的模型不仅形象直观、概念清晰，而且能较全面地反映土体的流变特性，因而更加适合于描述软土的蠕变性状。目前比较流行的蠕变模型有广义 Kelvin 模型、Burgers 模型、西原模型、广义西原模型、Komamura-Huang 模型等。本章涉及的直剪蠕变试验的试样在各级加载过程中一般表现为衰减稳定蠕变，而由两个 Kelvin 模型组成的五元件广义 Kelvin

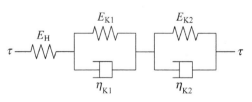

图 6-44 直剪流变试验条件下
的五元件广义 Kelvin 模型

模型（图 6-44）是一种能定量描述衰减稳定蠕变的模型，下面采用该模型来拟合试验数据。

直剪蠕变试验条件下的五元件广义 Kelvin 模型的蠕变方程见式(6-9)。

$$\gamma(t)=\left\{\frac{1}{E_H}+\frac{1}{E_{K1}}\left[1-\exp\left(-\frac{E_{K1}}{\eta_{K1}}t\right)\right]+\frac{1}{E_{K2}}\left(1-\exp\left(-\frac{E_{K2}}{\eta_{K2}}t\right)\right)\right\}\tau \quad (6-9)$$

蠕变柔量 $J(t)$ 见式（6-10）。

$$J(t)=\frac{1}{E_H}+\frac{1}{E_{K1}}\left[1-\exp\left(-\frac{E_{K1}}{\eta_{K1}}t\right)\right]+\frac{1}{E_{K2}}\left[1-\exp\left(-\frac{E_{K2}}{\eta_{K2}}t\right)\right] \quad (6-10)$$

式中，E_H、E_{K1} 和 E_{K2}——弹簧的弹性模量；

η_{K1}、η_{K2}——黏壶的黏滞系数；

τ——剪应力；

t——时间。

在 OriginPor7.5 中调用 Exponential Associate 函数 $y = y_0 + A_1\left(1-e_1^{-x/t_1}\right) + A_2\left(1-e^{-x/t_2}\right)$ 对试验数据进行拟合时，与式(6-9)对比可知，各参数之间存在以下关系。

$$y_0=\frac{\tau}{E_H}, A_1=\frac{\tau}{E_{K1}}, A_2=\frac{\tau}{E_{K2}}, -\frac{1}{t_1}=-\frac{E_{K1}}{\eta_{K1}}, -\frac{1}{t_2}=-\frac{E_{K2}}{\eta_{K2}}$$

拟合后，将各参数进行转换，即可得到五元件广义 Kelvin 模型的参数。

$$E_H=\frac{\tau}{y_0}, E_{K1}=\frac{\tau}{A_1}, E_{K2}=\frac{\tau}{A_2}, \eta_{K1}=E_{K1}t_1, \eta_{K2}=E_{K2}t_2$$

采用上述五元件广义 Kelvin 模型对各试样的直剪蠕变数据进行拟合。矿物成分、有机物和氧化物、初始含水量对试样流变性影响的拟合结果见表 6-13～表 6-15。

表 6-13　矿物成分对试样流变性影响的拟合结果

试样编号	剪应力 τ/kPa	E_H/kPa	E_{K1}/kPa	E_{K2}/kPa	η_{K1}/ (kPa·min)	η_{K2}/ (kPa·min)	相关系数 r
ZLB1	25	∞	101.705	10.589	47497	3.793	0.99920
	58	22.155	491.484	317.131	1283533	401.119	0.96967

续表

试样编号	剪应力 τ/kPa	E_H/kPa	E_{K1}/kPa	E_{K2}/kPa	η_{K1}/ (kPa·min)	η_{K2}/ (kPa·min)	相关系数 r
ZLB1	86	29.148	441.026	148.452	1174610	9302.998	0.99803
	119	31.630	505.716	537.610	1358927	22740.301	0.98786
ZLB2	25	∞	1061.571	25.357	1243728	7.005	0.99989
	54	53.352	1583.578	285.669	4606342	219.691	0.98906
	84	67.815	2064.897	523.430	3697523	410.228	0.98418
	116	79.680	2241.113	722.786	9805579	522.893	0.98389
	145	86.621	1075.907	1047.688	220191	828.134	0.97616
	186	94.966	2228.079	528.905	4437086	769.366	0.99062
	223	92.779	1856.168	414.837	2263146	357.714	0.99457
	264	86.046	2450.343	332.477	3997781	216.373	0.99743
ZLB3	25	∞	359.299	23.764	504121	14.145	0.99901
	57	50.656	1502.372	184.138	3458507	74.602	0.99770
	86	58.283	7630.878	2335.053	2637992	1577.095	0.89734
	117	76.264	3776.630	3275.476	4070884	2609.735	0.97787
	147	91.680	1803.460	4911.460	2205151	3721.904	0.99386
	187	108.696	548.355	54.476	136111	25.583	0.99939
	225	41.494	873.617	100.293	456443	867.338	0.99751
ZLB4	25	∞	1208.313	18.589	127655	3.522	0.99998
	56	40.956	2862.986	330.364	794236	104.947	0.99905
	84	53.918	1753.287	356.991	1384818	225.950	0.99274
	114	61.800	2001.404	419.071	708932	268.076	0.99547
ZLB5	25	∞	274.183	17.270	1040042	10.021	0.99765
	58	37.527	250.270	73.194	25820	17.057	0.99212
	87	33.308	325.574	227.564	424614	11648.938	0.99220
	116	35.178	519.178	924.524	2187290	62234.374	0.98849

续表

试样编号	剪应力 τ/kPa	E_H/kPa	E_{K1}/kPa	E_{K2}/kPa	η_{K1}/ (kPa·min)	η_{K2}/ (kPa·min)	相关系数 r
ZLB5	146	39.599	952.630	168.858	1485131	14670.243	0.99837
	186	39.487	999.463	717.482	788661	1040.822	0.97404
ZLB6	26	∞	134.757	9.748	14157	3.215	0.99983
	57	19.905	376.884	236.338	1358862	267.343	0.97067
	86	26.281	253.942	256.364	52343	493.160	0.96156
	115	28.543	96.493	587.995	32628	1078.776	0.99419
	146	26.569	631.106	472.308	196546	7822.123	0.98797
ZLB7	27	∞	324.013	22.067	940141	12.927	0.99816
	56	42.726	474.979	72.494	122558	39.640	0.99457
	86	38.072	489.220	341.013	1045185	362.933	0.97864
	116	42.876	411.275	302.651	299988	279.147	0.99518
ZLB8	26	∞	873.362	22.177	101919	8.704	0.99976
	59	47.104	187.767	126.542	286214	4745.787	0.99514
	87	41.574	573.614	941.660	2218310	25818.848	0.99153
	115	48.970	286.976	713.046	167381	1498.038	0.98038
	146	49.608	526.107	799.606	1104281	1843.187	0.97638
	185	54.185	1586.621	60.470	4190193	20.055	0.99968
	226	34.256	619.501	1322.179	113152	2591.206	0.96460
ZLB9	27	∞	186.683	20.121	80901	7.087	0.99900
	56	37.658	134.816	134.244	87197	152.994	0.98086
	85	36.203	74.231	283.655	16835	189.053	0.99602
	114	29.891	1390.753	21.054	360625	10.094	0.99997
	146	15.637	391.190	391.127	15055	15049.249	0.98279
ZLB10	25	∞	597.514	52.319	2189652	18.064	0.99918
	54	104.320	608.519	508.427	298422	532.277	0.98276

续表

试样编号	剪应力 τ/kPa	E_H/kPa	E_{K1}/kPa	E_{K2}/kPa	η_{K1}/(kPa·min)	η_{K2}/(kPa·min)	相关系数 r
	83	109.651	339.122	260.025	93792	3026.453	0.98833
	114	84.490	270.072	491.295	47363	1120.668	0.97459
ZLB10	144	70.230	294.250	491.753	72113	1264.479	0.98693
	185	62.334	866.673	188.102	181013	724.995	0.99663
	224	53.553	1955.990	1080.247	5077663	1990.884	0.95999

表6-14 有机物和氧化物对试样流变性影响的拟合结果

试样编号	剪应力 τ/kPa	E_H/kPa	E_{K1}/kPa	E_{K2}/kPa	η_{K1}/(kPa·min)	η_{K2}/(kPa·min)	相关系数 r
	25	∞	312.539	34.327	140495	10.881	0.99828
	54	63.253	227.139	381.572	449287	474.580	0.98387
	84	69.164	323.837	638.832	668820	11129.454	0.98204
ZLB11	113	70.751	211.654	641.499	543105	1182.122	0.98857
	134	57.389	425.924	958.238	2770926	947.956	0.99553
	155	55.679	411.610	2226.692	2248413	2632.640	0.99475
	196	57.805	146.999	259.534	432677	38593.685	0.99686
	26	∞	142.403	45.909	836014	22.143	0.99363
	55	72.058	138.759	117.039	790918	56.180	0.99535
	84	52.126	159.423	396.208	836957	496.547	0.98883
ZLB12	119	49.307	175.726	898.317	1361023	36223.611	0.99766
	133	42.149	370.525	1309.055	2562528	2360.383	0.96965
	155	43.565	168.429	1061.717	1298944	1158.938	0.98746
	184	40.363	87.682	549.418	682551	961.717	0.99112

续表

试样编号	剪应力 τ/kPa	$E_\mathrm{H}/\mathrm{kPa}$	$E_\mathrm{K1}/\mathrm{kPa}$	$E_\mathrm{K2}/\mathrm{kPa}$	$\eta_\mathrm{K1}/$ $(\mathrm{kPa}\cdot\mathrm{min})$	$\eta_\mathrm{K2}/$ $(\mathrm{kPa}\cdot\mathrm{min})$	相关系数 r
ZLB13	25	∞	32.690	20.553	133529	8.282	0.99510
	53	26.120	119.526	481.950	703016	305.146	0.99772
	85	33.369	170.211	686.203	1253923	630.827	0.99649
	113	36.282	173.257	2575.205	1689710	104936.595	0.99918
	133	36.034	312.897	1314.489	2753064	1925.201	0.98023
	154	37.436	160.437	1432.158	1836371	2424.601	0.99371
	186	37.314	133.991	524.801	1531983	66614.964	0.99643
ZLB14	26	∞	1095.660	210.509	319223	60.692	0.99972
	55	373.514	2704.031	2170.481	4773621	1792.318	0.98214
	84	432.611	1199.486	991.034	2844925	576.970	0.98452
	115	326.158	604.563	132.609	160183	183.607	0.99957
	136	96.088	9201.624	3731.139	11788976	2904.057	0.99216
	156	106.363	2613.065	2270.412	12269062	2029.408	0.97926
ZLB15	24	∞	122.168	55.741	137805	67.981	0.99239
	53	84.723	647.922	29.446	69906	9.207	0.99984
	84	33.394	2385.009	2056.807	891210	819.638	0.96170
	117	47.238	1603.179	34.109	1256780	293.993	0.99718
	135	22.567	7360.960	5744.681	10344451	4061.260	0.97220
ZLB16	29	∞	1712.936	61.637	1814942	17.022	0.99976
	55	112.698	4617.968	430.967	1116458	85.060	0.99864
	85	135.107	2578.101	2924.983	11520503	2995.943	0.98340
	115	168.333	3908.906	3516.820	1660125	2323.985	0.98786
	136	181.687	3173.122	6159.420	4955731	4305.373	0.98916

表 6-15 初始含水量对试样流变性影响的拟合结果

试样编号	剪应力 τ/kPa	E_H/kPa	E_{K1}/kPa	E_{K2}/kPa	η_{K1}/ (kPa·min)	η_{K2}/ (kPa·min)	相关系数 r
ZLB17	25	∞	1273.561	23.483	1491225	5.316	0.99993
	59	54.666	1541.678	639.012	9438702	479.815	0.98712
	85	69.117	1130.019	1489.660	7964395	2471.957	0.98993
	116	84.240	1316.686	1172.665	6134909	1262.362	0.98712
	146	91.040	471.713	544.350	4211583	1144.049	0.98365
	186	86.684	1262.986	158.539	5231219	270.196	0.99594
	227	65.139	1887.106	97.820	4556919	16.171	0.99690
ZLB18	25	∞	66.197	66.197	20	19.908	0.99614
	57	74.474	829.574	757.173	4623796	385.484	0.99518
	84	90.282	1850.220	1191.320	9185746	899.089	0.98150
	116	109.280	1896.975	1180.662	13338914	608.513	0.98642
	144	118.183	3500.243	1745.032	12731647	1138.249	0.99724
	185	135.462	1885.831	1005.544	7784711	730.679	0.98835
	226	133.908	820.625	625.779	3035618	899.307	0.98045
ZLB19	26	∞	77.807	77.807	27	27.352	0.97220
	58	76.264	187.915	484.504	1396536	316.488	0.99921
	84	64.248	326.378	992.204	2524230	766.577	0.99676
	114	64.222	337.868	1147.574	2268478	1245.037	0.99731
	145	63.959	398.308	2067.884	3463984	22223.897	0.99163
	186	68.097	689.655	1792.253	2652347	1837.005	0.99312
	225	66.277	811.864	1777.111	2920572	2487.884	0.99193
	267	66.940	994.710	1909.188	5614242	2598.997	0.99703
ZLB20	28	∞	98.215	18.752	13477	8.441	0.99847
	55	30.900	417.552	172.951	1402559	83.156	0.99260

续表

试样编号	剪应力 τ/kPa	E_H/kPa	E_{K1}/kPa	E_{K2}/kPa	η_{K1}/ (kPa·min)	η_{K2}/ (kPa·min)	相关系数 r
ZLB20	86	38.281	139.319	149.459	307541	268.537	0.97354
	116	32.233	74.569	74.568	2309	2308.954	0.98719
ZLB21	24	∞	47.913	14.108	15109	5.298	0.99797
	57	26.152	57.141	57.194	2000	2001.905	0.97639
	71	17.000	5603.788	4355.828	31672983	3673.618	0.99042
	86	20.449	4240.631	5842.391	17660394	2760.238	0.97343
	105	24.746	2398.355	799.939	18764414	8817.952	0.99509
	125	28.211	1309.998	550.588	8171826	1262.994	0.90700
ZLB22	25	∞	317.824	17.751	83151	8.905	0.99943
	55	36.865	778.375	11.990	1793600	2.692	0.99991
	70	11.363	2561.288	1243.339	6782341	903.883	0.99648
	85	13.612	2959.610	1975.825	9659262	2146.912	0.98347
	100	15.842	4531.038	2033.347	19792256	2481.964	0.99079
	125	19.562	1038.983	1222.135	321186	1286.970	0.97133
ZLB23	15	∞	233.390	29.213	546945	10.442	0.99911
	30	51.500	56.679	26.405	8091	29.911	0.99433
	41	18.189	843.274	105.823	2814147	53.765	0.99326
	56	20.836	719.424	166.970	2891790	137.025	0.99257

从表 6-13～表 6-15 可以看出，Kelvin 模型的拟合相关系数大部分为 0.98～0.99；各试样的弹性模量 E_H、E_{K1} 和 E_{K2} 是变量，随着剪应力的变化而变化，表明各试样的应力-应变关系属于非线性关系；各试样的平均黏滞系数 η_{K1} 和 η_{K2} 也属于随剪应力变化的变量，表明各试样的应力-应变速率也是非线性关系。

图 6-45 所示为幂函数型、对数函数型、Kelvin 模型的拟合结果和试验数据的对比曲线（ZLB11），三者均能合理地描述试样的蠕变规律，其中

经验公式的拟合曲线在低剪应力（如 $\tau=25\sim84\text{kPa}$）下与实测数据点的拟合程度较好，在高剪应力（如 $\tau=113\sim196\text{kPa}$）下则稍微偏离实测数据点；而 Kelvin 模型理论的拟合曲线在各剪应力下基本上与实测数据点重合。

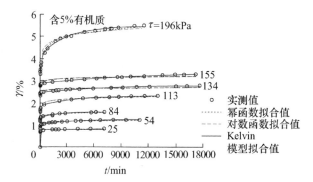

图 6-45　幂函数型、对数函类型、Kelvin 模型的拟合结果和试验数据的对比曲线（ZLB11）

6.6　土体流变的微观理论分析

前两节对人工软土和天然软土进行了直剪蠕变试验，试验结果和分析表明，软土中的矿物成分、有机物和氧化物、含水量是软土产生流变现象的重要因素。平均黏滞系数是软土在等速蠕变阶段的剪应力与剪切速率的比值，是描述软土流变性的重要参数。本节先总结平均黏滞系数与黏土矿物成分、有机物和氧化物、结合水等参数的关系，然后从微细观角度对土体的流变机理进行分析。

6.6.1　软土的平均黏滞系数与各参数的相互关系分析

1. 试样组成成分与液限、塑限及结合水含量的关系分析

6.4.1 节对土中孔隙水的性质进行了界定：孔隙水大致按强结合水、弱结合水和自由水的先后顺序形成，其中最大强结合水含量 w_g 约为土样相应的塑限含水量 w_P 的 0.885 倍，最大结合水含量 w_a 大致与土样相应的液限含水量 w_L 相当，即 $w_g \approx 0.885 w_P$，$w_a \approx w_L$。因此，可根据土样的界限含水量大致估算出其相应的强结合水含量和总结合水含量。本书的试验土

样具有以下特点。

（1）液限、塑限和塑性指数可表征矿物颗粒吸附结合水的能力。对于单一矿物成分的试样（ZLB1～ZLB3），黏土矿物（膨润土和高岭土）的液限、塑限与塑性指数均高于非黏土矿物（石英），表明黏土矿物的颗粒表面比非黏土矿物的颗粒表面能吸附更多的结合水，而黏土矿物中膨润土又比高岭土的吸附结合水能力强。因此以上三种矿物按照吸附结合水能力的强弱排列为：膨润土＞高岭土＞石英，三者的强结合水含量和总结合水含量的比例分别为 6.1 : 3.8 : 1 和 12 : 3.8 : 1。

（2）对于黏土矿物的混合试样（ZLB4～ZLB6）和混合矿物的试样（ZLB7～ZLB9、ZLB17～ZLB23），液限、塑限与塑性指数随着膨润土含量的增大而提高，表明膨润土对试样的结合水含量的贡献大于高岭土、石英。

（3）从含有机物（ZLB11～ZLB13）与含氧化物（ZLB14～ZLB16）的试样的液限、塑限的变化趋势来看，有机物的吸附结合水能力甚至高于膨润土，而氧化物的吸附结合水能力则不如膨润土和高岭土。

2. 试样平均黏滞系数与矿物成分、结合水含量的关系分析

根据 6.3～6.4 节直剪蠕变试验得出的试样平均黏滞系数及相应矿物成分含量、强结合水含量和总结合水含量，可分别绘制人工软土试样的平均黏滞系数与矿物成分含量、结合水含量的关系曲线，见图 6-46～图 6-50。

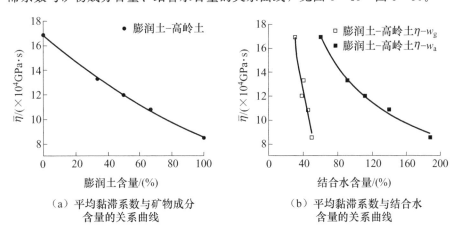

（a）平均黏滞系数与矿物成分
含量的关系曲线

（b）平均黏滞系数与结合水
含量的关系曲线

图 6-46　膨润土-高岭土试样

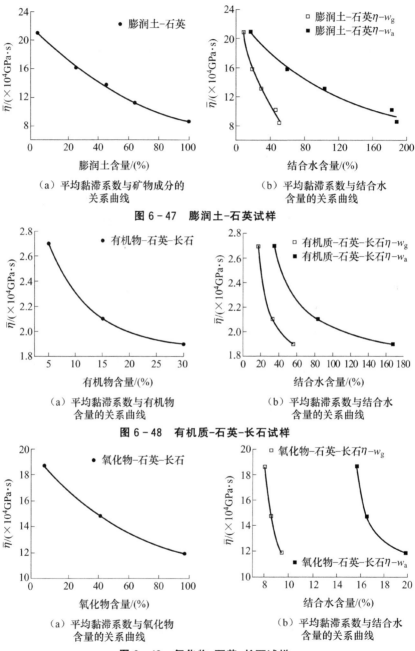

（a）平均黏滞系数与矿物成分的关系曲线　　（b）平均黏滞系数与结合水含量的关系曲线

图 6-47　膨润土-石英试样

（a）平均黏滞系数与有机物含量的关系曲线　　（b）平均黏滞系数与结合水含量的关系曲线

图 6-48　有机质-石英-长石试样

（a）平均黏滞系数与氧化物含量的关系曲线　　（b）平均黏滞系数与结合水含量的关系曲线

图 6-49　氧化物-石英-长石试样

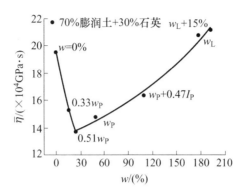

图6-50　70%膨润土＋30%石英试样的平均黏滞系数与结合水含量的关系曲线

图6-46（a）和图6-47（a）表明，试样的平均黏滞系数随着黏土矿物中的膨润土的含量增加而显著降低，试样的流变性逐渐增强；从图6-48（a）和图6-49（a）也可以看出，有机物、氧化物含量的提高也可以使试样的平均黏滞系数下降，试样的流变性得到增强。综合各试样的强结合水和总结合水含量深入分析，可以发现结合水含量越高，试样的平均黏滞系数越低。然而强、弱结合水对试样流变性的影响程度不同，对比图6-46（b）、图6-47（b）、图6-48（b）和图6-50（b）可知，$\eta-w_g$曲线较为陡峭，$\eta-w_a$曲线则相对平缓，即试样的平均黏滞系数随强结合水含量的增加而减小的速度要快于总结合水；图6-50中平均黏滞系数随含水量的变化趋势则进一步证明，当含水量低于塑限（主要为强结合水）时，试样的平均黏滞系数随含水量的提高而减小，试样的流变性增强；而当试样的含水量超过塑限（弱结合水开始形成）时，平均黏滞系数开始增大，试样的流变性逐步降低，说明强结合水对试样流变性的影响程度比弱结合水要显著得多，这与谷任国（2007）的分析结论是一致的——结合水是软土产生流变性的物质基础之一，其中强结合水是主要因素，而弱结合水则是次要因素。

结合液限、塑限、结合水含量的变化变化及6.3、6.4节的试验结果，可以得出试样的矿物成分、液限、塑限、结合水含量与流变之间具有如下关系。

（1）液限、塑限可大致表征颗粒的吸附结合水含量，黏土矿物的液限、塑限高于非黏土矿物，因而前者颗粒表面吸附的结合水多于后者，试样的流变现象较后者要显著得多。

（2）含有机物的试样的液限、塑限远高于含氧化物的试样，可以推断有机物表面吸附的结合水多于氧化物，因此含有机物的试样的流变性比含氧化物的试样明显。

（3）图 6-46～图 6-49 的曲线均表明，试样的平均黏滞系数随矿物成分、有机物和氧化物和结合水含量的变化趋势是一致的，可以认为黏土矿物、有机物和氧化物等通过颗粒表面吸附的结合水对试样的流变性产生影响，而结合水是决定试样流变性强弱的内在因素。

6.6.2　流变机理分析

6.6.1 对试样的平均黏滞系数与矿物成分及结合水含量的相关关系分析表明，不同矿物成分的颗粒具有不同的吸附结合水能力，液塑限越高，则吸附结合水的能力越强，对试样的流变性的影响越大。在土体的流变过程中，土颗粒、黏滞性物质、孔隙、裂纹及结合水膜之间产生相互作用，共同变形，表现为整体的流变性。本节主要研究以上各部分在蠕变过程中的变化，分析土体的流变机理。

通常情况下，对于经过长期的沉积、各向异性的固结、剪切力和搬运作用的天然土、重塑土和夯实土，其物质组成与结构，如矿物成分、颗粒与孔隙等在空间上的分布排列是各向异性的。组织与结构上的各向异性使土体的力学性质在不同方向存在明显的差别，即力学性质的各向异性。在剪切荷载的作用下，土体的物质组织与结构从无序分布向应力方向有序分布过渡，产生具有方向性的应力感生有序，如剪切应变会使片状的黏土颗粒和颗粒群的长轴在剪切方向上定向排列（孙钧，1993）。在感生有序的过程中，土颗粒、孔隙水、有机物和氧化物等物质由于相互阻碍而逐步调整空间分布，由此产生应变弛豫而导致能量损耗。在蠕变剪切期间，包裹着土颗粒的有机物、氧化物等黏滞物质会在剪应力的作用下产生相对运动和变形内耗；土颗粒间的大孔隙逐渐分解成许多小孔隙而湮灭；当剪应变达到一定程度以后，土体开始产生裂纹并逐步发展；与此同时，颗粒表面的结合水膜也在剪应力的作用下产生变形和蠕动，而土颗粒间的接触点在应力下也出现相应的变形与滑动。因此在应力作用下，土样内部各种物质的相互作用产生了土体的流变性。根据土体微结构变形前后的变化，可将流变归结为流质流变和范性流变，利用谷任国（2007）首次提出的软土流变四相物质模型（图 6-51），分析软土流变的机理。

图 6 – 52 为软土四相物质模
型相应的四相比例图，图中的固
相物质主要包括矿物颗粒、有机
物和氧化物等；液相物质指土体
孔隙中的水，包括结合水和自由
水；气相物质则是土体孔隙中的
空气；以上三相物质与一般土力
学的定义相似，而第四相物质称
为流变相物质，指土颗粒表面的
吸附结合水及胶体等物质。流变
相物质泛指能使土体产生流变现

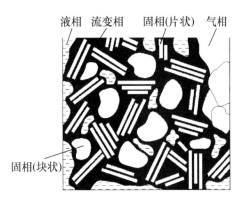

图 6 – 51　软土流变四相物质模型

象的物质，由直剪蠕变试验结果及 6.6.1 节的分析表明，黏土矿物、有机
物和氧化物等微小颗粒可以通过结合水的作用使土体产生流变现象。这些
微小的颗粒具有较大的比表面积，颗粒表面带有密集的电荷，带电的颗粒
在水溶液的作用下可产生强烈的微电场，与土中的各种离子、水分子及其他
颗粒相互作用，在颗粒表面形成了吸附结合水膜和固溶胶、水溶胶等胶体物
质。在偏应力或者压力差的作用下，吸附结合水和胶体物质可产生变形和流
动，也就是说它们同时具备了固体的变形性质和流体的流动性质，因此可将
吸附结合水、胶体物质及土中具有流变性质的其他物质统称为流变相物质
（谷任国，2007）。

　　流变相物质主要通过以下三个作用使土体具有流变性。

　　（1）润滑作用。

　　当土体中流变相物质相对较少时，相邻的土颗粒易于直接接触
［图 6 – 53 （a）］，在竖向压力作用下，颗粒间进一步紧密联接而产生一定的
咬合力，形成表观机械摩擦力，阻碍土颗粒的进一步相对运动，剪切变形
很快达到稳定，土体的流变现象不明显；当土颗粒基本上被流变相物质包
裹时，颗粒间直接接触点很少［图 6 – 53 （b）］，在剪切荷载的作用下，流
变相物质起润滑的作用，增加了颗粒间的胶结键合力，而削弱了颗粒间的
表观机械摩擦力，土颗粒易于产生相对滑动和转动，使土体的内摩擦力减
小而黏聚力增大，宏观上表现出明显的流变性。流变相物质的胶结键合作
用也会受到含水量的影响。在干燥状态下，颗粒间吸附力很高，流变相物
质胶结键合作用强烈，致使粒间错动和蠕动阻力很大，土体不表现出明显

的流变性；当含水量逐渐增大时，流变相物质的胶结键合作用逐步被软化，颗粒间吸附力减弱，引起颗粒间错动和蠕动阻力减小，黏塑性流动明显，使流变性变显著；含水量的继续增大则进一步削弱胶结键合力，颗粒间排斥力增强，颗粒间能产生较大变形而且变形稳定快，致使土体的流变性减弱。

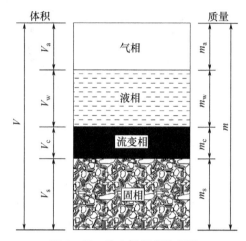

图 6-52　软土的四相比例图

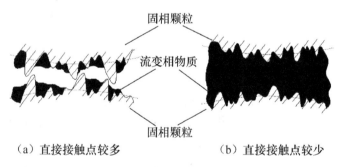

（a）直接接触点较多　　　　　（b）直接接触点较少

图 6-53　土颗粒间相对错动示意图

（2）传递剪力作用。

液相物质与流变相物质在颗粒间传递应力的最大区别在于前者不能传递剪应力，在固相与液相界面上仅存在正应力；后者在固相与流变相界面上同时存在正应力和剪应力。因此，土颗粒在流变相物质的带动下，可产生相对错动与转动。

（3）变形和流动作用。

流变相物质的力学性质介于固体和流体之间，可同时产生变形和流动，属于类固体，具备显著的流变性。在土体蠕变变形过程中，作为土体组成部分的流变相物质的流变性将通过土体的整体变形表现出来，土体也因流变相物质而表现出流变性。

需要注意的是，不仅软土具有流变性，砂土同样也具有流变性，但两者的流变机理不同。软土的流变主要是由流变相物质在颗粒间起到润滑、传递剪力，以及本身的变形和流动作用下产生的。砂土的流变则是固相颗粒本身由于压应力和剪应力而产生的变形，以及固相颗粒之间在剪应力作用下的相对滑动和蠕动。谷任国（2007）将前者的流变称为流质流变，主要由流变相物质产生；后者的流变称为范性流变，类似于金属等晶体材料在应力作用下产生的晶体滑移、孪生及扭折等变形现象。

6.7　本章小结

本章主要通过直剪蠕变试验方法研究了相同的室内试验条件下，矿物成分、有机物和氧化物、含水量对软土流变性质的影响，现将研究结论总结如下。

（1）在单一矿物成分试样的直剪蠕变试验中，石英的平均黏滞系数分别是膨润土（主要成分为蒙脱石）、高岭土（主要成分为高岭石）的 2.5 倍、1.2 倍，高岭土的平均黏滞系数是膨润土的 2 倍，三者按产生流变的显著程度排列：膨润土＞高岭土＞石英。对于膨润土-高岭土混合试样及膨润土-石英混合试样的直剪蠕变试验，试样的平均黏滞系数均随着膨润土相对含量的增加而逐渐降低；南沙软土与广州粉质黏土的直剪蠕变试验对比，进一步证实了蒙脱石比高岭石更能显著影响试样的流变性。矿物成分对流变性的影响的试验结果表明黏土矿物的流变性比非黏土矿物显著，黏土矿物是土体具有流变性的矿物因素，其中蒙脱石比高岭石具有更明显的流变性；黏土矿物成分含量越高，试样在剪切过程中受到的流变变形阻力越小，蠕变应力阈值越低，流变现象越明显。

（2）有机物和氧化物含量的增大同样可以使试样的流变变形阻力降低，蠕变应力阈值减小，流变性增强；在含量相同的条件下，含有机物的试样的平均黏滞系数比含氧化物的试样小得多，说明土体中有机物成分对土体的流变性的影响要高于氧化物成分。

（3）对一组含水量不同而其他条件基本相同的膨润土-石英混合试样进行直剪蠕变测试。随着含水量的提高，试样的蠕变应力阈值降低，而平均黏滞系数具有先由大变小，达到某一数值后又由小变大的特性。试样的流变变形阻力随着强结合水含量的增加而减小，平均黏滞系数减小，剪切变形率增大，试样表现出明显的流变现象；而当含水量超过强结合水含量时，试样的流变变形阻力增强，平均黏滞系数增大，流变性减弱。含水量对蠕变应力阈值及平均黏滞系数的影响可归因于颗粒间摩擦性质的变化及颗粒间吸附力与排斥力的主导地位的改变。

（4）利用幂函数型、对数函数型经验公式及五元件广义 Kelvin 模型分别拟合试样的流变试验数据，并求出相应的流变参数。分析结果表明试样的流变是非线性的，其应力-应变关系及应力-应变速率关系均表现出明显的非线性变化；经验公式与模型理论都能合理描述试样的流变规律，其中模型理论的各参数具有明确的物理意义，在各级剪应力特别是高应力下与实测数据的拟合程度优于经验公式。

（5）土体中不同的矿物颗粒、有机物和氧化物等物质的表面荷电性不同，在水溶液中吸附的结合水量不同，宏观上表现为液限、塑限的差异。

（6）土中的各种组成成分如矿物颗粒、有机物和氧化物等通过颗粒表面的吸附结合水影响土样的流变性，由于各组分的吸附结合水量差异较大，因而，试样流变性质的强弱往往通过成分因素表现出来；结合水是决定试样流变性质强弱的内在因素，而且结合水的性质能明显影响试样的流变现象，其中强结合水是试样具有流变性质的主要因素，弱结合水则是次要因素。

（7）软土的四相物质模型是在传统土力学对土由固相、液相和气相三相组成的分类基础上，提出第四相物质——流变相物质，泛指土中的黏土矿物、有机物和氧化物等物质与水溶液的作用而在颗粒表面形成的结合水和胶体等及土体中其他具有流变性的物质。土体中的流变相物质具有润滑、传递剪力、变形和流动作用，属于一种类固体物质。

第七章
软土渗流特性的
微细观参数试验与分析

7.1 概 述

土体孔隙中的水在水力梯度驱使下缓慢流动的现象称为渗流。水力梯度可由水位差、荷载等多种因素产生，其中，荷载引起水力梯度驱动的渗流，将伴随着孔隙水排出、超静孔隙水压力消散、有效应力增加而导致土体压缩的固结过程。土体渗透性的大小是影响其固结过程历时长短的重要因素（Cuisinier O 等，2005；董志良等，2010；邱长林等，2013），在建筑物竣工时，透水性好的碎石土和砂土固结变形已基本完成，而透水性较低的黏性土尤其是饱和软土，其固结变形过程需要经历几年甚至几十年。影响饱和软土渗透性的因素相当复杂，包括矿物成分、孔隙特征（墨水瓶状孔隙和残留孔隙等）、孔隙尺度和分布、孔隙水的离子成分和浓度等。本章将通过试验研究，分析上述各种因素的微细观参数对饱和软土渗透性的影响及其作用机制。

现有的土体渗流固结理论主要为 Darcy 渗流定律、Terzaghi 固结理论和 Biot 固结理论。这些理论假定土体渗流为线性渗流，即固结过程中土体渗透性不变，孔隙水的渗流速度与水力梯度成线性关系。然而许多工程实践表明，对于低渗透性的饱和软土，其渗透特性由于受到颗粒表面电荷—水—电解质离子相互作用的影响，往往明显偏离 Darcy 线性渗流定律（Sridharan，1982；Marcial D 等，2002；叶为民等，2009），使理论结果与工程实测结果偏离。例如，在广州南沙许多海相吹填淤泥土地基真空预压加固工程，以及珠江三角洲其他堆载预压和真空预压淤泥土地基加固工程中，固结理论预测的固结度、固结沉降和加固效果等与实际严重不符

（谷任国等，2009），这表明现有固结理论存在明显的不足。由于海相淤泥颗粒极为微小，黏粒占 85% 以上且富含有机质、胶体物质，而且孔隙水含有浓度极高的低价电解质离子，致使颗粒—水—电解质系统的相互作用极为突出，从而改变了孔隙水的渗透性质。颗粒—水—电解质系统的相互作用是通过颗粒表面电荷形成的微电场来实现的，微小的黏土颗粒具有很大的比表面积而使表面带电现象明显，表面电位可达数十至数百毫伏（Mitchell J K，1993）；颗粒表面微电场通过扩散双电层的作用形成黏滞性的结合水膜而改变土的渗透性质；同时结合水膜厚度的变化将改变颗粒间相对运动的润滑性质，使颗粒间出现接触摩擦、润滑摩擦及介于两者之间的摩擦，从而引起变形阻力的增减，改变土体的抗剪强度（周晖等，2015）。上述由于颗粒表面微电场影响使黏土的渗透特性和强度特性改变的现象称为微电场效应。微电场效应实质上也是电化学效应。谷任国等（2009a，2009b）通过一系列的渗流固结实验与分析表明，极细颗粒黏土渗流的微电场效应是导致淤泥土地基加固效果出现异常的重要因素。

在微/纳米多孔材料的渗流研究领域，20 世纪 20 年代就已观测到流体在小于某一尺度（通常是微米级）的管道中流动时，管壁和流体界面会出现相对滑移，即边界滑移现象（Weber L J 等，1928），这与经典的流体力学和润滑力学中无滑移固—液界面的重要假设不相符。现有研究表明（马国军，2007；吴承伟等，2008），当孔隙的特征尺寸减小到一定尺度时，连续介质假设虽仍能成立，但原来在宏观流动中被忽略的许多因素可能成为主要的因素，从而出现不同于宏观流动的规律。一般而言，流体的边界滑移现象将在某一微小尺度下发生而在宏观尺度下不会发生。此外，环境温度，流体的压力、黏度、化学性质，固体表面的润湿性、粗糙度等因素也可能影响边界滑移现象的发生。本书第五章试验（表 5-3、表 5-9 和表 5-13 等）表明，细颗粒黏土中微米及以下尺度等级的孔隙体积普遍占总孔隙体积的 50% 以上，可能产生边界滑移等与宏观流动不同的现象，本书将这一现象称为微尺度效应。

本章采用蒸馏水和不同电解质离子浓度的孔隙液对人工软土和天然软土试样进行渗流试验，研究不同离子浓度和水力梯度下极细颗粒土渗流的微电场效应、微尺度效应，以及渗流固结特性随孔隙特征及尺度变化的规律。渗流试验的方法分为直接测试法和间接测试法两类，前者为常水头试验，后者为渗流固结试验。

7.2　软土渗流试验与分析

与天然软土相比，人工软土具有成分明确且定量准确、比表面积和表面电荷密度等微观参数易于确定等优点，适合于研究微电场变化对土体渗流特性的影响。本节首先测试了人工软土的渗流特性，利用 Gouy-Chapman 扩散双电层理论分析并讨论孔隙液离子浓度与颗粒表面电位、水力梯度与渗透系数、渗流流速等参数的关系，然后用天然软土的渗流试验结果进行验证。

7.2.1　软土渗流的微电场效应试验

1. 试验方案设计

本试验用土为按一定比例制备的高岭土与膨润土的混合人工软土，采用击样法制样，控制试样直径 61.8mm、高 20mm、孔隙比 1.64 左右，试验前经抽气饱和处理，物理性质参数见表 7-1。

表 7-1　人工软土试样的物理性质参数

试样编号	矿物成分	数量	孔隙液离子浓度 $n/(\text{mol/L})$	干密度 $\rho_d/(\text{g/cm}^3)$	初始孔隙比 e_0	塑性指数 $I_P/(\%)$	含水量 $w/(\%)$
SL-1		2	0	0.95	1.62		67.2
SL-2		2	8.3×10^{-3}	0.95	1.62		66.0
SL-3	100%膨润土	2	8.3×10^{-2}	0.94	1.66	128.8	65.7
SL-4		2	8.3×10^{-1}	0.94	1.64		63.9
SL-5		2	2.0	0.95	1.63		63.3
SL-6		2	0	0.98	1.66		63.9
SL-7	33.3%高岭土+66.7%膨润土	2	8.3×10^{-3}	0.98	1.67		63.5
SL-8		2	8.3×10^{-2}	0.99	1.64	86.9	62.8
SL-9		2	5.0×10^{-1}	0.98	1.64		63.2
SL-10		2	8.3×10^{-1}	0.99	1.63		61.6

续表

试样编号	矿物成分	数量	孔隙液离子浓度 $n/(mol/L)$	干密度 $\rho_d/(g/cm^3)$	初始孔隙比 e_0	塑性指数 $I_P/(\%)$	含水量 $w/(\%)$
SL-11	50%高岭土+50%膨润土	2	0	1.01	1.65	69.2	62.3
SL-12		2	8.3×10^{-3}	1.01	1.64		61.2
SL-13		2	8.3×10^{-2}	1.01	1.64		61.8
SL-14		2	5.0×10^{-1}	1.01	1.64		61.5
SL-15		2	8.3×10^{-1}	1.01	1.63		62.3
SL-16	66.7%高岭土+33.3%膨润土	2	0	1.00	1.63	47.9	61.7
SL-17		2	8.3×10^{-3}	1.00	1.64		61.4
SL-18		2	8.3×10^{-2}	1.00	1.64		62.0
SL-19		2	5.0×10^{-1}	1.00	1.64		61.6
SL-20		2	8.3×10^{-1}	0.99	1.65		61.8

同时,为分析微电场效应对试样渗流特性的影响,采用 EGME 法 (Cerato A B 等,2002;Chiappone A 等,2004;严旭德等,2014)和乙酸铵交换法(赵莉,2015;易田芳等,2021)测试试样的 S_S 和 CEC,而后换算颗粒表面电位,进而求出颗粒表面电荷密度,具体测试方法详见相关文献(梁健伟,2010)。

利用渗流固结法测试各级孔隙液离子浓度下人工软土的渗透特性,控制固结压力为 200kPa,孔隙液溶质为分析纯级 NaCl 颗粒,试验取各级孔隙液离子浓度下两个相同试样渗透系数的均值作为该成分试样的渗透系数。

2. 试验结果

表 7-2 为人工软土试样的 S_S 和 CEC 测试结果。图 7-1 为人工软土试样渗流固结试验（$\sigma=200kPa$）得到的压缩量与时间关系曲线（即 d-$\sqrt{t}$ 曲线）,用时间平方根法求出相应的固结系数,进而求出渗透系数及均值,将孔隙液离子浓度 $n=0mol/L$（即蒸馏水）试样的平均渗透系数记作 $\bar{k}_D$,其余浓度试样的平均渗透系数按其孔隙液离子浓度从小到大的顺序依次记为 $\bar{k}_{E1}$、k_{E2}、$\bar{k}_{E3}$ 和 $\bar{k}_{E4}$,试验结果见表 7-3。图 7-2 为人工软土试样

$\bar{k}_\mathrm{E}/\bar{k}_\mathrm{D}$ 随孔隙液浓度 n 变化的关系曲线（即 $\bar{k}_\mathrm{E}/\bar{k}_\mathrm{D} - n$ 曲线）。

表 7-2　人工软土试样的 S_S 和 CEC 测试结果

矿物成分	总比表面积 $S_\mathrm{S}/(\mathrm{m^2/g})$	阳离子交换量 CEC/(cmol/kg)	阳离子交换当量 Γ /($\times 10^{-3}\,\mathrm{meq/m^2}$)	颗粒表面电荷密度 σ/($\times 10^{-4}\,\mathrm{C/m^2}$)
100%膨润土	426.9	73.5	1.772	1.71
33.3%高岭土+66.7%膨润土	346.8	51.4	1.482	1.43
50%高岭土+50%膨润土	241.4	43.6	1.806	1.74
66.7%高岭土+33.3%膨润土	169.7	28.2	1.662	1.60

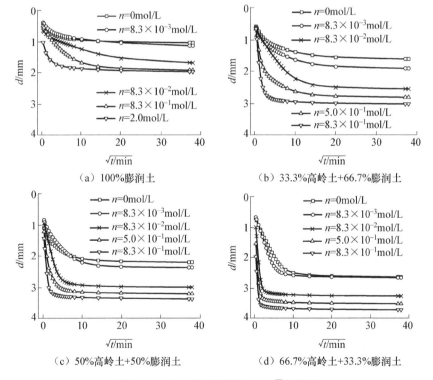

（a）100%膨润土　　　　　　（b）33.3%高岭土+66.7%膨润土

（c）50%高岭土+50%膨润土　　　（d）66.7%高岭土+33.3%膨润土

图 7-1　人工软土试样的 $d-\sqrt{t}$ 的曲线

表 7 - 3　人工软土试样的渗流固结试验结果

试样编号	矿物成分	孔隙液离子浓度 $n/(\text{mol/L})$	平均固结系数 $C_v/(\times 10^{-5}\,\text{cm}^2/\text{s})$	平均渗透系数 $\overline{k}_D$ 或 $\overline{k}_E/(\times 10^{-9}\,\text{cm/s})$
SL - 1	100%膨润土	0	1.27	3.3
SL - 2		8.3×10^{-3}	2.21	6.1
SL - 3		8.3×10^{-2}	1.66	7.9
SL - 4		8.3×10^{-1}	3.50	17.1
SL - 5		2.0	4.69	24.2
SL - 6	33.3%高岭土＋66.7%膨润土	0	3.12	12.5
SL - 7		8.3×10^{-3}	3.87	18.9
SL - 8		8.3×10^{-2}	4.00	29.6
SL - 9		5.0×10^{-1}	20.96	145.3
SL - 10		8.3×10^{-1}	22.51	165.8
SL - 11	50%高岭土＋50%膨润土	0	4.39	20.9
SL - 12		8.3×10^{-3}	5.57	28.8
SL - 13		8.3×10^{-2}	10.35	71.2
SL - 14		5.0×10^{-1}	53.75	405.6
SL - 15		8.3×10^{-1}	56.25	456.8
SL - 16	66.7%高岭土＋33.3%膨润土	0	4.90	33.1
SL - 17		8.3×10^{-3}	9.10	57.3
SL - 18		8.3×10^{-2}	37.68	304.5
SL - 19		5.0×10^{-1}	185.35	1680.5
SL - 20		8.3×10^{-1}	200.83	1850.4

3. 试验结果分析

　　人工软土的渗流固结试验结果表明，极细颗粒黏土的渗流特性受孔隙液离子浓度的影响较显著，表现为以下特征。

　　(1) 在相同固结压力下（$\sigma=200\text{kPa}$，图 7 - 1），人工软土试样的固结变形时程曲线形态与孔隙液离子浓度 n 密切相关，n 越大曲线越陡，压缩稳定所需时间越短，固结排水速率越快；n 越小曲线越缓，固结排水速率越慢。

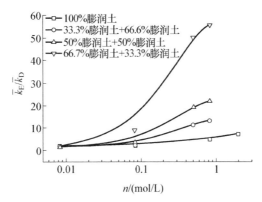

图 7-2　人工软土试样的 $\overline{k_E}/\overline{k_D}-n$ 关系曲线

（2）由表 7-3 和图 7-2 可知，试样的平均渗透系数均随 n 增大而增大，且曲线呈现两端平缓中间陡峭的态势，表明 n 越大渗流的微电场效应越明显，且当孔隙液离子浓度在中间段（如 $n=0.1\sim1\mathrm{mol/L}$）时，人工软土试样的平均渗透系数增速较快。$\overline{k_E}/\overline{k_D}$ 的增幅随着膨润土相对含量的增加而减小，在 $n=8.3\times10^{-1}\,\mathrm{mol/L}$ 下，人工软土试样的 $\overline{k_E}/\overline{k_D}$ 值分别为 5.2（100％膨润土）、13.3（66.7％膨润土）、21.9（50％膨润土）和 55.9（33.3％膨润土）。

7.2.2　软土渗流的微尺度效应试验

1. 试验方案设计

本章概述中曾提及产生边界滑移等微尺度效应的前提条件之一是流体在微米级或以下的管道中流动，第五章 MIP 法测试表明人工软土和天然软土中存在大量的微米级孔隙，因此，人工软土和天然软土具备产生微尺度效应的条件。为探索土体中微孔隙渗流的微尺度效应，本节采用直接测试法（即常水头试验法），利用不同浓度的孔隙液和蒸馏水，分别测试了不同压力（水力梯度）下人工软土和天然软土的渗流特性。试样的物理性质参数见表 7-4 和表 7-5，人工软土是由膨润土和高岭土按照干质量比 1∶2

均匀混合制成，孔隙比控制在 2.20 左右，孔隙液离子浓度分 5 级，溶质为分析纯级 NaCl 颗粒，浓度单位为摩尔浓度（mol/L），每级浓度采用一个试样；天然软土试样为南沙软土，孔隙比为 1.02，孔隙液为纯蒸馏水，采用一个试样。

试样均通过击样法制备，试样直径 61.8mm，高 40mm，制备方法参考《土工试验方法标准》（GB/T 50123—2019），测试前经过抽气饱和。将试样安装进南 55 型渗透仪后需进行排气方可开始试验，试验按水头从低到高的顺序进行，表 7-6 分别列出了常水头试验法的试验水头 H_0 和对应的水力梯度 I。

表 7-4 人工软土试样的物理性质参数

试样编号	矿物成分	孔隙液离子浓度 $n/(\text{mol/L})$	孔隙比 e	干密度 $\rho_d/(\text{g/cm}^3)$	塑性指数 $I_P/(\%)$	含水量 $w/(\%)$
SL21		0	2.20	0.82		82.3
SL22	33.3%膨润土	8.3×10^{-3}	2.20	0.82		82.4
SL23	+66.7%	8.3×10^{-2}	2.20	0.82	46.6	82.9
SL24	高岭土	5.0×10^{-1}	2.20	0.82		82.1
SL25		8.3×10^{-1}	2.19	0.82		83.2

表 7-5 天然软土试样的物理性质参数

试样编号	土样名称	孔隙比 e	干密度 $\rho_d/(\text{g/cm}^3)$	塑性指数 $I_P/(\%)$	含水量 $w/(\%)$
SL26	南沙软土	1.02	1.34	15.8	38.5

表 7-6 常水头试验法的试验水头 H_0 和对应的水力梯度 I

土样名称	试验水头 H_0 和对应的水力梯度 I								
33.3%膨润土 +66.7% 高岭土	H_0/cm	25	50	75	100	150	200	250	300	450
	I	6.25	12.5	18.75	25	37.5	50	62.5	75	112.5
	H_0/cm	600	800	1000	1300	1500				
	I	150	200	250	325	375				

续表

土样名称	试验水头 H_0 和对应的水力梯度 I									
南沙软土	H_0/cm	25	50	75	100	150	200	250	300	375
	I	6.25	12.5	18.75	25	37.5	50	62.5	75	93.75
	H_0/cm	450	525	600	700	800	900	1100	1300	1500
	I	112.5	131.25	150	175	200	225	275	325	375

注：$I = H_0/L$，其中 L 为试样高度，本试验取 $L = 40\text{mm} = 4\text{cm}$。

2. 试验结果

对不同孔隙液的离子浓度的膨润土-高岭土人工软土试样及采用纯蒸馏水作为孔隙液的南沙软土试样在各级试验水头下的渗流量及其历时均进行三次以上的试验，将各次试验所得的渗流量和渗透系数的平均值作为该级试验水头下的渗流量 Q_i 和渗透系数 k_i，得到的试验结果见表 7-7、表 7-8。根据表中数据分别绘制试样的渗透系数-水力梯度曲线，如图 7-3 所示。图 7-4 为取代表性水力梯度 $I = 6.25$、$I = 50$、$I = 250$ 及 $I = 375$ 时人工软土试样的 $\bar{k}_E/\bar{k}_D - n$ 曲线。

表 7-7　各级试验水头下人工软土试样的渗流量 Q_i 和渗透系数 k_i

水力梯度 I	$n = 0\text{mol/L}$		$n = 8.3 \times 10^{-3}$ mol/L		$n = 8.3 \times 10^{-2}$ mol/L		$n = 5.0 \times 10^{-1}$ mol/L		$n = 8.3 \times 10^{-1}$ mol/L	
	SL21		SL22		SL23		SL24		SL25	
	Q_i	k_i	Q_i	k_i	Q_i	k_i	Q_i	k_i	Q_i	k_i
6.25	1.0	5.6	1.7	9.1	7.9	42.3	145.7	777.0	189.3	1009.6
12.50	2.0	5.3	2.8	7.5	15.0	40.1	291.6	777.6	379.1	1010.9
18.75	2.9	5.1	3.9	7.0	22.3	39.6	438.6	779.7	569.3	1012.0
25	3.8	5.1	4.9	6.5	30.0	40.1	584.6	779.4	761.8	1015.7
37.50	5.6	5.0	6.9	6.1	47.9	42.6	877.5	780.0	1148.4	1020.8
50	7.3	4.8	9.1	6.1	67.0	44.6	1174.2	782.8	1533.9	1022.8
62.50	8.7	4.7	11.0	5.9	86.8	46.3	1470.5	784.3	1932.4	1030.6

续表

水力梯度 I	$n=0$mol/L SL21		$n=8.3\times10^{-3}$ mol/L SL22		$n=8.3\times10^{-2}$ mol/L SL23		$n=5.0\times10^{-1}$ mol/L SL24		$n=8.3\times10^{-1}$ mol/L SL25	
	Q_i	k_i	Q_i	k_i	Q_i	k_i	Q_i	k_i	Q_i	k_i
75	10.0	4.5	13.0	5.8	115.7	51.4	1768.9	786.2	2323.1	1032.5
112.50	14.2	4.2	19.2	5.7	186.2	55.2	2659.3	787.9	3486.8	1033.1
150	18.5	4.1	24.7	5.5	260.0	57.8	3599.0	799.8	4739.0	1053.1
200	24.0	4.0	30.4	5.1	367.2	61.2	4878.2	813.0	6309.7	1051.6
250	29.5	3.9	36.9	4.9	485.5	64.7	6248.4	833.1	8093.3	1079.1
325	36.6	3.8	46.1	4.7	801.8	82.2	8522.0	874.0	11037.0	1132.0
375	41.8	3.7	51.6	4.6	1185.1	105.3	10135.7	901.0	13161.2	1169.9
	$\bar{k}_D$	4.6	$\bar{k}_{E1}$	6.0	$\bar{k}_{E2}$	55.2	$\bar{k}_{E3}$	804.0	$\bar{k}_{E4}$	1048.1

注：渗流量 Q_i 单位为 $\times10^{-5}\,cm^3/s$，渗透系数 k_i 单位为 $10^{-8}\,cm/s$。

表 7-8 各级试验水头下南沙软土试样的渗流量 Q_i 和渗透系数 k_i

水力梯度 I	渗流量 Q_i	渗透系数 k_i	水力梯度 I	渗透量 Q_i	渗透系数 k_i
6.25	5.2	2.79	112.5	61.8	1.83
12.5	8.8	2.35	131.25	71.1	1.81
18.75	12.5	2.22	150	80.4	1.79
25	15.7	2.10	175	90.3	1.72
37.5	22.6	2.01	200	98.6	1.64
50	29.0	1.93	225	106.0	1.57
62.5	35.2	1.88	275	122.4	1.48
75	42.0	1.87	325	125.8	1.29
93.75	51.8	1.84	375	136.5	1.21

注：渗流量 Q_i 单位为 $10^{-4}\,cm^3/s$，渗透系数 k_i 单位为 $10^{-6}\,cm/s$。

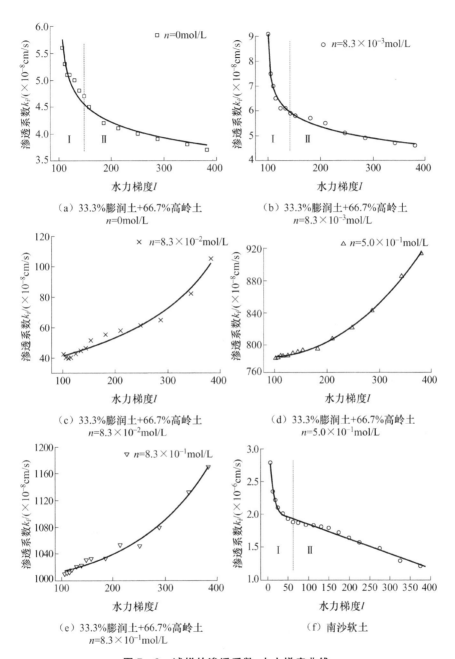

（a）33.3%膨润土+66.7%高岭土
$n=0$mol/L

（b）33.3%膨润土+66.7%高岭土
$n=8.3\times10^{-3}$mol/L

（c）33.3%膨润土+66.7%高岭土
$n=8.3\times10^{-2}$mol/L

（d）33.3%膨润土+66.7%高岭土
$n=5.0\times10^{-1}$mol/L

（e）33.3%膨润土+66.7%高岭土
$n=8.3\times10^{-1}$mol/L

（f）南沙软土

图7-3　试样的渗透系数-水力梯度曲线

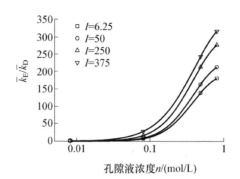

图7-4 人工软土试样的 $\overline{k_E}/\overline{k_D}$ - n 曲线

3. 试验结果分析

常水头试验结果表明，不同孔隙液离子浓度的试样在各级水力梯度下的渗透系数会出现增大或减小的异常现象，现将试验结果总结如下。

(1) 从表7-7可以看出，在相同的水力梯度下，膨润土-高岭土混合人工软土试样的渗透系数随着孔隙液离子浓度的升高而增大，其量级最高可相差 10^3 倍，从而证实了试样具有显著的微电场效应；图7-4除了表明孔隙液离子浓度的升高使渗透系数增大以外，还表明了在高水力梯度和高孔隙液离子浓度下，试样的渗透系数增长速度更快，其 $\overline{k_E}/\overline{k_D}$ 的最大值达 316.2。

(2) 对比图7-3 (a) ～ (e) 可知，随着水力梯度的降低，不同孔隙液离子浓度的膨润土-高岭土混合人工软土试样的渗透系数变化趋势出现了异常，其中低浓度孔隙液（如 $n=0$ mol/L 和 $n=8.3\times10^{-3}$ mol/L）的试样的渗透系数随着水力梯度的降低而呈上升趋势，最高升幅分别为 51.4% 和 97.8%；而高浓度孔隙液（如 $n=8.3\times10^{-2}$ mol/L、5.0×10^{-1} mol/L、8.3×10^{-1} mol/L）情况则相反，试样的渗透系数随水力梯度的降低而逐渐减小，最大降幅依次为 59.8%、13.8% 和 13.7%。

(3) 由图7-3 (f) 可知，南沙软土试样的渗透系数变化趋势与低浓度孔隙液的人工软土试样相似，随着水力梯度的降低，渗透系数增长的速度加快，$I=6.25$ 下的渗透系数比 $I=375$ 下的渗透系数增大了 1.3 倍。

(4) 将人工软土试样与天然软土试样的渗透系数-水力梯度曲线进行对比可以发现，在孔隙液离子浓度 $n=0$ mol/L 和 $n=8.3\times10^{-3}$ mol/L 情况下，两者都存在一个相似的界限水力梯度 [图7-3 (a)、图7-3 (b) 和图7-3 (f)]，可大致将曲线划分为两个区段，在第 I 区段 ($I\leqslant62.5$)，渗透系数随水力梯度降低而显著增大，其中人工软土试样的最大增幅为

54.2％，而南沙软土试样的最大增幅为 48.4％；在第 II 区段（$I>62.5$），渗透系数随水力梯度升高而线性减小，人工软土试样的最大降幅为 22％，南沙软土试样的最大降幅为 35.6％。

以上人工软土试样与南沙软土试样的渗透系数随着水力梯度的降低而增大的异常现象，本书称为极细颗粒黏土微孔隙渗流的微尺度效应，在 7.3 节中将探讨其形成的微观机理。

7.3　软土渗流的微观机理分析

7.2 节利用间接测试法（渗流固结法）和直接测试法（常水头试验法）测试了数组人工软土试样和南沙软土试样的渗流特性，并结合 MIP 法测试了南沙软土试样的孔隙特征及尺度变化对渗流特性的影响。试验结果显现了极细颗粒黏土渗流的三个重要特性：一是渗透系数随孔隙液离子浓度的升高而显著增大；二是对于不同孔隙液离子浓度的情况，渗透系数随水力梯度的降低而出现分化的异常现象；三是固结过程中，试样的孔隙特征及尺度变化影响其压缩固结特性，最终引起渗流特性的改变。下面对于前两种特性分别以微电场效应和微尺度效应做出解释，对于第三种特性结合微孔隙测试结果进行分析。

7.3.1　微电场效应的微观机理分析

1. 颗粒表面电位与颗粒表面电荷密度的转换

颗粒表面电位是分析颗粒表面微电场对土体渗流特性影响的重要参数，而目前尚未见有直接测试表面电位的理想方法，一般可通过双电层模型由表面电荷密度等参数转换求得。在几种描述双电层结构的模型理论中，Gouy-Chapman 扩散双电层理论已被广泛应用于描述包括黏土颗粒在内的各种微小颗粒表面的双电层分布，可根据颗粒表面电荷密度 σ、孔隙液离子浓度 n（即电解质浓度）等实测参数与一系列常数换算出某级孔隙液离子浓度下对应的颗粒表面电位 ψ_0。第二章已通过基于 Gouy-Chapman 理论的相互作用双电层模型对表面电位与颗粒表面电荷密度进行换算，换算公式见式(7-1)。

$$\sigma=\left(\frac{\varepsilon nkT}{2\pi}\right)^{1/2}(2\cosh z-2\cosh u)^{1/2} \tag{7-1}$$

其中，
$$\sigma=\Gamma\times\frac{F}{1000},z=\frac{ve\psi_0}{kT},u=\frac{ve\psi_d}{kT}$$

式中，σ——颗粒表面电荷密度；

Γ——颗粒表面单位面积的阳离子交换当量，由实测的颗粒总比表面积与阳离子交换量换算求得；

n——孔隙液离子浓度；

z、u——无量纲参数；

ψ_0——颗粒表面电位；

ψ_d——两平板间的中面电位。

计算参数：Faraday 常数 $F=9.65\times10^4$ C/mol；水介电常数 $\varepsilon=80.0$；Boltzmann 常数 $k=1.38\times10^{-23}$ J·K^{-1}；电子电荷 $e=1.602\times10^{-19}$ C；绝对温度 $T=290$K（17℃）；离子化合价 $v=\pm1$。

根据式(7-1)，计算本章 7.2 节渗流试验中的不同孔隙液离子浓度下各人工软土试样的颗粒表面电位与中面电位，并将结果汇总于表 7-9 中。

由表 7-9 可知，各人工软土试样的颗粒表面电位和中面电位有如下特点：对某一成分人工软土，ψ_0 总是高于 ψ_d，且 ψ_0 与 ψ_d 均随孔隙液浓度 n 的增大而减小，在较高浓度下 ψ_d 可以降至 0mV；在同一孔隙液浓度下，膨润土相对含量高的试样，其 ψ_0 与 ψ_d 一般较高。

表 7-9　不同孔隙液浓度下各人工软土试样的颗粒表面电位与中面电位

试验方法	矿物成分	平均孔隙比 $\bar{e}$	含水量 w/%	孔隙液离子浓度 n/(mol/L)	阳离子交换当量 Γ/($\times10^{-3}$ meq/m²)	表面电位 ψ_0/mV	中面电位 ψ_d/mV
渗流固结法	100% 膨润土	1.64	66.0	8.3×10^{-3}	1.722	176	96
			65.7	8.3×10^{-2}		114	35
			63.9	8.3×10^{-1}		61	2
			63.3	2.0		43	0.11
	66.7% 膨润土＋33.3% 高岭土	1.65	63.5	8.3×10^{-3}	1.482	168	76
			62.8	8.3×10^{-2}		108	27
			63.2	5.0×10^{-1}		67	2
			61.6	8.3×10^{-1}		57	1
	50% 膨润土＋50% 高岭土	1.64	61.2	8.3×10^{-3}	1.806	167	73
			61.8	8.3×10^{-2}		107	21
			61.5	5.0×10^{-1}		72	1
			62.3	8.3×10^{-1}		57	0

续表

试验方法	组成成分	平均孔隙比 $\bar{e}$	含水量 $w/\%$	孔隙液离子浓度 $n/(\mathrm{mol/L})$	阳离子交换当量 $\Gamma/(\times 10^{-3}\,\mathrm{meq/m^2})$	表面电位 ψ_0/mV	中面电位 $\psi_\mathrm{d}/\mathrm{mV}$
渗流固结法	33.3%膨润土+66.7%高岭土	1.64	61.4	8.3×10^{-3}	1.622	165	54
			62.0	8.3×10^{-2}		107	9
			61.6	5.0×10^{-1}		72	0
			61.8	8.3×10^{-1}		56	0
常水头试验法	33.3%膨润土+66.7%高岭土	2.20	82.4	8.3×10^{-3}	1.662	164	40
			82.9	8.3×10^{-2}		107	3
			82.1	5.0×10^{-1}		72	0
			83.2	8.3×10^{-1}		56	0

2. 渗流特性随颗粒表面电位的变化

利用表 7-9 的计算结果，可将 $\bar{k}_\mathrm{E}/\bar{k}_\mathrm{D}$ 随孔隙液离子浓度变化的结果，即图 7-2 和图 7-4，分别转化为图 7-5 和图 7-6 所示的 $\bar{k}_\mathrm{E}/\bar{k}_\mathrm{D}$ 与表面电位的关系曲线。此外，根据渗流固结法试验结果，可以绘制出固结压缩量和平均固结速度与表面电位的关系曲线，如图 7-7 和图 7-8 所示；根据常水头试验法试验结果，可以绘制出代表性水力梯度 $I=6.25$、$I=50$、$I=250$ 和 $I=375$ 下的平均渗流速度与表面电位的关系曲线，如图 7-9 所示。

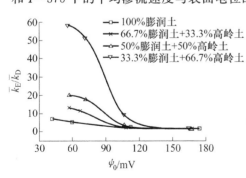

图 7-5 $\bar{k}_\mathrm{E}/\bar{k}_\mathrm{D}$ 与表面电位的关系曲线（渗流固结法）

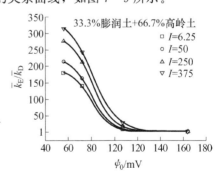

图 7-6 $k_\mathrm{E}/k_\mathrm{D}$ 与表面电位的关系曲线（常水头试验法）

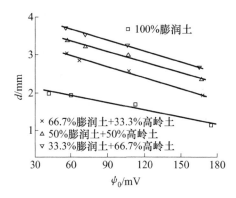

图 7-7 固结压缩量与表面电位的
关系曲线 (渗流固结法)

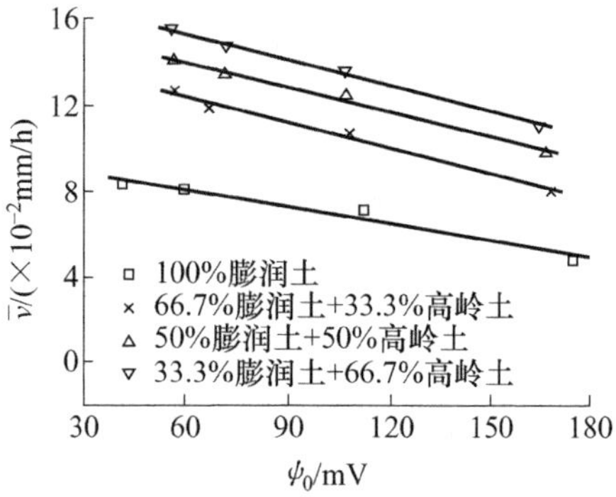

图 7-8 平均固结速度与表面电位的
关系曲线 (渗流固结法)

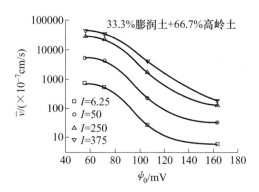

图 7-9 各代表性水力梯度下的平均渗流速度与表面电位的关系曲线 (常水头试验法)

3. 微孔隙渗流的微电场效应分析

7.2 节分别采用渗流固结试验和常水头试验对不同孔隙液离子浓度的膨润土-高岭土混合人工软土试样进行渗流试验，试样的渗透系数可增长 300 倍以上，其中膨润土相对含量低且孔隙液离子浓度 n 较高 (或表面电位 ψ_0 较低) 的试样的增长倍数较多。对于渗流固结试验，微孔隙渗流的微电场效应首先表现为固结变形时程曲线 (即图 7-1) 的特征发生变化，当 n 越低而 ψ_0 越高时，试样的压缩稳定时间越长，即渗流越缓慢；而当 n 越高而 ψ_0 越低时，试样的压缩稳定时间越短，即渗流越快。图 7-7 和图 7-8 分别表明各试样的固结压缩量 d 与平均固结速度 $\bar{v}$ 随 ψ_0 的变化均近似呈线性变化，说明 ψ_0 的高低对极细颗粒黏土的压缩变形量和固结速度有显著影响，即 ψ_0 越高，试样的固结排水速度越缓慢，总固结变形量越小，渗透性越差；反之，则试样的固结排水速度越快，总固结变形量越大，渗透性越好。对于常水头试验，微孔隙渗流的微电场效应直接体现在渗流速度的变化上，例如，当 ψ_0 从 72mV 增加到 107mV 时，各代表性水力梯度下的平均渗流速度的降幅均超过 88%；当 ψ_0 从 107mV 增加到 164mV 时，平均渗流速度的降幅均达到 78% 以上。表 7-10 为表面电位与渗透系数、平均渗流速度的试验结果，表明随着表面电位 ψ_0 增大，渗透系数与平均渗流速度都在减小。

表 7-10　表面电位与渗透系数、平均渗流流速的试验结果（常水头试验）

表面电位 ψ_0/mV	$I=6.25$		$I=50$		$I=250$		$I=375$	
	k_i/ ($\times 10^{-8}$ cm/s)	$\bar{v}_i$/ ($\times 10^{-7}$ cm/s)	k_i/ ($\times 10^{-8}$ cm/s)	$\bar{v}_i$/ ($\times 10^{-7}$ cm/s)	k_i/ ($\times 10^{-8}$ cm/s)	$\bar{v}_i$/ ($\times 10^{-7}$ cm/s)	k_i/ ($\times 10^{-8}$ cm/s)	$\bar{v}_i$/ ($\times 10^{-7}$ cm/s)
56	1009.6	631.0	1022.6	5113.1	1079.1	26977.7	1169.9	43870.7
72	777.0	485.6	782.8	3914.0	833.1	20828.1	901.0	33785.8
107	42.3	26.4	44.6	223.2	64.7	1618.4	105.3	3950.2
164	9.1	5.7	6.1	30.3	4.9	122.9	4.6	171.9

　　人工软土试样与南沙软土试样的渗流试验结果一致表明，孔隙液离子浓度 n 和表面电位 ψ_0 对极细颗粒黏土渗流特性的影响，即微电场效应相当显著。为揭示极细颗粒黏土渗流特性受微电场效应影响的机制，有必要分析微电场效应产生的根源，Gouy-Chapman 理论对其做出了合理的解释。图 7-10 为黏土颗粒扩散双电层离子分布模型，黏土颗粒表面带有负电荷，电荷在黏土颗粒表面形成的微电场吸附孔隙液中的阳离子并在固液界面附近聚集，形成离子吸附层和扩散层，极性水分子也受微电场影响而定向排列。吸附层的水形成强结合水，其性质受静电引力强烈影响，具有很大的黏滞流动阻力，流动性差；扩散层的水形成弱结合水，其性质也受静电引力的影响，黏滞流动阻力也较大，流动性较差。

　　结合水的存在减小了粒间孔隙的等效直径，有效黏度系数增大，使孔隙中自由水的流动阻力增大。结合水膜厚度随颗粒表面电位的增大而增加，随孔隙液离子浓度的增加而减小，因此黏土颗粒表面微电场对黏土微孔隙渗流

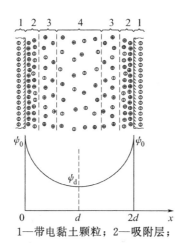

1—带电黏土颗粒；2—吸附层；

3—扩散层；4—自由层；ψ_0—表面电位；

ψ_d—中面电位；2d—黏土平板颗粒间距

图 7-10 黏土颗粒扩散双电层离子分布模型

特性的影响在宏观上表现为渗透系数及平均渗流速度的改变。由于结合水膜厚度的变化只对微小孔隙的等效渗流直径的影响很大，因此，上述黏土颗粒表面微电场对黏土渗流特性影响的效应一般只在微小孔隙的土体中才显现出来，因而称为微孔隙渗流的微电场效应，渗流固结法（图 7-2、图 7-5）与常水头试验法（图 7-4 和图 7-6）的试验结果显示了强烈的微电场效应。对于粗颗粒土体，其比表面积远小于细颗粒黏土，表面带电现象不明显，双电层厚度较薄，粒间孔隙较大，结合水膜厚度对孔隙的等效渗流直径影响很小，因而孔隙水的流动几乎不受微电场的影响。

4. 矿物成分对微电场效应的影响分析

从矿物成分的角度考察极细颗粒黏土渗流的微电场效应，对不同矿物成分的人工软土的表面电位 ψ_0（表 7-9）进行比较，可以发现黏土矿物成分含量的变化会导致颗粒表面微电场的改变，这将引起微孔隙渗流的微电场效应变化，从而影响其渗流特性。7.2.1 节中不同比例的膨润土-高岭土混合人工软土试样在不同孔隙液离子浓度下的固结变形时程曲线（图 7-1），可转换成图 7-11 所示的同一孔隙液离子浓度下，不同比例的膨润土-高岭土混合人工软土试样的固结变形时程曲线，还可绘制出如图 7-12 所示的平均渗透系数-矿物成分关系曲线。同一孔隙液，浓度下的固结变形时程曲线与平均渗透系数-矿物成分关系曲线一致表明了极细颗粒黏土的渗流特性与矿物成分及含量有密切关系，膨润土含量越高，压缩稳定时间越长，渗流越缓慢，即渗透性越差；反之，高岭土含量越高，则压缩稳定时间越短，渗流越快，即渗透性越好。因此，矿物成分及其相对含量可明显影响极细颗粒黏土的微孔隙渗流特性。

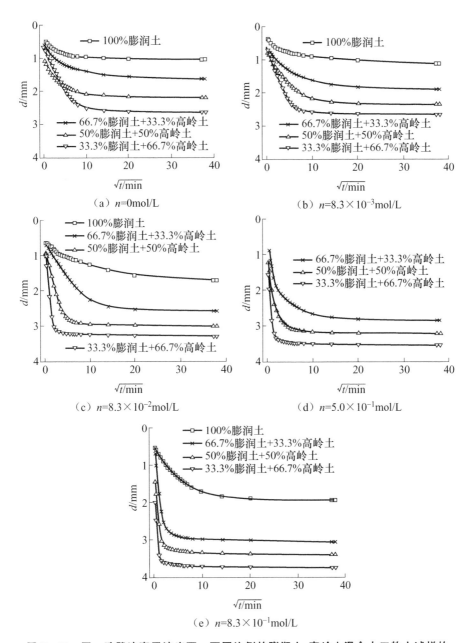

图 7-11 同一孔隙液离子浓度下，不同比例的膨润土-高岭土混合人工软土试样的
固结变形时程曲线（渗流固结法）

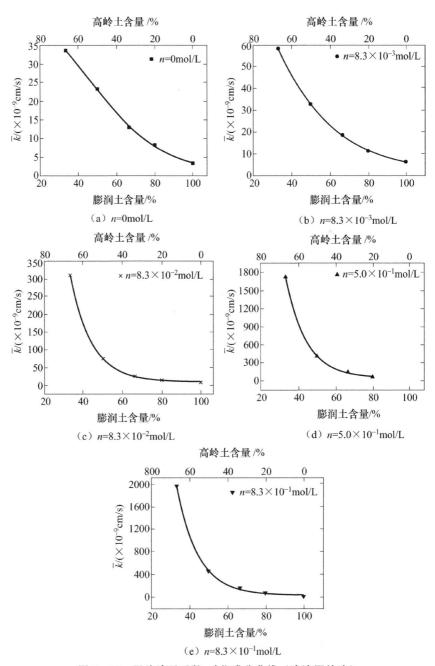

图 7-12 平均渗透系数-矿物成分曲线（渗流固结法）

在不同孔隙液离子浓度下，黏土矿物成分对微电场效应的影响程度不同，从而对渗流特性的影响也不同，现将不同孔隙液离子浓度下膨润土-高岭土混合人工软土试样的 $\overline{k}_E/\overline{k}_D$ 列于表 7-11。

表 7-11　不同孔隙液离子浓度下膨润土-高岭土混合人工软土试样的 $\overline{k}_E/\overline{k}_D$

矿物成分	$\overline{k}_E/\overline{k}_D$			
	8.3×10^{-3} mol/L	8.3×10^{-2} mol/L	5.0×10^{-1} mol/L	8.3×10^{-1} mol/L
100%膨润土	1.85	2.39		5.18
66.7%膨润土＋33.3%高岭土	1.51	2.37	11.62	13.26
50%膨润土＋50%高岭土	1.38	3.41	19.41	21.86
33.3%膨润土＋66.7%高岭土	1.73	9.20	50.77	55.90

表 7-11 中各列数据从左到右有如下变化趋势：各试样的 $\overline{k}_E/\overline{k}_D$ 随着孔隙液离子浓度的升高而增大，其中膨润土含量高的试样的 $\overline{k}_E/\overline{k}_D$ 较小，而高岭土含量高的试样的 $\overline{k}_E/\overline{k}_D$ 较大一些，$\overline{k}_E/\overline{k}_D$ 越大微电场效应越明显。这一点还可以从矿物颗粒表面的吸附结合水含量方面进行解释。以膨润土和高岭土两种典型的黏土矿物为例，膨润土具有内外比表面，总比表面积理论上可达 $700\sim840\mathrm{m}^2/\mathrm{g}$，其中内比表面积占 80%以上；高岭土的总比表面积一般为 $10\sim20\mathrm{m}^2/\mathrm{g}$（李舰等，2012）。比表面积越大，颗粒表面带电现象越明显，因而膨润土颗粒的表面带电量远高于高岭土颗粒，吸附的结合水膜厚度也远大于后者；当孔隙液离子浓度改变时，黏土颗粒表面的结合水膜厚度也相应产生变化。试样中的高岭土含量较高时，试样的孔隙较大，结合水膜厚度较小，颗粒间出现自由水而渗孔，孔隙液离子浓度升高时渗孔扩大而明显提高渗透性；反之，试样中的膨润土含量较高时，试样的孔隙较小，结合水膜厚度较大而相互重叠，随孔隙液离子浓度升高也不致出现自由水渗孔，因而孔隙液离子浓度对渗透性的影响不明显。

7.3.2　微尺度效应的微细观机理探讨

孔隙液在极细颗粒黏土微孔隙中流动的空间尺度远小于普通黏土，因而极细颗粒黏土的渗流特性除了受上述微电场效应的影响外，边界滑移等微尺度效应也是不可忽略的重要因素。分析 7.2.2 节中常水头试验的人工软土试样的平均渗透系数-水力梯度曲线［图7-3（a）～（e）］可以发现，在不同孔隙液离子浓度或者不同颗粒表面电位下试样的平均渗透系数随水力梯度的变化趋势出现了分化现象：当孔隙液离子浓度大于某一数值时，平均渗透系数随着水力梯度的降低逐渐减小；而当孔隙液离子浓度小于某一数值时，平均渗透系数随着水力梯度的降低而明显增大。南沙天然软土的平均渗透系数随着水力梯度的变化曲线［图7-3（f）］与低浓度孔隙液（$n=8.3\times10^{-3}$ mol/L和蒸馏水情况）下的人工软土相似，可以大致分为2个区段：在第Ⅰ区段（$I\leqslant62.5$），平均渗透系数随水力梯度降低而显著增大；在第Ⅱ区段（$I>62.5$），平均渗透系数随水力梯度升高呈线性减小。对试样的平均渗透系数随水力梯度减小而明显增大（或减小）的异常现象的试验结果进行了反复核定，对同一试样重复进行3次以上试验，每次重复试验都出现相同的异常现象。

目前，对于出现上述土体渗流异常现象的原因还不清楚，这里我们采用微尺度效应进行解释。在流体力学的研究领域，Traube等（1928）注意到在极低压力的条件下，当黏度计管壁经过极性有机化合物如油酸处理后，水的流量是没有经过处理时的数倍，Weber等（1928）认为这种现象是在经过特殊处理的壁面上的水出现了滑移。因此，在通常情况下，边界滑移现象只有在微米级以下的尺度才能对土体的渗流产生重要影响。

采用MIP法测试了7.2.2节中的人工软土试样和天然软土试样的孔隙尺度分布情况，将测试结果汇总于表7-12。两种试样中孔径小于10μm的孔隙分别达到89.7%和95.7%，可见两者的孔隙尺度主要为微米级，满足边界滑移现象等微尺度效应所必需的尺度条件。

表7-12　人工软土试样和天然软土试样的孔隙尺度分布情况

单位:%

名称	孔隙比 e	孔隙尺度/μm			
		>10（大孔隙）	2.5～10（中孔隙）	0.4～2.5（小孔隙）	<0.4（微、超微孔隙）
人工软土（33.3%膨润土+66.7%高岭土）	2.20	10.3	36.7	38.8	14.2
天然软土（南沙软土）	1.02	4.3	6.6	46.9	42.2

极细颗粒黏土的平均渗透系数随水力梯度的降低而出现分化的异常现象，可以分以下两种情况加以探讨。

(1) 平均渗透系数随水力梯度降低而增大，适用于孔隙液离子浓度较低的极细颗粒黏土，可以采用微尺度效应来解释。极细颗粒黏土的等效孔隙渗流直径随双电层厚度变化，随着孔隙液离子浓度降低，双电层厚度增加，以致等效孔隙渗流直径明显减小而表现出微尺度效应，产生图 7 - 13 所示的边界滑移现象。当水力梯度较

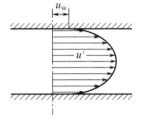

图 7 - 13　边界滑移现象

大时，水力渗流量占优势，平均渗透系数随水力梯度的变化不明显；而当水力梯度较小时，水力渗流量减小，因边界滑移增大的渗流量的比例增加，体现为平均渗透系数随水力梯度减小而明显增大。

(2) 平均渗透系数随水力梯度降低而减小，即不产生微尺度效应，适用于较大孔隙的土体，或孔隙液平均浓度较高、双电层厚度小而等效孔隙渗流直径较大的极细颗粒黏土。由于颗粒表面微电场作用形成的吸附结合水膜，特别是强结合水膜具有很高的黏滞性，其流动性低，当水力梯度较小时，只能驱动孔隙中黏滞性低而流动性高的自由水流动，不能驱动流动性低的吸附结合水流动，致使渗孔小而呈现等效渗流阻力大，从而表现为平均渗透系数小；随着水力梯度的增大，在驱动自由水流动的同时，逐步驱动吸附结合水流动（弱结合水先流动，强结合水后流动），而使等效渗孔逐步扩大而呈现等效渗流阻力逐步减小，从而表现出平均渗透系数随水力梯度增大而增大的现象，也即平均渗透系数随水力梯度降低而减小的现象。

微尺度效应产生的边界滑移现象解释为，渗流孔隙的特征尺寸很微小时，孔隙内水分子数量较少，处于稀薄状态，水分子与孔壁的碰撞频率是有限的，不能满足固—液界面连续和热平衡所要求的流体分子与固壁之间的碰撞频率为无穷大的条件，从而出现固—液界面的间断性而产生边界滑移现象。边界滑移现象使孔壁对水分子的吸附力减小，孔壁对水的流动阻力降低。本书对常水头试验的异常结果用微尺度效应产生的边界滑移现象做出解释，有待于更多的试验和进一步的研究来证实。

7.4 本 章 小 结

本章通过对人工软土试样、南沙软土试样进行渗流固结试验和常水头试验，并结合微孔隙渗流的微电场效应、微尺度效应对软土的渗流特性的分析探讨，研究极细颗粒黏土孔隙特征及尺度分布对软土的渗流特性的影响，主要得到如下结论。

（1）黏土颗粒表面电荷产生的微电场是引起黏土微孔隙渗流特性改变的内在原因之一；颗粒表面的微电场与孔隙中的离子相互作用形成双电层，由此形成的结合水膜使黏土的等效孔隙直径减小，降低了孔隙液的流动性而体现出渗流的微电场效应。对人工软土进行了一系列渗流试验与常水头试验，试验结果表明：微电场效应能显著影响极细颗粒黏土的渗流特性。

（2）黏土矿物通过颗粒表面的结合水影响软土的渗流特性。结合水膜厚度随颗粒表面电位升高而变厚，随颗粒表面电位降低而变薄，从而引起黏土颗粒间的等效孔隙直径的改变，使土体的平均渗透系数发生变化。

（3）不同黏土矿物的颗粒表面带电量不同，比表面积也不同，因而吸附的结合水膜厚度不同，对土体的渗流特性的影响程度也就不同。如高岭土含量较高的土体孔隙较大，结合水膜厚度较小，在颗粒之间存在自由水而出现渗孔，孔隙液离子浓度升高时，土体渗透性由于渗孔扩大而明显提高；而当土体中的膨润土含量较高时，土体的孔隙较小，结合水膜厚度较大而相互重叠，随着孔隙液离子浓度升高也不至于出现自由水渗孔，因而孔隙液离子浓度对土体渗透性的影响不如前者显著。

（4）人工软土与天然软土的平均渗透系数随水力梯度降低而出现增大的异常现象可由微尺度效应产生的边界滑移现象做出解释；对于平均渗透系数随水力梯度降低而减小的现象可通过自由水渗孔变化引起等效渗流阻力的改变做出解释。关于异常渗流现象的真实原因仍需进一步深入研究。

（5）土体的孔隙尺度分布特征是影响其渗流特性的重要因素。在试验初期（固结压力较小），软土的孔隙比与等效孔径较大，自由水流动性好，先于结合水排出，土体的渗透性较好；随着固结压力的提高，孔隙比与等效孔径迅速减小，孔隙向小、微甚至超微孔隙发展，孔隙中流动性相对较低的结合水难以排出，导致土体的渗透性显著下降。

第八章
软土渗流的微观理论模型构建与分析

8.1 概　述

　　软土是性质很复杂的天然多孔介质，由于其颗粒微小导致比表面积大，颗粒表面富集负电荷，形成孔隙水的吸附层—扩散双电层结构。吸附层是在颗粒表面静电力作用下，水分子在颗粒表面定向排列形成的水化膜，通常为强结合水；扩散层的水分子也受到颗粒表面静电力的部分作用，通常形成弱结合水。结合水特别是强结合水的水分子定向排列，限制了水分子的自由旋转，降低了其活动性，呈现出比自由水更高的黏滞性，并具有一定的抗剪强度。结合水的抗剪性和黏滞性与受到颗粒表面电场作用的强弱有关，而电场强度随离开颗粒表面距离的增加而减小，因而，结合水的抗剪性和黏滞性也随离开颗粒表面距离的增加而减弱。结合水的流动需克服结合水的抗剪强度而呈现一定的起始水力梯度，同时受到比自由水更大的黏滞阻力。对于细颗粒软土，孔隙水中的结合水所占比例大，结合水的抗剪性和黏滞性对土体的渗流特性有非常重要的影响，必须予以考虑，对于软土的渗流问题必须考虑第五章涉及的微电场效应，才能建立起与实际相符的软土渗流理论。

　　本章基于离子效应渗流物理模型（谷任国，2007），把孔隙水在软土中的渗流简化为等效圆孔渗流，将结合水看成是具有一定抗剪强度的黏性流体，利用连续流体力学和微电场效应建立软土渗流的微观理论模型，由流体平衡方程导出土体渗流速度与水力梯度的关系，并考虑各种微细观参量如孔隙尺度、比表面积、颗粒表面电荷密度、孔隙液离子浓度、离子价等的影响。将模型模拟计算结果与渗流试验实测结果进行比较，以验证模型的合理性和有效性。

8.2 软土渗流的圆孔模型

8.2.1 圆孔模型的建立

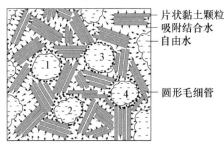

片状黏土颗粒
吸附结合水
自由水

圆形毛细管

图 8-1 圆孔渗流的微观示意

在软土微渗流的微电场效应试验基础上，建立软土渗流的微观理论模型——圆孔模型。该模型将孔隙简化为一个个的圆形毛细管，认为孔隙水在水力梯度作用下发生的是在圆形毛细管中的渗流，即圆孔渗流，如图 8-1 所示。

1. 毛细管等效半径

由 Poiseiulle 定律可以得到圆形毛细管水流的平均流速 $\bar{v}$，见式(8-1)。

$$\bar{v} = \frac{\gamma_{\mathrm{w}} r_0^{\,2}}{8\eta} i_{\mathrm{h}} \tag{8-1}$$

式中，r_0——毛细管等效半径；

$\quad \gamma_{\mathrm{w}}$——水的重度；

$\quad \eta$——黏滞系数；

$\quad i_{\mathrm{h}}$——水力梯度。

用水力半径 R_{H}，即过流面积 A_{f} 与湿润周长 S_{f} 之比，来描述孔隙的平均尺寸，对于充满水流的圆管，可得到 $R_{\mathrm{H}} = r_0/2$。因此，圆管渗流量计算见式(8-2)

$$q = \bar{v} A_{\mathrm{f}} = \frac{\gamma_{\mathrm{w}} r_0^{\,2}}{8\eta} i_{\mathrm{h}} A_{\mathrm{f}} = \frac{1}{2} \frac{\gamma_{\mathrm{w}} R_{\mathrm{H}}^2}{\eta} i_{\mathrm{h}} A_{\mathrm{f}} \tag{8-2}$$

可将式(8-2)中最右端表达式中的常数项看作形状系数，对于其他形状的管道，可用式(8-3)计算渗流量，只是形状系数值不同。

$$q = C_{\mathrm{s}} \frac{\gamma_{\mathrm{w}} R_{\mathrm{H}}^2}{\eta} i_{\mathrm{h}} A_{\mathrm{f}} \tag{8-3}$$

式中，C_{s}——形状系数。

毛细管等效半径 r_0 计算见式(8-4)。

$$r_0 = 2\sqrt{2C_s}R_H \tag{8-4}$$

在饱和状态下，$C_s = 1/(k_0 Q^2)$。

式中，k_0——形状因数；

　　　Q——曲折因数。

对于微小的土单元 $dV = dxdydz = Adz$，水力半径 R_H 计算见式 (8-5)。

$$R_H = \frac{A_f}{S_f} = \frac{e_0 S_r}{G_s \rho_w B_0} \tag{8-5}$$

式中，A_f——过流面积；

　　　S_f——湿润周长；

　　　S_r——饱和度；

　　　e_0——孔隙比；

　　　ρ_w——纯水密度；

　　　G_s——土颗粒的比重；

　　　B_0——土颗粒的比表面积。

2. 孔隙水流动方程及边界条件

颗粒表面的电荷分布符合 Gouy-Chapman 扩散双电层理论，孔隙液中某点处的电荷密度为 ρ。在水位差作用下，孔隙液将带动电荷向土体的一端流动，产生顺流电流 I_z，电荷在流动方向聚集，在土体两侧产生流动电位，形成顺流电场 E_z。

（1）孔隙水流动方程。

圆形毛细管中的流体微元在流动方向 z 上受到水压力 p、剪切力 τ 和电场力 F_e 的作用，如图 8-2 所示。

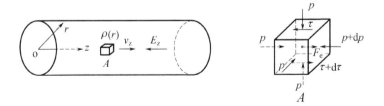

图 8-2　圆形毛细管中流体微元受力示意图

根据平衡条件，可列出流体微元在流动方向上的流动方程，见式 (8-6)。

$$F_e dxdydz + pdxdy - (p+dp)dxdy - \tau dydz + (\tau + d\tau)dydz = 0$$

整理得：
$$F_e - \frac{\mathrm{d}p}{\mathrm{d}z} + \frac{\mathrm{d}\tau}{\mathrm{d}x} = 0 \tag{8-6}$$

式中，F_e——电场体积力，$F_e = E_z \rho$；

ρ——电荷密度；

E_z——顺流电场；

p——孔隙水压力；

τ——流体流动的剪应力。

式（8-6）中的剪应力 τ 包括颗粒表面微电场作用的剪应力 τ_e 和黏滞阻力 τ_η，见式（8-7）。剪应力 τ_e 受颗粒表面电场 E_s 的影响，E_s 越高则颗粒对水分子的静电引力就越大，结合水的 τ_e 也就越高。因此，τ_e 与颗粒表面电场成正比，见式（8-8）。

$$\tau = \tau_\eta + \tau_e \tag{8-7}$$

$$\tau_e = \alpha E_s + \delta = \alpha\left(-\frac{\mathrm{d}\psi}{\mathrm{d}x}\right) + \delta = -\alpha\frac{\mathrm{d}\psi}{\mathrm{d}x} + \delta, \tau_\eta = \eta\frac{\mathrm{d}v_z}{\mathrm{d}x} \tag{8-8}$$

式中，η——水的黏滞系数；

v_z——孔隙液在 z 方向的流速；

α, δ——实验系数，可通过抗剪强度试验确定；

E_s——颗粒的表面电场；

ψ——双电层的静电势。

将式（8-7）代入方程（8-6），并记 $p_z = -\mathrm{d}p/\mathrm{d}z$，得到式（8-9）。

$$F_e + p_z + \eta\frac{\mathrm{d}^2 v_z}{\mathrm{d}x^2} - \alpha\frac{\mathrm{d}^2 \psi}{\mathrm{d}x^2} = 0 \tag{8-9}$$

将式（8-9）的流动方程转换成柱坐标方程，见式（8-10）。

$$F_e + p_z + \left[\eta\left(\frac{\mathrm{d}^2 v_z}{\mathrm{d}r^2} + \frac{1}{r}\frac{\mathrm{d}v_z}{\mathrm{d}r}\right) - \alpha\left(\frac{\mathrm{d}^2 \psi}{\mathrm{d}r^2} + \frac{1}{r}\frac{\mathrm{d}\psi}{\mathrm{d}r}\right)\right] = 0 \tag{8-10}$$

（2）边界条件。

流体微元的流速 v_z 需满足如式（8-11）的边界条件。

$$v_z\big|_{r=r_0} = 0, v_z\big|_{r\to 0} = \text{有限值} \tag{8-11}$$

3. 双电层电场分布及电势方程

（1）双电层电场分布。

Gouy-Chapman 扩散双电层理论假设颗粒表面电荷是均匀分布的，双电层中的阴、阳离子可看成是点电荷且服从 Boltzmann 分布，见式(8-12)。

$$\rho = e\sum_i v_i n_{i0} \exp(-v_i e\psi/kT) \tag{8-12}$$

式中，e——电子电荷，为 4.8×10^{-10} 静电单位；

　　v_i——离子价；

　　ψ——双电层的静电势；

　　n_{i0}——平衡浓度（$\psi=0$ 处的浓度）；

　　k——Boltzmann 常数，$k=1.38\times10^{-16}$ erg/°K（尔格/°K）；

　　T——绝对温度，$T=290$°K（即 17℃）。

（2）电势方程。

静电势 ψ 与电荷 ρ 满足 Poisson 方程，见式(8-13)。

$$\frac{\mathrm{d}^2\psi}{\mathrm{d}r^2}+\frac{1}{r}\frac{\mathrm{d}\psi}{\mathrm{d}r}=-\frac{\rho}{\varepsilon_0\varepsilon_r}=-\frac{e}{\varepsilon_0\varepsilon_r}\sum_i v_i n_{i0}\exp(-v_i e\psi/kT) \tag{8-13}$$

式中，ε_0——真空中介电常数，$\varepsilon_0=8.8542\times10^{-12}$ C^2·J^{-1}·m^{-1}；

　　ε_r——孔隙水的相对介电常数，$\varepsilon_r=80$。

（3）边界条件。

双电层的静电势 ψ 应满足式(8-14)的边界条件。

$$\psi|_{r=r_0}=\psi_0,\psi|_{r\to0}=\text{有限值} \tag{8-14}$$

式中，r_0——圆形孔隙的等效半径；

　　ψ_0——颗粒表面电势，即 $r=r_0$ 处的电势。

4. 电流方程

（1）顺流电流和传导电流。

在水位差作用下，孔隙水带动正电荷发生流动，形成顺流电流 I_z 及顺流电场 E_z，该电场还会引起与之反向的传导电流 I_c。I_z 及 I_c 的计算分别见式(8-15) 和式 (8-16)。

$$I_z=\int_{A_f}v_{zl}\rho(r)dA_f=2\pi\int_0^{r_0}v_{zl}\rho(r)r\mathrm{d}r \tag{8-15}$$

$$I_c=\frac{U_s}{R_s}=\frac{E_s l_s}{\rho_s\frac{l_s}{A_f}}=\frac{E_s A_f}{\rho_s}=E_z\sigma_s\pi r_0^2 \tag{8-16}$$

式中，U_s——传导电压；

　　R_s——等效传导电阻；

E_s，l_s，ρ_s，σ_s——电场，等效传导电阻长度，电阻率，电导率，并且有 $E_s = E_z$，$R_s = \rho_s l_s / A_f$，$\sigma_s = 1/\rho_s$。

（2）平衡条件。

渗流稳定时，孔隙水流动不产生净电流，电流方程见式（8-17）。

$$I_z + I_c = 0 \tag{8-17}$$

5. 渗流流量

渗流流量计算可根据式（8-18）推导。

$$q = \int_{A_f} v_z \, \mathrm{d}_{Af} = 2\pi \int_0^{r_0} v_z \gamma \tag{8-18}$$

6. 等效渗透系数

等效渗透系数可根据式（8-19）推导。

$$q_e = q \tag{8-19}$$

式中，q_e——考虑微电场效应的渗流流量；

q——不考虑微电场效应的渗流流量。

由式（8-19）可计算等效渗透系数 k_e。

8.2.2　圆孔模型方程解析

1. 渗流速度 v_z

由于电场力 $F_e = E_z \rho$，将式（8-13）代入得式（8-20）。

$$F_e = -\varepsilon_0 \varepsilon_r E_z \left(\frac{\mathrm{d}^2 \psi}{\mathrm{d}r^2} + \frac{1}{r} \frac{\mathrm{d}\psi}{\mathrm{d}r} \right) \tag{8-20}$$

将式（8-20）代入式（8-10）后，整理可得式（8-21）。

$$\frac{\mathrm{d}^2}{\mathrm{d}r^2}(\eta v_z - \alpha\psi - \varepsilon_0 \varepsilon_r E_z \psi) + \frac{1}{r}\frac{\mathrm{d}}{\mathrm{d}r}(\eta v_z - \alpha\psi - \varepsilon_0 \varepsilon_r E_z \psi) = -p_z$$

$$\tag{8-21}$$

经两次积分后可得式（8-22）。

$$\eta v_z - (\alpha + \varepsilon_0 \varepsilon_r E_z)\psi = -\frac{1}{4}r^2 p_z + c_1 \ln r + c_2 \tag{8-22}$$

式中，c_1，c_2——积分常数。

由边界条件（8-11）和（8-14）可得式（8-23）。

$$c_1 = 0$$

$$c_2 = \frac{1}{4} r_0{}^2 p_z - (\alpha + \varepsilon_0 \varepsilon_r E_z) \psi_0 \qquad (8-23)$$

将式(8-23)代入式(8-22)，可得式(8-24)。

$$v_z = \frac{1}{4\eta} [p_z (r_0^2 - r^2) - 4(\alpha + \varepsilon_0 \varepsilon_r E_z)(\psi_0 - \psi)] \qquad (8-24)$$

2. 顺流电流 I_z

将式(8-24)代入式(8-15)，可得顺流电流 I_z，见式(8-25)。

$$I_z = 2\pi \int_0^{r_0} v_z \rho(r) r dr = 2\pi \int_0^{r_0} \frac{1}{4\eta} [p_z (r_0{}^2 - r^2) - \qquad (8-25)$$
$$4(\alpha + \varepsilon_0 \varepsilon_r E_z)(\psi_0 - \psi)] \rho(r) r dr$$

将式(8-13)代入(8-25)，

$$I_z = 2\pi \int_0^{r_0} \frac{1}{4\eta} [p_z (r_0^2 - r^2) - 4(\alpha + \varepsilon_0 \varepsilon_r E_z)(\psi_0 - \psi)]$$

$$\left[-\varepsilon_0 \varepsilon_r \left(\frac{d^2\psi}{dr^2} + \frac{1}{r}\frac{d\psi}{dr} \right) \right] r dr$$

$$= \frac{2\pi}{4\eta} (-\varepsilon_0 \varepsilon_r) \int_0^{r_0} p_z (r_0^2 - r^2) \left(\frac{d^2\psi}{dr^2} + \frac{1}{r}\frac{d\psi}{dr} \right) r dr +$$

$$\frac{2\pi}{4\eta} (-\varepsilon_0 \varepsilon_r)(-4)(\alpha + \varepsilon_0 \varepsilon_r E_z) \psi_0 \int_0^{r_0} \left(\frac{d^2\psi}{dr^2} + \frac{1}{r}\frac{d\psi}{dr} \right) r dr -$$

$$\frac{2\pi}{4\eta} (-\varepsilon_0 \varepsilon_r)(-4)(\alpha + \varepsilon_0 \varepsilon_r E_z) \int_0^{r_0} \psi \left(\frac{d^2\psi}{dr^2} + \frac{1}{r}\frac{d\psi}{dr} \right) r dr$$

$$= I_1 + I_2 + I_3$$

其中，I_1 经过分部积分后可得式(8-26)。

$$I_1 = -\frac{\pi}{\eta} \varepsilon_0 \varepsilon_r p_z r_0^2 (\psi_0 - \overline{\psi}) \qquad (8-26)$$

其中

$$\overline{\psi} = \frac{1}{\pi r_0^2} \int_0^{2\pi} \int_0^{r_0} \psi r dr d\theta \qquad (8-26)a$$

同理，利用分部积分法可导出 I_2 和 I_3 的表达式，见式(8-27)和式(8-28)。

$$I_2 = \frac{2\pi}{4\eta}(-\varepsilon_0\varepsilon_r)(-4)(\alpha+\varepsilon_0\varepsilon_r E_z)\psi_0 \int_0^{r_0}\left(\frac{\mathrm{d}^2\psi}{\mathrm{d}r^2}+\frac{1}{r}\frac{\mathrm{d}\psi}{\mathrm{d}r}\right)r\,\mathrm{d}r$$

$$= \frac{2\pi\varepsilon_0\varepsilon_r}{\eta}(\alpha+\varepsilon_0\varepsilon_r E_z)r_0\psi_0\psi'_0$$

$$(8-27)$$

其中

$$\psi'_0 = \frac{\mathrm{d}\psi}{\mathrm{d}r}\bigg|_{r=r_0}$$

$$I_3 = -\frac{2\pi}{4\eta}(-\varepsilon_0\varepsilon_r)(-4)(\alpha+\varepsilon_0\varepsilon_r E_z)\int_0^{r_0}\psi\left(\frac{\mathrm{d}^2\psi}{\mathrm{d}r^2}+\frac{1}{r}\frac{\mathrm{d}\psi}{\mathrm{d}r}\right)r\,\mathrm{d}r$$

$$= -\frac{2\pi\varepsilon_0\varepsilon_r}{\eta}(\alpha+\varepsilon_0\varepsilon_r E_z)r_0\left(\psi_0\psi'_0-\frac{r_0}{2}\overline{\psi}-\overline{\psi'^2}\right)$$

$$(8-28)$$

其中，

$$\overline{\psi'^2} = \frac{1}{\pi r_0^2}\int_0^{2\pi}\int_0^{r_0}\left(\frac{\mathrm{d}\psi}{\mathrm{d}r}\right)^2 r\,\mathrm{d}r\,\mathrm{d}\theta$$

最终，顺流电流 I_z 可简化合并为式(8-29)。

$$I_z = \frac{\pi\varepsilon_0\varepsilon_r}{\eta}r_0^2\left[(\alpha+\varepsilon_0\varepsilon_r E_z)\overline{\psi'^2}-p_z(\psi_0-\overline{\psi})\right] \qquad (8-29)$$

3. 顺流电场 E_z

由式(8-29)、式(8-16)、式(8-17)可得顺流电场表达式，见(8-30)。

$$E_z = \frac{\dfrac{\pi\varepsilon_0\varepsilon_r}{\eta}r_0^2\left[-\alpha\overline{\psi'^2}+p_z(\psi_0-\overline{\psi})\right]}{\dfrac{\pi(\varepsilon_0\varepsilon_r)^2}{\eta}r_0^2\overline{\psi'^2}+\sigma_s\pi r_0^2} = \frac{\varepsilon_0\varepsilon_r\left[-\alpha\overline{\psi'^2}+p_z(\psi_0-\overline{\psi})\right]}{\eta\sigma_s+(\varepsilon_0\varepsilon_r)^2\overline{\psi'^2}}$$

$$(8-30)$$

4. 等效渗透系数 k_e

将渗流速度表达式(8-24)代入渗流流量计算式(8-18)，经分部积分化简后可得式(8-31)。

$$q = \frac{\pi r_0^2}{\eta}\left[\frac{1}{8}P_z r_0^2-(\alpha+\varepsilon_0\varepsilon_r E_z)(\psi_0-\overline{\psi})\right] \qquad (8-31)$$

根据 Darcy 定理，可得式(8-32)。

$$q = vA_c = k_d i \frac{A_f}{nS_r} = k_d \left(-\frac{\partial H}{\partial z}\right) \frac{\pi r_0^2}{nS_r}$$

$$= k_d \left(-\frac{1}{\gamma_w} \frac{\partial p}{\partial z}\right) \frac{\pi r_0^2}{nS_r} = k_d \frac{\pi r_0^2}{\gamma_w nS_r} \left(-\frac{\partial p}{\partial z}\right)$$

$$= k_d \frac{\pi r_0^2 p_z}{\gamma_w nS_r} \qquad (8-32)$$

式中，A_c——土体的截面积；

$\quad A_f$——过流面积；

$\quad k_d$——渗透系数；

$\quad n$——孔隙率；

$\quad S_r$——饱和度；

$\quad \gamma_w$——水的重度。

第一种情况：不考虑微电场效应的渗透系数，则 $E_z = 0$，$\alpha = 0$，由式(8-31) 可得式(8-33)

$$q = \frac{\pi r_0^4}{8\eta} p_z \qquad (8-33)$$

代入式(8-32)，得到渗透系数的表达式，见式(8-33)。

$$k_d = \frac{\gamma_w r_0^2}{8\eta} nS_r \qquad (8-34)$$

第二种情况：考虑微电场效应的渗透系数，则 $E_z \neq 0$，$\alpha \neq 0$，将式(8-30)代入 (8-31)，可得或 (8-35)。

$$q_e = \frac{\pi r_0^2}{\eta} \left[\frac{1}{8} p_z r_0^2 - \frac{(\varepsilon_0 \varepsilon_r)^2 p_z (\psi_0 - \bar{\psi}) + \alpha \eta \sigma_s}{\eta \sigma_s + (\varepsilon_0 \varepsilon_r)^2 \bar{\psi}'^2} (\psi_0 - \bar{\psi}) \right] \quad (8-35)$$

将式(8-28) 代入式(8-32) 中，可得

$$k_e = \frac{\gamma_w nS_r}{\eta} \left[\frac{1}{8} r_0^2 - \frac{(\varepsilon_0 \varepsilon_r)^2 (\psi_0 - \bar{\psi}) + \frac{\alpha}{p_z} \eta \sigma_s}{\eta \sigma_s + (\varepsilon_0 \varepsilon_r)^2 \bar{\psi}'^2} (\psi_0 - \bar{\psi}) \right]$$

令 $\beta = \frac{\alpha}{p_z}$，得到等效渗透系数的表达式，见式(8-36)。

$$k_e = \frac{\gamma_w nS_r}{\eta} \left[\frac{1}{8} r_0^2 - \frac{(\varepsilon_0 \varepsilon_r)^2 (\psi_0 - \bar{\psi}) + \beta \eta \sigma_s}{\eta \sigma_s + (\varepsilon_0 \varepsilon_r)^2 \bar{\psi}'^2} (\psi_0 - \bar{\psi}) \right] \quad (8-36)$$

同时，可以得出两种情况下的渗透系数和等效渗透系数之比，见

式(8-37)。

$$\frac{k_d}{k_e}=\frac{\dfrac{\gamma_w r_0^2}{8\eta}nS_r}{\dfrac{\gamma_w nS_r}{\eta}\left[\dfrac{1}{8}r_0^2-\dfrac{(\varepsilon_0\varepsilon_r)^2(\psi_0-\overline{\psi})+\beta\eta\sigma_s}{\eta\sigma_s+(\varepsilon_0\varepsilon_r)^2\overline{\psi'^2}}(\psi_0-\overline{\psi})\right]} \quad (8-37)$$

5. 等效黏滞系数 η_e

将式(8-1) 代入式(8-18)，可得式(8-38)。

$$q=2\pi\int_0^{r_0}v_z r\mathrm{d}r=2\pi\int_0^{r_0}\frac{\gamma_w r_0^2}{8\eta}i_h r\mathrm{d}r$$
$$=2\pi\int_0^{r_0}\frac{r_0^2}{8\eta}P_z r\mathrm{d}r \quad (8-38)$$
$$=\frac{\pi r_0^4 P_z}{8\eta}$$

将上式代入式(8-35) 左边，且令 $\alpha=\beta p_z$，得式(8-39)。

$$\eta_e=\frac{\eta r_0^2}{r_0^2-8\dfrac{(\varepsilon_0\varepsilon_r)^2(\psi_0-\overline{\psi})+\beta\eta\sigma_s}{\eta\sigma_s+(\varepsilon_0\varepsilon_r)^2\overline{\psi'^2}}(\psi_0-\overline{\psi})} \quad (8-39)$$

6. 电势场计算

(1) 电势方程的求解

由式(8-36)、(8-37) 可知，要计算考虑微电场效应及结合水抗剪强度的等效渗透系数 k_e，需要先求解电势方程，再由电势 ψ 求解出 $\overline{\psi}$、$\overline{\psi'^2}$。圆孔模型电势方程见式(8-13)。

电势方程为高度非线性方程，求出解析解比较困难，现考虑电势 ψ 很小（大约小于 25mV）的情况。则 $v_i e\psi/kT\ll1$，由指数函数的麦克劳林展开式可得式(8-40)。

$$\exp(-v_i e\psi/kT)=1+(-v_i e\psi/kT)+\frac{1}{2!}(-v_i e\psi/kT)^2+\cdots$$
$$+\frac{1}{n!}(-v_i e\psi/kT)^n+\frac{\exp\theta(-v_i e\psi/kT)}{(n+1)!}(-v_i e\psi/kT)^{n+1}$$
$$\approx1+(-v_i e\psi/kT) \quad (8-40)$$

其中，$0<\theta<1$。将式(8-40) 代入电势方程式(8-13)，则可得

式(8-41)

$$\frac{\mathrm{d}^2\psi}{\mathrm{d}r^2} + \frac{1}{r}\frac{\mathrm{d}\psi}{\mathrm{d}r} = -\frac{e}{\varepsilon_0\varepsilon_r}\sum_i v_i n_{i0}\left[1 + (-v_i e\psi/kT)\right]$$

$$= \frac{\psi e^2}{\varepsilon_0\varepsilon_r kT}\sum_i n_{i0}v_i^2 - \frac{e}{\varepsilon_0\varepsilon_r}\sum_i n_{i0}v_i$$

$$= \left(\frac{e^2}{\varepsilon_0\varepsilon_r kT}\sum_i n_{i0}v_i^2\right)\psi - \frac{e}{\varepsilon_0\varepsilon_r}\sum_i n_{i0}v_i \qquad (8-41)$$

由于孔隙液呈电中性，因此可以判断在一定离子浓度的孔隙液中，$\sum_i n_{i0}v_i = 0$，即可得式(8-42)。

$$\frac{\mathrm{d}^2\psi}{\mathrm{d}r^2} + \frac{1}{r}\frac{\mathrm{d}\psi}{\mathrm{d}r} = \left(\frac{e^2}{\varepsilon_0\varepsilon_r kT}\sum_i n_{i0}v_i^2\right)\psi \qquad (8-42)$$

令 $\Phi = \dfrac{e\psi}{kT}$，$\xi = Kr$，其中，$K^2 = \dfrac{e^2\sum_i n_{i0}v_i^2}{\varepsilon_0\varepsilon_r kT}$，(8-42)在双电层理论中，$1/K$ 通常称为双电层厚度，将式(8-42)进行无量纲化处理，则可得式(8-43)。

$$\frac{\mathrm{d}^2\Phi}{\mathrm{d}\xi^2} + \frac{1}{\xi}\frac{\mathrm{d}\Phi}{\mathrm{d}\xi} = \Phi \qquad (8-43)$$

两边乘以 ξ^2 并移项后，则得式(8-44)。

$$\xi^2\frac{\mathrm{d}^2\Phi}{\mathrm{d}\xi^2} + \xi\frac{\mathrm{d}\Phi}{\mathrm{d}\xi} - \xi^2\Phi = 0 \qquad (8-44)$$

Φ 的解为 $\Phi = b_1 I_0\ (\xi)\ + b_2 k_0\ (\xi)\ = b_1 I_0\ (Kr)\ + b_2 k_0\ (Kr)$。

其中，b_1、b_2 为积分常数；I_0、k_0 为零阶第一、第二类虚宗量 Bessel 函数。

根据边界条件式(8-14)，$\psi|_{r=r_0} = \psi_0$，$\psi|_{r\to 0} =$ 有限值，

当 $r \to 0$ 时，$k_0 \to \infty$，使 $\psi = \dfrac{\Phi kT}{e} \to \infty$，与边界条件式(8-14)矛盾，因此 $b_2 = 0$。

当 $r = r_0$ 时，$\Phi = \dfrac{e\psi}{kT}\Big|_{r=r_0} = \dfrac{e\psi_0}{kT} = \Phi_0 = b_1 I_0\ (Kr_0)$，因此 $b_1 = \dfrac{e\psi_0}{kT I_0\ (Kr_0)}$。

因此，$\Phi = \dfrac{e\psi_0}{kTI_0\,(Kr_0)}I_0\,(Kr)$。

从而可求得电势 ψ 的表达式，见式(8 - 45)。

$$\psi = \frac{kT}{e}\Phi = \frac{kT}{e}\frac{e\psi_0}{kTI_0\,(Kr_0)}I_0\,(Kr) = \frac{\psi_0}{I_0\,(Kr_0)}I_0\,(Kr) \qquad (8-45)$$

其中，

$$I_0\,(Kr) = \sum_{k=0}^{\infty}\frac{1}{k!\,\Gamma(k+1)}\left(\frac{Kr}{2}\right)^{2k}$$

$$= \sum_{k=0}^{\infty}\frac{1}{(k!)^2}\left(\frac{Kr}{2}\right)^{2k}$$

(2) 电势平均值 $\overline{\psi}$。

根据式(8 - 27)，可得式(8 - 46)。

$$\overline{\psi} = \frac{1}{\pi r_0^2}\int_0^{2\pi}\int_0^{r_0}\psi r\,\mathrm{d}r\mathrm{d}\theta = \frac{1}{\pi r_0^2}\int_0^{2\pi}\int_0^{r_0}\frac{\psi_0}{I_0\,(Kr_0)}I_0\,(Kr)r\,\mathrm{d}r\mathrm{d}\theta$$

$$= \frac{\psi_0}{I_0\,(Kr_0)}\overline{I}_0 \qquad (8-46)$$

其中，

$$\overline{I}_0 = \frac{1}{\pi r_0^2}\int_0^{2\pi}\int_0^{r_0}I_0\,(Kr)r\,\mathrm{d}r\mathrm{d}\theta = \frac{1}{\pi r_0^2}\int_0^{2\pi}\int_0^{r_0}\sum_{k=0}^{\infty}\frac{1}{(k!)^2}\left(\frac{Kr}{2}\right)^{2k}r\,\mathrm{d}r\mathrm{d}\theta$$

$$= \sum_{k=0}^{\infty}\frac{1}{(k+1)(k!)^2}\left(\frac{Kr_0}{2}\right)^{2k}$$

(3) 电势导数平方的平均值 $\overline{\psi}'^2$。

由式(8 - 28)，可得式(8 - 47)。

$$\overline{\psi}'^2 = \frac{1}{\pi r_0^2}\int_0^{2\pi}\int_0^{r_0}\psi'^2 r\,\mathrm{d}r\mathrm{d}\theta$$

$$= \frac{1}{\pi r_0^2}\int_0^{2\pi}\int_0^{r_0}\left[\frac{\psi_0}{I_0\,(Kr_0)}I'_0\,(Kr)\right]^2 r\,\mathrm{d}r\mathrm{d}\theta \qquad (8-47)$$

$$= \frac{\psi_0^2}{I_0^2\,(Kr_0)}\overline{I}'^2_0$$

其中，

$$\overline{I'}_0^2 = \frac{1}{\pi r_0^2} \int_0^{2\pi} \int_0^{r_0} [I'_0(Kr)]^2 r \mathrm{d}r \mathrm{d}\theta$$

$$= K^2 \sum_{n=0}^{\infty} \left[\frac{1}{(n+2)} \sum_{k=0}^{n} \frac{k+1}{[(k+1)!]^2} \frac{n-k+1}{[(n-k+1)!]^2} \right] \left(\frac{Kr_0}{2} \right)^{2(n+1)}$$

通过求解电势方程，求出 $\overline{\psi}$、$\overline{\psi'^2}$，再由式（8-4）求出毛细管等效半径 r_0，进而利用圆孔模型计算出 k_e。

8.3 软土渗流计算

本节对圆孔模型进行数值计算，首先分析理论公式中的孔隙等效尺寸 r_0、表面电位 ψ_0、电导率 σ_s 和黏滞系数 η 对渗透系数的影响，进而将理论结果与实测结果进行对比。

8.3.1 主要的参数取值及系数确定

计算分析所采用的人工软土试样为膨润土和混合土（33.3%膨润土＋66.7%高岭土），孔隙液为 NaCl 溶液，主要的参数和系数如下。

1. 物理常数

真空介电常数 ε_0：8.8542×10^{-12} F/m。

水的相对介电常数 ε_r：80.0。

Boltamann 常数 k：1.38×10^{-16} erg/°K（尔格/°K）＝1.38×10^{-23} J·K^{-1}。

水的密度 ρ_w：1.0g/cm^3。

水的重度 γ_w：10kN/m^3。

水的黏滞系数 η_0：1.088×10^{-3} Pa·s（17℃）。

电子电荷 e：4.8×10^{-10} esu（静电单位）＝1.602×10^{-19} C。

离子价 v_1：±1。

阿伏伽德罗常数 N：6.02×10^{23} ion/gram-molecule（离子/克分子）。

2. 土样基本参数

温度 T：290K（17℃）。

比重 G_s：膨润土为 2.49，人工软土为 2.63。

比表面积 S_0：膨润土为 39.8m^2/g，混合土为 24.9m^2/g（均指外比表面积）。

孔隙比 e_0：膨润土为 1.64，人工软土为 1.64。

形状系数 C_s：膨润土为 0.2～0.4，混合土为 0.3～0.6。

3. 圆孔模型实验系数确定

考虑颗粒表面微电场作用的剪应力 τ_e 与颗粒表面电场及水力梯度有关，可以利用直剪试验数据来拟合式（8-8）中的实验系数 α 和 δ，并且已知 $\beta = \dfrac{\alpha}{p_z} = \dfrac{\alpha}{-\dfrac{dp}{dz}} = \dfrac{\alpha}{\gamma_w\left(-\dfrac{dH}{dz}\right)} = \dfrac{\alpha}{\gamma_w I}$，取 200kPa 竖向压力下的抗剪强度数据进行拟合，圆孔模型实验系数的拟合结果见表 8-1。

表 8-1　圆孔模型实验系数的拟合结果

试样名称	孔隙液离子浓度 $n/$ (mol/L)	抗剪强度 $\tau/(\times 10^4 \mathrm{g}/\mathrm{cm}^2)$	$\dfrac{d\phi}{dr}/$ $(\times 10^8 \mathrm{mV/cm})$	$\alpha/$ $(\times 10^{-5}\mathrm{g}/\mathrm{mV\cdot cm})$	$\delta/$ $(\times 10^4 \mathrm{g}/\mathrm{cm}^2)$	$\beta/$ $(\times 10^{-7}\mathrm{cm}^2/\mathrm{mV})$
膨润土	0.0083	6.29	4.840	1.175	5.530	1.175
	0.083	6.65	10.485			
	0.83	6.47	17.859			
	2.0	8.89	19.397			
人工软土 (33.3%膨润土+66.7%高岭土)	0.0083	4.73	4.770	6.136	2.010	6.136
	0.083	8.58	10.071			
	0.5	11.57	16.192			
	0.83	12.24	16.363			

注：β 与水力梯度 I 有关，表中取 $I=1$ 时的值。

8.3.2　孔隙等效尺寸对渗透系数的影响

本节重点研究 0.01～100μm 的孔隙等效尺寸对渗透系数的影响。土颗粒表面电位 $\psi_0 = 224\mathrm{mV}$（膨润土），$\psi_0 = 222\mathrm{mV}$（混合土）；电导率 $\sigma_s = 8.5 \times 10^{-6}\mathrm{S/cm}$，孔隙液离子浓度 $n = 8.3 \times 10^{-4}\mathrm{mol/L}$，孔隙液黏滞系数 $\eta = 1.088 \times 10^{-3}\mathrm{Pa\cdot s}$。将各参数输入计算程序中，可得到圆孔模型的 k_d/k_e 与孔隙等效尺寸的理论关系曲线，如图 8-3 所示。

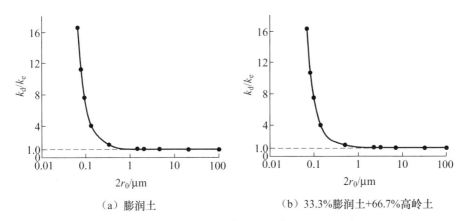

图 8-3 k_d/k_e 与孔隙等效尺寸的理论关系曲线

　　从理论关系曲线可以看出，当孔隙等效尺寸（$2r_0$ 或 d_0）低于 $1\mu m$ 时，k_d/k_e 大于 1，当 r_0 为 $0.1\mu m$ 时，k_d/k_e 迅速增大至 10 倍以上，表明微电场效应在微米级以下尺寸的孔隙中的影响程度非常显著；当孔隙等效尺寸为 $1\mu m$ 以上时，k_d/k_e 值接近于 1，即渗流的微电场效应的影响程度非常微小。由第五章 MIP 测试结果可知，天然软土中微米级以下尺寸孔隙的比分达到甚至超 90%。也就是说，极细颗粒土的孔隙尺寸正处于微电场效应作用显著的范围，研究该类软土的渗流特性时，应该考虑微电场效应的影响，此时按照 Darcy 定律计算的渗透系数将高于考虑微电场效应的渗透系数（相当于 $k_d/k_e > 1$），若不考虑渗流的微电场效应，由此引起的误差可能非常可观；粗颗粒土由于粒径较大，形成的孔隙尺寸通常在微米级以上，孔隙水的流动基本上可以忽略微电场效应的影响。

8.3.3 颗粒表面电位对等效渗透系数的影响

　　本节研究其他参数保持不变的情况下，分析颗粒表面电位对等效渗透系数的影响。颗粒表面电位 $\psi_0 = 7 \sim 224 mV$（膨润土），$\psi_0 = 7 \sim 222 mV$（混合土），电导率 $\sigma_s = 8.5 \times 10^{-6} S/cm$，孔隙液离子浓度 $n = 8.3 \times 10^{-4} mol/L$，孔隙液黏滞系数 $\eta = 1.088 \times 10^{-3} Pa \cdot s$。圆孔模型得出的等效渗透系数与表面电位的理论关系曲线如图 8-4 所示。

　　模型计算结果表明，当其他因素不变时，提高表面电位 ψ_0 将导致等效渗透系数 k_e 降低，这与第六章的试验结果相符。颗粒表面电位的提高可使微电场增强，对颗粒附近的离子和水产生的吸引力也随之增大，能形成更厚的结合水膜，降低了颗粒间自由水渗流通道的有效尺寸。结合水虽然也具有流动性，但需要克服结合水本身的黏滞性和抗剪强度后才能产生流动。因此在水力梯度一定的情况下，颗粒表面电位越高，土体等效渗透性越低，这也与防渗材料应用领域中关于 GCL 衬垫渗透性的研究结论一致（Lake C B 等，2000；徐红等，2007）。

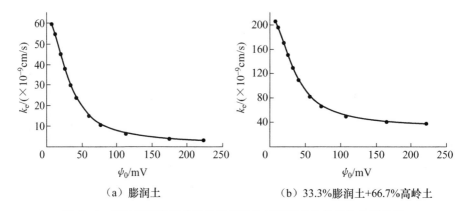

（a）膨润土   （b）33.3%膨润土+66.7%高岭土

图 8 - 4   圆孔模型得出的等效渗透系数与表面电位的理论关系曲线

8.3.4   土体电导率对等效渗透系数的影响

土体电导率可表示土体的导电性能，当温度一定时，土体电导率与孔隙液中可溶盐或其他可分解为电解质的物质含量有关。一般情况下，孔隙液中电解质浓度越高，土体的导电性能越强，电导率也就越高。本节研究土体电导率 σ_s 在 $8.5 \times 10^{-6} \sim 1.05 \times 10^{-3}$ S/cm 时等效渗透系数的变化情况。计算参数为：土颗粒表面电位 $\psi_0 = 224$ mV（膨润土），$\psi_0 = 222$ mV（混合土），孔隙液离子浓度 $n = 8.3 \times 10^{-4}$ mol/L，孔隙液黏滞系数 $\eta = 1.088 \times 10^{-3}$ Pa·s，圆孔模型得出的等效渗透系数与土体电导率的理论关系曲线如图 8 - 5 所示。

从圆孔模型结果来看，当其他因素不变，土体等效渗透系数 k_e 会随着电导率 σ_s 的增加而增大。土体电导率来自土颗粒的带电性质，是反映土壤电化学性质的基础指标之一，在土壤治理与开发利用领域有较全面的研究（Friedman S P，2005；陈仁朋等，2010），研究表明与土颗粒电荷量有关的因素都会影响土体电导率，其中溶液 pH 值、阳离子交换量（CEC）、含水量、可溶盐含量、土体性质的影响尤为明显。当温度、溶液 pH 值、含水量等条件基本相同时，土颗粒的 CEC 越大，可溶盐含量越多，孔隙液中的电解质含量就越高，土体导电性能就越强，电导率就越大，因此，可以认为土体电导率与等效渗透系数成正相关关系。

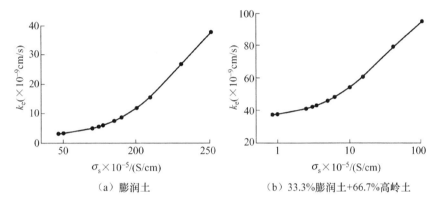

（a）膨润土　　　　　　　　（b）33.3%膨润土+66.7%高岭土

图 8-5　圆孔模型得出的等效渗透系数与土体电导率的理论关系曲线

8.3.5　孔隙液黏滞系数对等效渗透系数的影响

孔隙液黏滞系数是孔隙液中相邻的流层由于流速不同而产生内摩阻力的体现，它与孔隙液的性质、水力梯度和接触面积有关。当孔隙液黏滞系数发生变化时，孔隙液的流动阻力就会发生改变，从而对其渗透性能产生影响。本节研究中孔隙液黏滞系数 η 为 $1.088\times10^{-3}\sim8.0\times10^{-3}\,\mathrm{Pa\cdot s}$，土颗粒表面电位 $\psi_0=224\,\mathrm{mV}$（膨润土），$\psi_0=222\,\mathrm{mV}$（混合土），土体电导率 $\sigma_s=8.5\times10^{-6}\,\mathrm{S/cm}$，孔隙液离子浓度 $n=8.3\times10^{-4}\,\mathrm{mol/L}$。圆孔模型得出的等效渗透系数与孔隙液黏滞系数的理论关系曲线如图 8-6 所示。

模型计算结果很好地反映了孔隙液流动阻力对土体渗流特性的影响，即在其他因素不变时，增大孔隙液黏滞系数会使孔隙液流层间的剪切应力增加，孔隙液流动的内摩阻力增大，引起土体渗透性的降低，因而等效渗透系数降低。

土颗粒表面电位变化范围为 ψ_0 为 $7\sim77\,\mathrm{mV}$（膨润土），ψ_0 为 $7\sim72\,\mathrm{mV}$（混合土），土体电导率 $\sigma_s=8.5\times10^{-6}\,\mathrm{S/cm}$，孔隙液离子浓度 $n=8.3\times10^{-4}\,\mathrm{mol/L}$。

可见，等效黏滞系数 η_e 随着表面电位 ψ_0 的升高而增大，表明在高表面电位下孔隙液流动的阻力变大，这从另一侧面验证了 8.3.2 节的结论，即在高表面电位的土体中孔隙液黏滞系数高于一般的水溶液，表现为流动阻力较大，土体渗透性较低。随着表面电位 ψ_0 的降低，颗粒表面微电场对孔隙水的影响逐渐减小，等效黏滞系数 η_e 出现下降，并逐步接近普通水的黏滞系数（$t=17℃$时，$\eta=1.088\times10^{-3}\,Pa\cdot s$）。图 8-7 为圆孔模型得出的等效黏滞系数与表面电位的理论曲线。

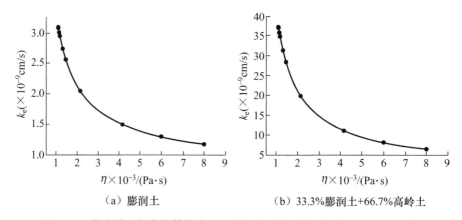

（a）膨润土　　　　　　　　　（b）33.3%膨润土+66.7%高岭土

图 8-6　圆孔模型得出的等效渗透系数与孔隙液黏滞系数的理论关系曲线

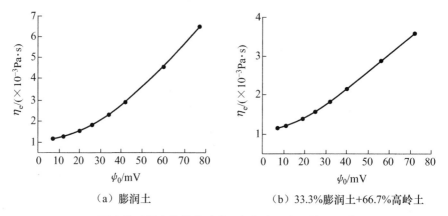

（a）膨润土　　　　　　　　　（b）33.3%膨润土+66.7%高岭土

图 8-7　圆孔模型得出的等效黏滞系数与表面电位的理论关系曲线

8.4　模型计算结果与实测结果的对比分析

为了验证圆孔模型的合理性和有效性，本节利用圆孔模型对等效渗透系数与土颗粒表面电位的关系进行计算，并与渗流固结法的测试结果进行对比。采用的软土试样为膨润土和混合土（33.3%膨润土＋66.7%高岭土），分析计算中的物理常数与上一节取值相同，其余参数见表 8-2。其中表面电位 ψ_0 是根据相互作用的双电层模型计算得出的，考虑到孔隙液浓度和温度会对水的黏滞系数产生影响，可按式（8-48）计算取值（Glenn H 等，2003）。

$$\mathrm{Log}\left(\frac{\eta}{\eta_0}\right)=(B_1+B_2 t)n_i+(D_1+D_2 t)n_i^2 \tag{8-48}$$

式中，$\overline{\eta}_0$——纯水在 17℃时的黏滞系数，$\eta_0=1.088\times10^{-3}\,\mathrm{Pa\cdot s}$；

B_1，B_2，D_1，D_2——系数，$B_1=2.9109\times10^{-2}$，$B_2=3.3652\times10^{-4}$，$D_1=3.2737\times10^{-3}$，$D_2=-5.4790\times10^{-5}$；

t——温度，$t=17℃$；

n_i——孔隙液离子浓度，$\mathrm{mol/L}$。

表 8-2　圆孔模型计算参数

试样名称	孔隙液离子浓度 $n_i/(\mathrm{mol/L})$	表面电位 ψ_0/mV	孔隙比 e_0	黏滞系数 η $(\times10^{-3}\mathrm{Pa\cdot s})$	电导率 σ_s $(\times10^{-5}\mathrm{S/cm})$	形状系数 C_s
膨润土	8.3×10^{-4}	224	1.640	1.088	0.85	0.120
	8.3×10^{-3}	176	1.625	1.089	1.00	0.219
	8.3×10^{-2}	114	1.655	1.095	2.50	0.230
	2.7×10^{-1}	80	1.640	1.112	2.75	0.230
	5.0×10^{-1}	77	1.640	1.134	3.06	0.231
	8.3×10^{-1}	61	1.635	1.167	3.50	0.280
	2.0	43	1.630	1.305	5.00	0.500
	3.0	34	1.640	1.453	6.28	0.810
	6.0	26	1.640	2.138	10.10	1.730

续表

试样名称	孔隙液离子浓度 $n_i/(mol/L)$	表面电位 ψ_0/mV	孔隙比 e_0	黏滞系数 η ($\times 10^{-3}$ Pa·s)	电导率 σ_s ($\times 10^{-5}$ S/cm)	形状系数 C_s
混合土 (33.3%膨润土+66.7%高岭土)	8.3×10^{-4}	222	1.640	1.088	0.85	0.290
	8.3×10^{-3}	165	1.625	1.089	1.00	0.400
	8.3×10^{-2}	107	1.625	1.095	2.50	1.200
	2.2×10^{-1}	84	1.640	1.108	2.68	3.500
	5.0×10^{-1}	72	1.640	1.134	3.06	5.400
	8.3×10^{-1}	56	1.645	1.167	3.50	7.000
	2.0	40	1.640	1.305	5.00	9.520
	6.0	25	1.640	2.138	10.10	17.000

图 8-8 为圆孔模型得出的等效渗透系数与表面电位的理论关系曲线，表 8-3 为圆孔模型计算结果与实测结果对比。

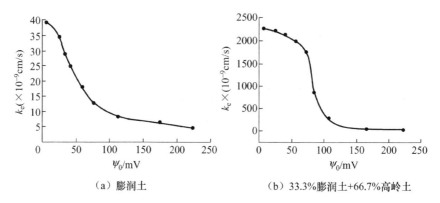

（a）膨润土   （b）33.3%膨润土+66.7%高岭土

图 8-8 圆孔模型得出的等效渗透系数与表面电位的理论关系曲线

表 8-3 圆孔模型计算结果与实测结果对比

试样名称	孔隙液离子浓度 $n_i/(mol/L)$	表面电位 ψ_0/mV	圆孔模型 k_e ($\times 10^{-9}$ cm/s)	k_d/k_e	实测 k_e ($\times 10^{-9}$ cm/s)
膨润土	8.3×10^{-4}	224	4.7	5.1	4.5

续表

试样名称	孔隙液离子浓度 $n_i/$（mol/L）	表面电位 ψ_0/mV	圆孔模型 k_e（$\times 10^{-9}$ cm/s）	k_d/k_e	实测 k_e（$\times 10^{-9}$ cm/s）
膨润土	8.3×10^{-3}	176	6.6	4.0	6.0
	8.3×10^{-2}	114	8.4	4.4	7.8
	2.7×10^{-1}	80	12.4	2.8	11.8
	8.3×10^{-1}	61	18.2	2.2	17.1
	2.0	43	25.0	2.6	23.2
	5.0	27	34.3	2.7	32.1
人工软土（33.3%膨润土＋66.7%高岭土）	8.3×10^{-4}	222	35.6	2.9	38.5
	8.3×10^{-3}	165	53.6	2.6	58.1
	8.3×10^{-2}	107	295.6	1.4	310.4
	2.2×10^{-1}	84	863.6	1.4	818.0
	5.0×10^{-1}	72	1755.7	1.1	1724.4
	8.3×10^{-1}	56	1996.1	1.2	1959.7
	5.0	25	2226.8	1.2	2208.9

注：表中的实测等效渗透系数为渗流固结法试验结果，试验操作步骤及数据处理参见第二章。

　　模型计算结果与实测结果表明，土颗粒表面的微电场可明显影响极细颗粒土的渗流特性，等效渗透系数随着颗粒表面电位的增加（或孔隙液离子浓度的降低）而降低，而 k_d/k_e 则出现上升趋势。这可从极细颗粒土渗流与结合水性质的关系角度进行解释：带电颗粒表面的微电场与孔隙液中的离子相互作用形成双电层，双电层中的水分子受到静电引力作用而定向排列构成了覆盖在颗粒表面的结合水膜，结合水膜的存在一方面缩小了孔隙的等效直径，使土体的渗透性降低；另一方面，结合水膜具有一定的黏滞性与抗剪强度，驱使结合水流动需要较大的水力梯度，因而，较厚的结合水膜会降低孔隙水的流动性。孔隙液中阳离子数量的增加即孔隙液离子浓度的提高使双电层变薄，压缩了结合水膜（特别是弱结合水膜）的厚度，孔隙的等效直径增大，孔隙水的流动性增强，表现为等效渗透系数提高，土体的渗流特性接近 Darcy 渗流。实测结果与模型计算结果的理论关系曲线的变化趋势是一致的，表明圆孔模型能合理地模拟等效渗透系数与表面电位的关系，而且能较好地反映微电场效应对不同矿物成分软土渗流特性影响的显著程度。例如，混合土的等效渗透系数变化幅度要比膨润土大得多，即混合土对微电场效应的影响更为敏感，这与 6.3 节分析结论一致。

8.5　本章小结

本章建立了软土渗流的圆孔模型，模拟了各参数变化对软土渗流特性的影响，将模型计算结果与实测结果进行比对，得出的主要结论如下。

（1）圆孔模型将软土的渗流简化为圆孔中的渗流，把结合水视为具有抗剪强度的黏性介质，自由水作为黏性渗流介质。圆孔模型考虑了土颗粒表面电位、电导率、孔隙液的性质（如黏滞性和抗剪强度）、离子浓度和价数、孔隙尺度等参数的影响，可以定量计算出特定软土的等效渗透系数。

（2）模型计算结果表明软土的渗流特性受孔隙等效直径的影响显著。当孔隙等效直径达到 $1\mu m$ 以上时，k_e 与 k_d 非常接近，即微电场效应在粗粒土中可以忽略不计；反之，当孔隙等效直径低于 $1\mu m$ 时，k_d/k_e 迅速增大，微电场效应明显，研究极细颗粒土若不考虑渗流的微电场效应，会引起非常大的误差。

（3）颗粒的表面电位、土体电导率及孔隙液的黏滞系数等参数都能明显影响软土的渗流特性。模型计算结果表明，当其他因素不变时，颗粒的表面电位增加或土体电导率降低或孔隙液的黏滞系数增大，软土的等效渗透系数都将迅速减小。

（4）圆孔模型能较好地模拟软土的渗流特性随颗粒的表面电位的变化规律，模型计算结果与实测结果的变化趋势一致，模型可以反映不同矿物成分软土渗流的微电场效应的显著程度。

第九章
基于微观分析的软土
固结特性研究

9.1 概　　述

　　珠江三角洲地区广泛分布着厚度几米至几十米的全新世海积软土层（黄镇国等，1982），因其具有含水率大、孔隙比高、压缩性大、强度低等特点，时有地基沉陷、地基失稳等工程事故出现。许多研究表明，软土的宏观工程性质很大程度上取决于其微观结构及变化规律（谷任国等，2009）。由前文研究分析可知，软土的微观结构特征（颗粒形状、分布、排列和连结方式等）及孔隙特征（孔隙比、孔隙尺度及分布、连通性、曲折性等）都对软土固结特性（压缩性和渗透性）有着重大的影响。如高孔隙比是导致软土高含水率、低强度、高压缩性的直接因素，而孔隙比、孔隙尺度及分布、连通性、曲折性等是决定软土渗透性的关键因素。

　　软土在压力作用下体积减小的工程特性即土的压缩性，主要由外力作用下软土孔隙变化所引起，而压缩性主要由与孔隙率、孔隙尺度、连通性等特征直接关联的渗透性所决定（周晖等，2010）。排水固结法是饱和软土的有效加固方法（童华炜等，2007；杨伟等，2008），在排水固结过程中，土体的微观结构特征及孔隙特征随固结压力和时间不断变化，如固结过程中结构单元体的连接方式由边—边、边—面连接向面—面连接转变，平均圆形度、平均形状系数不断降低，结构单元体的长轴向垂直于荷载方向旋转，定向性增强，概率熵减小；孔隙体积减小，孔隙尺度及分布向小、微甚至超微转化，孔隙连通性和曲折性变差等。这些微观因素的变化，促使了固结过程中软土渗透性、压缩性的变化，从而进一步引起软土固结特性的改变。

为揭示蕴含在微观结构变化规律中的软土固结的力学行为机制、变形规律与加固机制，从而可以建立合理的基于微观试验的修正固结模型。本章以珠江三角洲地区典型淤泥土（番禺软土）为研究对象（该软土孔隙比最大、含水率最大、压缩性最明显），从微观角度建立基于孔隙压缩规律和渗流机制的修正固结模型，并将计算结果与现有太沙基固结模型计算结果及实测结果进行对比分析，用以完善现有的软土固结理论，指导工程设计和实践。

9.2 软土压缩性和渗透性的微观参数分析

由前文分析可知，软土固结特性由其压缩性和渗透性共同决定，而软土的微观结构特征及孔隙特征又共同影响和改变软土的压缩性和渗透性。本节将讨论它们之间的相关性，研究固结过程中，软土的微观结构和孔隙特征的改变对软土固结特性产生的影响。

9.2.1 软土压缩性与微观参数的关系及机理分析

软土压缩性与其孔隙比、孔隙尺度分布、孔隙水渗流类型、软土的微观结构及施加的荷载等因素有关（李广信，2004）。可以认为，固结压力改变了土体的微观结构特征，从而导致其压缩性改变。图 9-1、图 9-2 所示为番禺软土试样的孔隙比与固结压力的关系曲线（e-p 曲线）和压缩系数（$a=-\Delta e/\Delta p$）与固结压力的关系曲线（a-p 曲线）。固结过程中番禺软土试样的孔隙比 e 与压缩系数 a 具体数值列于表 9-1 中。

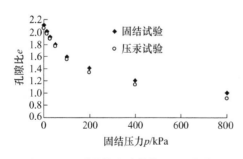

图 9-1 番禺软土试样的 e-p 曲线

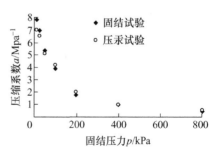

图 9-2 番禺软土试样的 a-p 曲线

表 9-1　固结过程中番禺软土试样的孔隙比 e 与压缩系数 a

试样名称	固结压力 p/kPa	孔隙比 e		压缩系数 a/Mpa⁻¹	
		固结试验	压汞试验	固结试验	压汞试验
番禺软土	0	2.11	2.06		
	12.5	2.01	1.97	7.84	7.04
	25	1.92	1.89	6.96	6.96
	50	1.79	1.77	5.36	5.12
	100	1.59	1.55	3.94	4.44
	200	1.41	1.34	1.79	2.05
	400	1.21	1.14	1.01	1.02
	800	0.99	0.91	0.50	0.58

　　由图 9-1 和图 9-2 可知，软土试样的孔隙比和压缩系数均随固结压力增大而减小。这是因为天然软土或固结压力较小时的软土具有较大的孔隙比和等效孔径，大、中孔隙所占比例大，而大孔隙容易被压缩而湮灭或分裂成较小的孔隙，因而体现为土体压缩性高，压缩系数 a 较大；当固结压力较大（$p>200$kPa）时，大孔隙已被压缩湮灭，等效孔径减小，微孔隙和超微孔隙所占比例较大，此时数量众多的微小孔隙及封闭孔隙不易被压缩湮灭，土体中孔隙水以结合水渗流为主，不易排出，孔隙比变化较小，固结压力的增加还会导致软土内结构强度的增大，故此时软土表现为较小的压缩性，压缩系数 a 较小，$a-p$ 曲线变缓且逐渐趋于稳定。

　　由前述分析可知，天然软土的压缩系数由其结构特征决定，不同的软土具有不同的结构特征而具有不同的压缩性。因此，天然软土的压缩系数由初始结构特征决定，一般同时与多个结构参数相关，如结构单元体的孔隙比、等效孔径及大、中孔隙分布等。固结压力引起软土结构特征变化，进而使其压缩性产生变化。实质上，固结软土的压缩性也由其固结后的结构特征决定，只不过固结引起结构特征的变化与固结压力存在独立关系，因而固结引起的压缩性的变化最终可表达为孔隙比与固结压力的关系。综上可知，固结软土的压缩性一般由天然部分和固结变化部分构成，天然部分与结构特征相关，固结变化部分与固结引起结构特征的变化相关，但固结变化部分最终可表达为与固结压力的关系。

9.2.2 软土渗透性与微观参数的关系及机理分析

自 Darcy（1855）提出渗透定律以来，关于土体渗透性的研究经历了漫长的过程。研究表明，影响土体渗透性的因素主要包括：黏粒含量、矿物成分及含量、孔隙大小及存在形式、土体结构及孔隙液的性质等（Tanaka H 等，2003；孔祥言，2010）。由于软土特别是淤泥（质）土主要由极细的黏土胶状物质组成，颗粒直径多为微米级。颗粒表面带电现象非常明显，使水分子定向排列并包围在颗粒表面构成黏度很大的结合水膜，减小了颗粒间孔隙的等效直径，使自由水的流动受到很大的阻力，而结合水膜厚度可随颗粒表面电位的改变而改变，使颗粒间孔隙等效直径变化。因此，在其他因素不变的前提下，软土的渗透性受其孔隙大小及存在形式的影响尤为明显。

软土孔隙大致划分为几种类型：团粒间孔隙（大孔隙）、团粒内孔隙（中、小孔隙）、颗粒间孔隙（小、微孔隙）、颗粒内孔隙（超微孔隙）（Shi J B 等，2000）；按孔隙存在形式主要有连通孔隙、封闭孔隙和残留孔隙等。一般来说，团粒间孔隙（大孔隙）孔径最大、连通性最好，是渗流的主要通道；颗粒内孔隙（超微孔隙）孔径最小、连通性最差；而团粒内孔隙（中、小孔隙）和颗粒间孔隙（小、微孔隙）的孔径居中，在单个集合体内连通性虽好，但从整体看，连通性又较差，它们仅仅是以团粒间孔隙为媒介保持间接联系的。天然软土的渗透性由其结构特征决定，不同软土具有不同的结构特征而具有不同的渗透性，因此，天然软土的渗透系数由结构特征（如孔隙大小、尺寸及分布、孔隙连通性和曲折性等）决定，而固结压力明显改变了软土孔隙的大小、尺寸及分布等结构特征，从而改变了土体的渗透性。

图 9-3 为根据渗透试验和压汞试验数据得到的番禺软土试样的渗透系数 k_V 与固结压力 p 的关系曲线（k_V-p 曲线），具体数值列于表 9-2。

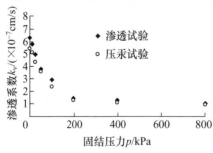

图 9-3 番禺软土试样的 k_V-p 曲线

表 9-2　固结过程中番禺软土试样的渗透系数 k_V

试样名称	固结压力 p/kPa	渗透系数 k_V/（$\times 10^{-7}$ cm/s）	
		渗透试验	压汞试验
番禺软土	0	6.29	5.41
	12.5	5.77	5.11
	25	4.92	4.32
	50	3.76	3.55
	100	2.88	2.34
	200	1.43	1.27
	400	1.27	1.05
	800	1.01	0.93

由图 9-2 和表 9-2 可知，番禺软土试样的渗透系数随固结压力的增大而显著减小。固结压力较小（$p \leqslant 200$kPa）时，软土试样具有较大的孔隙比和等效孔径，孔隙类型以大、中孔隙为主；孔隙水以自由水渗流为主，易于流动和排除；具有较高的渗透性，渗透系数较大。当固结压力较大（$p > 200$kPa）时，试样孔隙比和等效孔径减小，大、中孔隙数量较少，孔隙类型以小、微、超微孔隙为主（后期甚至以微、超微孔隙为主）；孔隙水以结合水渗流为主，流动性小且不易排出；土体的渗透系数小。在固结后期（$p = 800$kPa），试样的渗透系数约为 1.0×10^{-7} cm/s，约为原状试样（固结压力 $p = 0$kPa）的 1/6。

综上可知，固结软土的渗透性一般也可由两部分（天然部分和固结变化部分）构成。其中，天然部分与初始结构特征（主要是孔隙特征）相关，一般同时与多个结构参数相关，如结构单元体的孔隙比、等效孔径及孔隙比等；而固结变化部分与固结引起的结构特征（主要是孔隙特征）的变化相关。

9.2.3　软土压缩性、渗透性与固结特性的关系分析

由 9.2.1 和 9.2.2 节可知，天然软土的压缩性和渗透性均由其天然结构特征决定（一般同时与多个结构参数相关），而因固结引起的压缩性和渗透性的变化部分与固结引起的结构特征的变化有关。因此，软土固结过程中，与其压缩性和渗透性相关的独立因素就是固结压力。

9.3　基于微观分析的软土固结变形计算

饱和软土一维固结变形计算包括平衡方程、孔隙水运动方程、渗流连续方程及土体的应力—应变关系，见式（9-1）～（9-4）。

（1）平衡方程。

$$\frac{\partial \sigma_z}{\partial z} - \frac{\partial p}{\partial z} = F_z \qquad (9-1)$$

式中，σ_z——太沙基有效应力；

$\quad\quad p$——孔隙水压力；

$\quad\quad F_z$——z 方向的体积力。

（2）孔隙水运动方程。

$$-\frac{\partial p}{\partial z} = \frac{\rho_f g}{k} \dot{w}_z \qquad (9-2)$$

式中，$\dot{w}_z$——孔隙水相对于骨架的位移；

$\quad\quad k$——土的渗透系数；

$\quad\quad \rho_f$——孔隙水的密度；

$\quad\quad g$——重力加速度。

（3）渗流连续方程。

在微时间段内，微单元体中孔隙体积的减少应等同于同一时间段内从微单元体流出的水量，即

$$-\frac{n}{K_f} \dot{p} = \frac{(\partial \dot{u}_z + \partial \dot{w}_z)}{\partial z} \qquad (9-3)$$

式中，n——土的孔隙率；

$\quad\quad K_f$——孔隙水的体积模量。

（4）土体的应力—应变关系。

土体的应力—应变关系的一般表达式为

$$\sigma_{ij} = f(\varepsilon_{ij}, t) \qquad (9-4)$$

9.3.1　基于微观分析的固结方程

经典的太沙基固结理论假设固结过程中，渗透系数 k 和压缩系数 a 为

常量，这显然与实际情况不符，由 9.2 节分析可知，两者在固结过程中均减小。下面将建立基于微观分析的固结方程。

1. 应变与有效应力的关系

在一维情况下，大量的试验结果表明，土体的孔隙比 e 与固结压力 p（实际上是有效应力 σ_z）的关系，见式（9-5）。

$$e = e_m + a\ln\sigma_z \qquad (9-5)$$

式中，e_m——$\sigma_z=1$ 时的孔隙比；

　　　a——压缩常数。

式（9-5）存在一个奇异点 $\sigma_z=0$，为此将其改写为式（9-6）。

$$e = e_m + a\ln(\sigma_e + \sigma_z) \qquad (9-6)$$

可以利用 Origin 软件对图 9-1 试验数据进行非线性拟合，确定式（9-6）中的常数 e_m、a、σ_e，拟合曲线如图 9-4 所示。对照式（9-6）可知，$e_m=2.710$，$a=-0.2545$，$\sigma_e=-0.064$。由此得出式（9-7）。

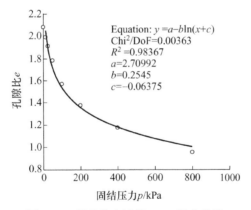

图 9-4　番禺软土试样 e-p 拟合曲线

$$\mathrm{d}\varepsilon_z = \frac{\mathrm{d}e}{1+e} = \frac{a}{1+e}\frac{\mathrm{d}\sigma_z}{\sigma_e+\sigma_z} = \frac{a}{1+e}\frac{1}{\sigma_e+\sigma_z}\left(\frac{\partial\sigma_z}{\partial t}\mathrm{d}t + \frac{\partial\sigma_z}{\partial z}\mathrm{d}z\right) \qquad (9-7)$$

式（9-7）经改写可得式（9-8）和式（9-9）。

$$\frac{\partial\varepsilon_z}{\partial t} = \frac{a}{1+e}\frac{1}{\sigma_e+\sigma_z}\frac{\partial\sigma_z}{\partial t} \qquad (9-8)$$

$$\frac{\partial\varepsilon_z}{\partial z} = \frac{a}{1+e}\frac{1}{\sigma_e+\sigma_z}\frac{\partial\sigma_z}{\partial z} \qquad (9-9)$$

2. 固结方程

通常认为孔隙水是不可压缩的，因此，孔隙水的体积模量 $K_f \to \infty$，由渗流连续方程式(9-3)可得式(9-10)。

$$\frac{\partial \varepsilon_z}{\partial t} = -\frac{\partial \dot{w}_z}{\partial z} \qquad (9-10)$$

由式(9-2)、式(9-8)~式(9-10)得到式(9-11)。

$$\frac{a}{1+e} \frac{1}{\sigma_e + \sigma_z} \frac{\partial \sigma_z}{\partial t} = \frac{k}{\rho_f g} \frac{\partial^2 p}{\partial z^2} \quad \text{或} \quad \frac{1}{\sigma_e + \sigma_z} \frac{\partial \sigma_z}{\partial t} = \frac{k(1+e)}{a\rho_f g} \frac{\partial^2 p}{\partial z^2} \qquad (9-11)$$

在式(9-11)中，令 C_V 为竖向固结系数，可得式(9-12)。

$$C_V = \frac{k(1+e)}{a\rho_f g} \qquad (9-12)$$

式(9-12)的形式虽与太沙基固结理论中竖向固结系数 $C_V = \dfrac{k\ (1+e)}{a_v \gamma}$ 的形式相同，但两者存在本质差别。由于太沙基固结理论假设渗透系数 k、孔隙比 e、压缩系数 a_v 等均为常量，故 C_V 自然也为常量，而式(9-12)考虑了渗透系数 k 和孔隙比 e 随有效应力 σ_z 的变化，其与现有的固结系数有实质不同，竖向固结系数 C_V 始终包含了变量——渗透系数 k 和孔隙比 e。由前述章节分析可知，在软土固结过程中，随着固结压力的增大，软土孔隙特征发生显著变化，从具有较大孔隙比，孔隙类型以大、中孔隙为主，渗透系数 k 相对较大；向孔隙比（率）减少，以小、微甚至超微孔隙为主，渗透系数 k 较小发展。因此，固结过程中竖向固结系数 C_V 也随之发生变化。式(9-11)的竖向固结方程可表达为式(9-13)。

$$\frac{1}{\sigma_e + \sigma_z} \frac{\partial \sigma_z}{\partial t} = C_V \frac{\partial^2 p}{\partial z^2} \qquad (9-13)$$

其中，C_V 的表达式见式(9-14)。

$$C_V(\sigma_z) = C_V^0 + C_0 \ln(\sigma_c + \sigma_z) \qquad (9-14)$$

若采用式(9-13)来拟合竖向固结系数与固结压力（即有效应力）的关系（考虑奇异点 $\sigma_z = 0$ 而引入常数 σ_c），将表 9-1、表 9-2 中 e、k 及 a 代入式(9-12)中，求得不同固结压力下试样的竖向固结系数，并利用 Origin 软件进行非线性拟合，拟合曲线如图 9-5 所示。对照式(9-14)，可确定出常数 $C_V^0 = 10.739$，$C_0 = -1.638$，$\sigma_c = -6.919$。

实际上，式(9-14)中竖向固结系数 $C_V(\sigma_z) = C_V^0 + C_0 \ln(\sigma_c + \sigma_z)$ 的表

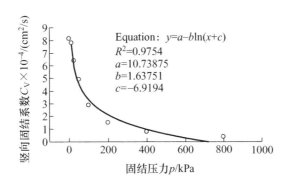

Equation: $y=a-b\ln(x+c)$
$R^2=0.9754$
$a=10.73875$
$b=1.63751$
$c=-6.9194$

图9-5　番禺软土试样 C_V-p 拟合曲线

达，体现了9.2.1节所述的软土的压缩性由天然部分和固结变化部分构成。其中，C_V^0 与软土的天然结构特征有关，而固结变化部分 $C_0\ln(\sigma_c+\sigma_z)$ 最终可由固结压力表达。

将（9-14）代入（9-13），可得式（9-15）。

$$\frac{1}{\sigma_e+\sigma_z}\frac{\partial\sigma_z}{\partial t}=\left[C_V^0+C_0\ln(\sigma_c+\sigma_z)\right]\frac{\partial^2 p}{\partial z^2} \quad (9-15)$$

当体积力 $F_z=0$ 时，利用平衡方程式（9-1），式（9-15）可写成式（9-16）。

$$\frac{1}{\sigma_e+\sigma_z}\frac{\partial\sigma_z}{\partial t}=\left[C_V^0+C_0\ln(\sigma_c+\sigma_z)\right]\frac{\partial}{\partial z}(\frac{\partial p}{\partial z})$$

$$=\left[C_V^0+C_0\ln(\sigma_c+\sigma_z)\right]\frac{\partial^2\sigma_z}{\partial z^2}$$

即　　$$\frac{1}{\sigma_e+\sigma_z}\frac{\partial\sigma_z}{\partial t}=\left[C_V^0+C_0\ln(\sigma_c+\sigma_z)\right]\frac{\partial^2\sigma_z}{\partial z^2} \quad (9-16)$$

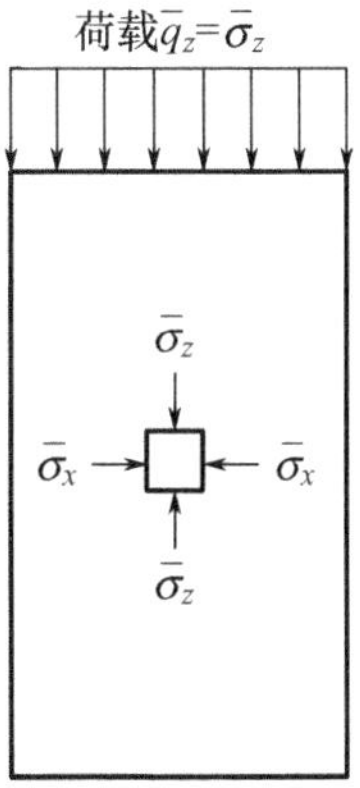

图9-6　荷载不随

如果所施加的荷载不随时间变化（图9-6），则有　**时间变化的情况**

$\bar{\sigma}_z=\sigma_z+P$，$\dfrac{d\bar{q}_z}{dt}=\dfrac{d\bar{\sigma}_z}{dt}=0$，即可得式（9-17）。

$$\frac{d\bar{\sigma}_z}{dt}=\frac{d(\sigma_z+p)}{dt}=0$$

即　　　　$$\frac{d\sigma_z}{dt}=-\frac{dp}{dt} \quad\quad\quad (9-17)$$

式中，$\bar{\sigma}_z$——总应力。

由式（9-16）和式（9-1）、式（9-17），固结方程可表示为式（9-18）。

$$\frac{1}{p - \bar{\sigma}_e} \frac{\partial p}{\partial t} = \left[C_V^0 + C_0 \ln(\bar{\sigma}_c - p) \right] \frac{\partial^2 p}{\partial z^2} \qquad (9-18)$$

式中，$\bar{\sigma}_c = \bar{\sigma}_z + \sigma_c$、$\bar{\sigma}_e = \bar{\sigma}_z + \sigma_e$——常数。

3. 固结变形计算

由固结方程式(9-18)求得孔隙水压力 p 后，可得有效应力 $\sigma_z = \bar{\sigma}_z - p$。再由式(9-6)和式(9-8)或式(9-9)，可给出固结变形的计算，见式(9-19)和式(9-20)。

$$\left. \begin{array}{l} \dfrac{\partial \varepsilon_z}{\partial t} = \dfrac{a}{1+e} \dfrac{1}{\sigma_e + \sigma_z} \dfrac{\partial \sigma_z}{\partial t} \\[2mm] e = e_m + a\ln(\sigma_e + \sigma_z) \end{array} \right\} \qquad (9-19)$$

或

$$\left. \begin{array}{l} \dfrac{\partial \varepsilon_z}{\partial z} = \dfrac{a}{1+e} \dfrac{1}{\sigma_e + \sigma_z} \dfrac{\partial \sigma_z}{\partial z} \\[2mm] e = e_m + a\ln(\sigma_e + \sigma_z) \end{array} \right\} \qquad (9-20)$$

由式(9-19)可得固结过程的应变 ε_z (z, t)，见式(9-21)。

$$\varepsilon_z(z,t) = \int_0^t \frac{a}{1+e} \frac{1}{\sigma_e + \sigma_z} \frac{\partial \sigma_z}{\partial t} dt \qquad (9-21)$$

由式(9-21)积分可得式(9-22)。

$$\begin{aligned} \varepsilon_z(z,t) &= \int_0^t \frac{a}{1+e} \frac{\mathrm{d}\sigma_z}{\sigma_e + \sigma_z} = \int_0^t \frac{a}{1+e} \mathrm{d}\ln(\sigma_e + \sigma_z) \\ &= \int_0^t \frac{1}{1+e} \mathrm{d}\left[e_m + a\ln(\sigma_e + \sigma_z)\right] = \int_0^t \frac{1}{1+e} \mathrm{d}e \qquad (9-22) \\ &= \ln(1+e) = \ln\left[1 + e_m + a\ln(\sigma_e + \sigma_z)\right] \\ &= \ln\left[1 + e_m + a\ln(\sigma_e + \bar{\sigma}_z - p)\right] \end{aligned}$$

同理，由式(9-20)可求得与式(9-22)相同的应变 ε_z (z, t) 的表达式。利用式(9-22)进行积分，可求得固结变形；或由式(9-22)进行分层总和法计算，可求得固结变形。

4. 固结方程的定解条件

求解固结方程 (9-18) 的定解条件包括式(9-23)和式(9-24)。

初始条件：

$$p(z, t=0) = \bar{\sigma}_z = \bar{q}_z (t = 0 \text{ 时突然加载情况}) \qquad (9-23)$$

边界条件（以顶面排水、底面不排水情况考虑）：

$$p(z=0,t)=0, \frac{\partial p(z=H,t)}{\partial z}=0 \qquad (9-24)$$

式中，H——土层厚度。

同理，对于其他情况的边界条件，也可给出相应的边界条件表达式。

9.3.2　固结方程的求解

固结问题的求解需要给出固结过程孔隙水压力分布及其随时间变化规律，同时给出固结度、固结变形（沉降）等的计算。求解固结方程的关键是式(9-18)给出孔隙水压力 p (z, t)，由此计算固结度或平均固结度，再利用式(9-22)进行分层总和法计算固结变形，或直接由式(9-22)进行积分求得固结变形。由于固结方程式(9-18)为非线性偏微分方程，其初始、边界问题的求解难度较大，这里采用近似求解方法。为便于求解，设孔压 $p=u_0+u$，其中 u_0 为太沙基固结方程解，即 u_0 满足式(9-25)。

$$\left. \begin{aligned} &\frac{\partial u_0}{\partial t}=C_V^0 \frac{\partial^2 u_0}{\partial z^2} \\ &u_0(z,0)=\bar{\sigma}_z=\bar{q}_z \\ &u_0(0,t)=0, \frac{\partial u_0(H,t)}{\partial z}=0 \end{aligned} \right\} \qquad (9-25)$$

太沙基固结方程的解表达为式(9-26)。

$$u_0(z,t)=\frac{4\bar{q}_z}{\pi}\sum_{k=1}^{\infty}\frac{1}{k}\sin\frac{k\pi z}{2H}\cdot e^{-\frac{k^2\pi^2}{4}T_V}, T_V=\frac{C_V^0 t}{H^2}, \quad k=1,3,5,\cdots$$

$$(9-26)$$

由式(9-18)、式(9-23)、式(9-24)可得式(9-27)。定解条件见式(9-28)、式(9-29)。

$$\frac{\partial u}{\partial t}-q(u_0,u)\frac{\partial^2 u}{\partial z^2}=Q(u_0,u) \qquad (9-27)$$

其中，

$$q(u_0,u)=G(z,t)=(\bar{\sigma}_e-u_0-u)[C_V^0+C_0\ln(\bar{\sigma}_c-u_0-u)]$$

$$Q(u_0,u)=-\frac{\partial u_0}{\partial t}+q(u_0,u)\frac{\partial^2 u_0}{\partial z^2}$$

初始条件：

$$u(z,0)=0 \qquad (9-28)$$

边界条件：

$$u(0,t)=0,\frac{\partial\,u(H,t)}{\partial\,z}=0 \tag{9-29}$$

因此，将固结问题转化为求方程式（9-27）的解。式（9-27）为非线性方程，采用伽辽金—迭代法进行求解，其迭代方程可写成式（9-30）。

$$\frac{\partial\,u_{n+1}}{\partial\,t}-q(u_0,u_n)\frac{\partial^2 u_{n+1}}{\partial\,z^2}=Q(u_0,u_n),\quad n=1,2,3,\cdots \tag{9-30}$$

式（9-30）满足边界条件式（9-29）的迭代解可写成式（9-31）。

$$u_n=f_1(t)\sin\frac{\pi z}{2H}+f_2(t)\sin\frac{3\pi z}{2H}+\cdots+f_n(t)\sin\frac{(2n-1)\pi z}{2H},$$

$$n=1,2,3,\cdots \tag{9-31}$$

式中，$f_n\,(t)$ ——待定函数，需满足初始条件式（9-28）。

当 $n=1$ 时，$u_1=f_1\,(t)\,\sin\frac{\pi z}{2H}$。

式（9-30）的误差函数为式（9-32）。

$$\varepsilon_1(z,t)=\frac{\partial\,u_1}{\partial\,t}-q(u_0,0)\frac{\partial^2 u_1}{\partial\,z^2}-Q(u_0,0)$$

$$=\left[f_1'(t)+(\frac{\pi}{2H})^2 q(u_0,0)f_1(t)\right]\sin\frac{\pi z}{2H}-Q(u_0,0) \tag{9-32}$$

由伽辽金—迭代法，可得式（9-33）。

$$\int_0^H\varepsilon_1(z,t)f_1(t)\sin\frac{\pi z}{2H}\mathrm{d}z=0 \tag{9-33}$$

经积分运算，可得式（9-34）。

$$a_0^1 f_1'(t)+a_1^1(t)f_1(t)+a_2^1(t)=0 \tag{9-34}$$

$a_0^1\,(t)$、$a_1^1\,(t)$、$a_2^1\,(t)$ 的表达见式（9-35）。

$$\left.\begin{array}{l}a_0^1=\displaystyle\int_0^H\sin^2\frac{\pi z}{2H}\mathrm{d}z\\[2mm]a_1^1(t)=\dfrac{\pi^2}{4H^2}\displaystyle\int_0^H q[u_0(z,t),0]\sin^2\frac{\pi z}{2H}\mathrm{d}z\\[2mm]a_2^1(t)=-\displaystyle\int_0^H Q[u_0(z,t),0]\sin\frac{\pi z}{2H}\mathrm{d}z\end{array}\right\} \tag{9-35}$$

由式（9-34）求得其齐次解为式（9-36）。

$$f_1^0(t)=c_0^1\cdot\exp\left[-\int_0^t\frac{a_1^1(\tau)}{a_0^1}\mathrm{d}\tau\right] \tag{9-36}$$

式中，c_0^1——常数。

采用常数变易法，求得式(9-34)的特解为式(9-37)。

$$f_1^*(t) = -\exp\left[-\int_0^t \frac{a_1^1(\tau)}{a_0^1}\mathrm{d}\tau\right] \cdot \int_0^t \frac{a_2^1(\tau)}{a_0^1}\exp\left[\int_0^\tau \frac{a_1^1(\eta)}{a_0^1}\mathrm{d}\eta\right]\mathrm{d}\tau \qquad (9-37)$$

由初始条件 (9-28)，确定 $c_0^1 = 0$，可得式(9-38)。

$$f_1(t) = f_1^*(t) = -\exp\left[-\int_0^t \frac{a_1^1(\tau)}{a_0^1}\mathrm{d}\tau\right] \cdot$$

$$\int_0^t \frac{a_2^1(\tau)}{a_0^1}\exp\left[\int_0^\tau \frac{a_1^1(\eta)}{a_0^1}\mathrm{d}\eta\right]\mathrm{d}\tau \qquad (9-38)$$

综上，可得式(9-39)。

$$u_1(z,t) = -\sin\frac{\pi z}{2H} \cdot \left(\begin{array}{l} \exp\left[-\int_0^t \frac{a_1^1(\tau)}{a_0^1}\mathrm{d}\tau\right] \cdot \\ \int_0^t \frac{a_2^1(\tau)}{a_0^1}\exp\left[\int_0^\tau \frac{a_1^1(\eta)}{a_0^1}\mathrm{d}\eta\right]\mathrm{d}\tau \end{array}\right) \qquad (9-39)$$

由式(9-26)、式(9-39) 给出 1 次迭代近似解为式(9-40)。

$$p \sim u_0 + u_1 = \frac{4\bar{q}_z}{\pi}\sum_{k=1}^{\infty}\frac{1}{k}\sin\frac{k\pi z}{2H} \cdot e^{-\frac{k^2\pi^2}{4}T_v} - \sin\frac{\pi z}{2H} \cdot$$

$$\left(\exp\left[-\int_0^t \frac{a_1^1(\tau)}{a_0^1}\mathrm{d}\tau\right] \cdot \int_0^t \frac{a_2^1(\tau)}{a_0^1}\exp\left[\int_0^\tau \frac{a_1^1(\eta)}{a_0^1}\mathrm{d}\eta\right]\mathrm{d}\tau\right) \qquad (9-40)$$

$k = 1, 3, 5, \cdots$

类似地，当 $n = 2$ 时，$u_2 = f_1(t)\sin\dfrac{\pi z}{2H} + f_2(t)\sin\dfrac{3\pi z}{2H}$。

式(9-30) 的误差函数为式(9-41)。

$$\varepsilon_2(z,t) = \frac{\partial u_2}{\partial t} - q(u_0,u_1)\frac{\partial^2 u_2}{\partial z^2} - Q(u_0,u_1)$$

$$= f_1'(t)\sin\frac{\pi z}{2H} + f_2'(t)\sin\frac{3\pi z}{2H} + q(u_0,u_1)\left[\left(\frac{\pi}{2H}\right)^2 f_1(t)\sin\frac{\pi z}{2H}\right.$$

$$\left. + \left(\frac{3\pi}{2H}\right)^2 f_2(t)\sin\frac{3\pi z}{2H}\right] - Q(u_0,u_1) \qquad (9-41)$$

由伽辽金—迭代法，可得式(9-42)。

$$\int_0^H \varepsilon_2(z,t)f_2(t)\sin\frac{3\pi z}{2H}\mathrm{d}z = 0 \qquad (9-42)$$

式(9-42) 经积分运算，可得式(9-43)。

$$a_0^2 f_2'(t) + a_1^2(t) f_2(t) + a_2^2(t) = 0 \qquad (9-43)$$

a_0^2、$a_1^2(t)$、$a_2^2(t)$ 的表达见式(9-44)。

$$\left.\begin{array}{l}
a_0^2 = \displaystyle\int_0^H \sin^2 \frac{3\pi z}{2H} dz \\[3mm]
a_1^2(t) = \displaystyle\frac{9\pi^2}{4H^2}\int_0^H q[u_0(z,t),u_1(z,t)] \sin^2 \frac{3\pi z}{2H} dz \\[3mm]
a_2^2(t) = \displaystyle\int_0^H \{(\frac{\pi}{2H})^2 q[u_0(z,t),u_1(z,t)]f_1(t)\sin\frac{\pi z}{2H} - \\[3mm]
\qquad\qquad Q[u_0(z,t),u_1(z,t)]\}\sin\frac{3\pi z}{2H}dz
\end{array}\right\} \qquad (9-44)$$

求得式(9-43) 的齐次解为式(9-45)。

$$f_2^0(t) = c_0^2 \cdot \exp[-\int_0^t \frac{a_1^2(\tau)}{a_0^2}d\tau] \qquad (9-45)$$

式中，c_0^2——常数。

采用常数变易法，求得式(9-43) 的特解为式(9-46)。

$$f_2^*(t) = -\exp[-\int_0^t \frac{a_1^2(\tau)}{a_0^2}d\tau] \cdot \int_0^t \frac{a_2^2(\tau)}{a_0^2}\exp[\int_0^\tau \frac{a_1^2(\eta)}{a_0^2}d\eta]d\tau \quad (9-46)$$

由初始条件 (9-28)，确定 $c_0^2 = 0$，可得式(9-47)。

$$f_2(t) = f_2^*(t) = -\exp[-\int_0^t \frac{a_1^2(\tau)}{a_0^2}d\tau] \cdot \int_0^t \frac{a_2^2(\tau)}{a_0^2}\exp[\int_0^\tau \frac{a_1^2(\eta)}{a_0^2}d\eta]d\tau$$

$$(9-47)$$

重复上述步骤，便可求得 n 次迭代解 u_n。

由式(9-38)、式(9-47) 给出 2 次迭代近似解为式(9-48)。

$$p \sim u_0 + u_2 = \frac{4\bar{q}_z}{\pi}\sum_{k=1}^{\infty} \frac{1}{k}\sin\frac{k\pi z}{2H} \cdot e^{-\frac{k^2\pi^2}{4}T_v} - \sin\frac{\pi z}{2H} \cdot$$

$$\left(\exp[-\int_0^t \frac{a_1^1(\tau)}{a_0^1}d\tau] \cdot \int_0^t \frac{a_2^1(\tau)}{a_0^1}\exp[\int_0^\tau \frac{a_1^1(\eta)}{a_0^1}d\eta]d\tau\right) -$$

$$\sin\frac{3\pi z}{2H} \cdot \left(\exp[-\int_0^t \frac{a_1^2(\tau)}{a_0^2}d\tau] \cdot \int_0^t \frac{a_2^2(\tau)}{a_0^2}\exp[\int_0^\tau \frac{a_1^2(\eta)}{a_0^2}d\eta]d\tau\right)$$

$$k = 1,3,5,\cdots \qquad (9-48)$$

在式(9-48)中，令

$$G_1(t) = \exp\left[-\int_0^t \frac{a_1^1(\tau)}{a_0^1}d\tau\right], \qquad F_1(t) = \int_0^t \frac{a_2^1(\tau)}{a_0^1}\exp\left[\int_0^\tau \frac{a_1^1(\eta)}{a_0^1}d\eta\right]d\tau,$$

$$G_2(t) = \exp\left[-\int_0^t \frac{a_1^2(\tau)}{a_0^2}d\tau\right], \qquad F_2(t) = \int_0^t \frac{a_2^2(\tau)}{a_0^2}\exp\left[\int_0^\tau \frac{a_1^2(\eta)}{a_0^2}d\eta\right]d\tau$$

对式(9-48)的计算做如下几点说明。

(1) 涉及 $u_0(z,t) = \frac{4\bar{q}_z}{\pi}\sum_{k=1}^{\infty}\frac{1}{k}\sin\frac{k\pi z}{2H} \cdot e^{-\frac{k^2\pi^2}{4}T_v}$ 级数计算时，由于级数收敛相对较快，考虑取级数的前 9 项进行计算。

(2) 对于时间 t 的数值积分。例如，对于 $G_1(t) = \exp\left[-\int_0^t \frac{a_1^1(\tau)}{a_0^1}d\tau\right]$ 或

$G_2(t) = \exp\left[-\int_0^t \frac{a_1^2(\tau)}{a_0^2}d\tau\right]$ 的计算，本模型中选取计算时间点为 t_n （$n=0$，1，2，…）；当计算 $G_1(t_n)$ 的数值时，利用四点高斯复合积分公式，则有式(9-49)。

$$G_1(t_n) = \exp\left[-\int_0^{t_n}\frac{a_1^1(\tau)}{a_0^1}d\tau\right] = \exp\left[-\frac{1}{a_0^1}\sum_{i=1}^{n}\int_{t_{i-1}}^{t_i}a_1^1(\tau)d\tau\right]$$

$$= \exp\left[-\frac{1}{a_0^1}\sum_{i=1}^{n}\left(\frac{t_i - t_{i-1}}{2}\right)\sum_{k=0}^{3}A_k a_1^1\left(\frac{t_i - t_{i-1}}{2}\tau_k + \frac{t_i + t_{i-1}}{2}\right)\right]$$

$$(9-49)$$

同理，可得式(9-50)。

$$G_2(t_n) = \exp\left[-\int_0^{t_n}\frac{a_1^2(\tau)}{a_0^2}d\tau\right] = \exp\left[-\frac{1}{a_0^2}\sum_{i=1}^{n}\int_{t_{i-1}}^{t_i}a_1^2(\tau)d\tau\right]$$

$$= \exp\left[-\frac{1}{a_0^2}\sum_{i=1}^{n}\left(\frac{t_i - t_{i-1}}{2}\right)\sum_{k=0}^{3}A_k a_1^2\left(\frac{t_i - t_{i-1}}{2}\tau_k + \frac{t_i + t_{i-1}}{2}\right)\right]$$

$$(9-50)$$

式(9-49)和式(9-50)中，τ_k、A_k 分别是四点高斯复合积分公式的高斯点和求积系数，可直接查表 9-1（张光澄等，2009）。

表 9 - 1　四点高斯复合积分公式的高斯点 τ_k 和求积系数 A_k

k	τ_k	A_k	k	τ_k	A_k
0	-0.8611363116	0.3478548451	2	-0.3399810436	0.6521451549
1	0.3399810436	0.6521451549	3	0.8611363116	0.3478548451

（3）对于时间 t 的积分，如涉及高斯复合积分问题，如 $F_1(t) = \int_0^t \frac{a_2^1(\tau)}{a_0^1} \exp\left[\int_0^t \frac{a_1^1(\eta)}{a_0^1} d\eta\right] d\tau$ 或 $F_2(t) = \int_0^t \frac{a_2^2(\tau)}{a_0^2} \exp\left[\int_0^t \frac{a_1^2(\eta)}{a_0^2} d\eta\right] d\tau$ ；当计算 $F_1(t_n)$ 的数值时，则有式（9 - 51）。

$$F_1(t_n) = \int_0^{t_n} \frac{a_2^1(\tau)}{a_0^1} \exp\left[\int_0^t \frac{a_1^1(\eta)}{a_0^1} d\eta\right] d\tau = \int_0^{t_n} \frac{a_2^1(\tau)}{a_0^1} g_1(\tau) d\tau,$$

$$g_1(t) = \exp\left[\int_0^t \frac{a_1^1(\eta)}{a_0^1} d\eta\right] \qquad (9-51)$$

根据高斯复合积分公式可得式（9 - 52）。

$$F_1(t_n) = \int_0^{t_n} \frac{a_2^1(\tau)}{a_0^1} g_1(\tau) d\tau = \sum_{i=1}^n \int_{t_{i-1}}^{t_i} \frac{a_2^1(\tau)}{a_0^1} g_1(\tau) d\tau$$

$$= \sum_{i=1}^n \left[\frac{t_i - t_{i-1}}{2a_0^1} \sum_{m=0}^3 A_m a_2^1\left(\frac{t_i - t_{i-1}}{2}\tau_m + \frac{t_i + t_{i-1}}{2}\right) \cdot g_1\left(\frac{t_i - t_{i-1}}{2}\tau_m + \frac{t_i + t_{i-1}}{2}\right) \right]$$

$$+ R[f] \sim \int_0^{t_n} \frac{a_2^1(\tau)}{a_0^1} g_1(\tau) d\tau$$

$$= \sum_{i=1}^n \left[\frac{t_i - t_{i-1}}{2a_0^1} \sum_{m=0}^3 A_m a_2^1\left(\frac{t_i - t_{i-1}}{2}\tau_m + \frac{t_i + t_{i-1}}{2}\right) \cdot g_1\left(\frac{t_i - t_{i-1}}{2}\tau_m + \frac{t_i + t_{i-1}}{2}\right) \right]$$

$$(9-52)$$

式中，$R[f]$ ——误差函数；

τ_m、A_m ——对应区间 $[-1, 1]$ 内的高斯点和权系数，τ_m 的取值同 τ_k，A_m 的取值同 A_k。

在式（9 - 52）中，$g_1(x_m) = \exp\left[\int_0^{x_m} \frac{a_1^1(\eta)}{a_0^1} d\eta\right]$ 其中，$x_m = \frac{t_i - t_{i-1}}{2}\tau_m + \frac{t_i + t_{i-1}}{2}$，可由高斯积分求得式（9 - 53）。

$$g_1(x_m) = \exp\Big[\int_0^{x_m} \frac{a_1^1(\eta)}{a_0^1}\mathrm{d}\eta\Big] = \exp\Big[\frac{x_m}{2a_0^1}\sum_{k=0}^3 A_k' a_1^1\big(\frac{x_m}{2}\eta_k + \frac{x_m}{2}\big)\Big]$$

$$\text{其中}, x_m = \frac{t_i - t_{i-1}}{2}\tau_m + \frac{t_i + t_{i-1}}{2} \tag{9-53}$$

式中，η_k、A_k'——区间 [-1，1] 内的高斯点和权系数，η_k 的取值同 τ_k，A_k' 的取值同 A_k。

则式(9-51) 可展开写成式(9-54)。

$$F_1(t_n) = \sum_{i=1}^n \Big\{ \big(\frac{t_i - t_{i-1}}{2a_0^1}\big) \sum_{m=0}^3 A_m a_2^1\big(\frac{t_i - t_{i-1}}{2}\tau_m + \frac{t_i + t_{i-1}}{2}\big) \cdot$$
$$\exp\Big[\big(\frac{t_i - t_{i-1}}{4a_0^1}\tau_m + \frac{t_i + t_{i-1}}{4a_0^1}\big) \cdot \sum_{k=0}^3 A_k' a_1^1\Big(\big(\frac{t_i - t_{i-1}}{4}\tau_m + \frac{t_i + t_{i-1}}{4}\big) \cdot$$
$$\eta_k + \big(\frac{t_i - t_{i-1}}{4}\tau_m + \frac{t_i + t_{i-1}}{4}\big)\Big)\Big]\Big\} \tag{9-54}$$

同理，可得式(9-55)。

$$F_2(t_n) = \int_0^{t_n} \frac{a_2^2(\tau)}{a_0^2}\exp\Big[\int_0^\tau \frac{a_1^2(\eta)}{a_0^2}\mathrm{d}\eta\Big]\mathrm{d}\tau = \int_0^{t_n} \frac{a_2^2(\tau)}{a_0^2} g_2(\tau)\mathrm{d}\tau$$

$$g_2(\tau) = \exp\Big[\int_0^\tau \frac{a_1^2(\eta)}{a_0^2}\mathrm{d}\eta\Big] \tag{9-55}$$

$F_2(t_n)$ 也可展开成式(9-56)。

$$F_2(t_n) = \sum_{i=1}^n \Big\{ \big(\frac{t_i - t_{i-1}}{2a_0^2}\big) \sum_{m=0}^3 A_m a_2^2\big(\frac{t_i - t_{i-1}}{2}\tau_m + \frac{t_i + t_{i-1}}{2}\big) \cdot$$
$$\exp\Big[\big(\frac{t_i - t_{i-1}}{4a_0^2}\tau_m + \frac{t_i + t_{i-1}}{4a_0^2}\big) \cdot \sum_{k=0}^3 A_k' a_1^2\Big(\big(\frac{t_i - t_{i-1}}{4}\tau_m + \frac{t_i + t_{i-1}}{4}\big) \cdot$$
$$\eta_k + \big(\frac{t_i - t_{i-1}}{4}\tau_m + \frac{t_i + t_{i-1}}{4}\big)\Big)\Big]\Big\} \tag{9-56}$$

由于式(9-49)、式(9-50)、式(9-54)、式(9-56) 中涉及 a_0^1、a_1^1 (t)、a_2^1 (t)、a_0^2、a_1^2 (t)、a_2^2(t)，可列出其表达式，见式(9-57)～式(9-60)。

$$a_0^1 = \int_0^H \sin^2 \frac{\pi z}{2H}\mathrm{d}z = \frac{H}{2} \tag{9-57}$$

$$a_1^1(t) = \frac{\pi^2}{4H^2} \int_0^H q[u_0(z,t),0] \sin^2 \frac{\pi z}{2H} dz$$

$$= \frac{\pi^2}{8H} \sum_{m=0}^3 A_m \left(\bar{\sigma}_e - u_0 \left(\frac{H}{2} z_m + \frac{H}{2}, t \right) \right)$$

$$\left[C_V^0 + C_0 \ln \left(\bar{\sigma}_c - u_0 \left(\frac{H}{2} z_m + \frac{H}{2}, t \right) \right) \right] \sin^2 \frac{\pi \left(\frac{H}{2} z_m + \frac{H}{2} \right)}{2H}$$

$$(9-58)$$

式中，z_m、A_m——区间 $[-1, 1]$ 内的高斯点和权系数，取值同表 9-1 中的 τ_k、A_k。

$$a_2^1(t) = -\int_0^H Q[u_0(z,t),0] \sin \frac{\pi z}{2H} dz$$

$$= -\int_0^H \left[-\frac{\partial u_0}{\partial t} + q(u_0,0) \cdot \frac{\partial^2 u_0}{\partial z^2} \right] \sin \frac{\pi z}{2H} dz$$

$$= \frac{H}{2} \sum_{m=0}^3 A_m \cdot g \left(\frac{H}{2} z_m + \frac{H}{2}, t \right) \cdot \left\{ C_V^0 - \left[\bar{\sigma}_e - u_0 \left(\frac{H}{2} z_m + \frac{H}{2}, t \right) \right] \right.$$

$$\left. \left[C_V^0 + C_0 \ln \left(\bar{\sigma}_c - u_0 \left(\frac{H}{2} z_m + \frac{H}{2}, t \right) \right) \right] \right\} \cdot \left[\sin \frac{\pi \left(\frac{H}{2} z_m + \frac{H}{2} \right)}{2H} \right]$$

$$(9-59)$$

其中，

$$g(z,t) = -\frac{\bar{q}_z \pi}{H^2} \sum_{k=1}^\infty k \cdot \sin \frac{k\pi z}{2H} \exp^{-\frac{k^2 \pi^2 T_V}{4}}$$

$$a_0^2 = \int_0^H \sin^2 \frac{3\pi z}{2H} dz = \frac{H}{2} \qquad (9-60)$$

同理，将 $a_1^2(t)$ 和 $a_2^2(t)$ 也展开成代数和的形式，并根据高斯复合积分公式将 z 用 $\frac{H}{2} z_m + \frac{H}{2}$ 替换，即可得到 $a_1^2(t)$ 和 $a_2^2(t)$ 的表达式。

将 a_0^1、$a_1^1(t)$、$a_2^1(t)$、a_0^2、$a_1^2(t)$、$a_2^2(t)$ 代入式（9-49）、（9-50）、（9-54）、（9-57）中，并利用式（9-58）即可求出基于微观分析的固结方程的孔隙水压力 p，继而可进一步将孔隙水压力 p 代入式（9-22），经过分层总和法计算求得固结变形 s，绘制孔隙水压力消散曲线和固结变形曲线。

9.3.3　固结方程的参数取值

　　试验及计算分析所采用的试样为番禺软土试样，其物理力学性质同前。分别取厚度为 2cm 和 8cm 的试样各两组，试样内直径均为 61.8mm。2cm 厚度试样采用普通环刀取样，进行饱和土固结试验。8cm 厚度试样利用自行加工的钢环刀取样、外套钢圆筒后，进行饱和土固结试验。具体试验方法参照《土工试验方法标准》（GB/T 50123—2019）相关规定。

　　数值计算时，由于试样双面排水，仅取一半厚度计算即可；计算时间节点 t_i（$i=0$, 1, 2, 3, …, n）分别为 0，1min，4min，9min，16min，25min，49min，100min，200min，400min，24h，36h，72h、144h 和 288h（其中，2cm 厚度试样取到 36h 为止）；2cm 厚度试样的位置节点 z_i（$i=0$,1, 2, 3, …, 8）为 1cm 的 8 等分点；8cm 厚度试样的位置节点 z_i（$i=0$, 1, 2, 3, …, 8）为 4cm 的 8 等分点。

　　利用 Excel 软件进行数值计算，求解出孔压 p 和固结变形 s，计算时需要定义的常量为 $e_m = 2.710$，$a = -0.2545\text{kPa}^{-1}$，$\sigma_e = -0.064\text{kPa}$，$C_V^0 = 10.739 \times 10^{-4}\,\text{cm}^2/\text{s}$，$C_0 = -1.638 \times 10^{-4}\,\text{cm}^2/\text{s}$，$\sigma_c = -6.919\text{kPa}$（9.3.1 节已拟合）。取固结压力 $\bar{\sigma}_z = 400\text{kPa}$，则 $\bar{\sigma}_c = \bar{\sigma}_z + \sigma_c = 393.091\text{kPa}$，$\bar{\sigma}_e = \bar{\sigma}_z + \sigma_e = 399.936\text{kPa}$。

9.4　修正模型与太沙基模型及实测结果的对比分析

　　本节对基于微观试验的修正固结模型（以下简称修正模型）和太沙基固结模型（以下简称太沙基模型）进行模拟计算，并将计算结果与实测结果进行比对分析。

9.4.1　孔隙水压力消散曲线分析

1. 孔隙水压力消散结果

利用式（9-26）的太沙基固结方程的解，可以求出软土在任意位置、任意时刻的孔隙水压力 u_0（z，t）；利用式（9-48）的修正模型的解，可以求出孔隙水压力。

厚度不同的两组试样基于不同模型的孔隙水压力计算结果如图9-7～图9-14所示，具体数值列于表9-3～表9-6。

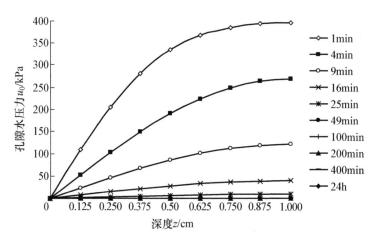

图9-7 2cm厚度试样的孔隙水压力 u_0 消散曲线（太沙基模型）

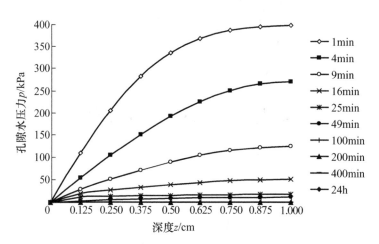

图9-8 2cm厚度试样的孔隙水压力 p 消散曲线（修正模型的2次迭代值）

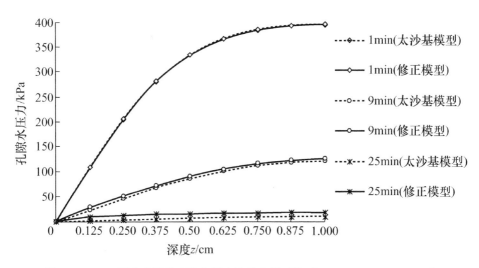

图 9-9 2cm 厚度试样的孔隙水压力消散曲线对比 ($t=1$min，9min，25min)

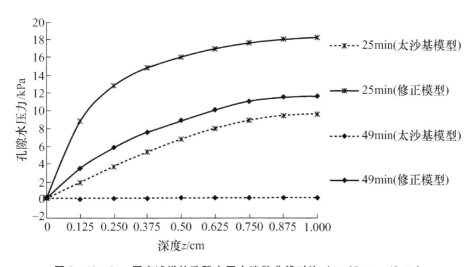

图 9-10 2cm 厚度试样的孔隙水压力消散曲线对比 ($t=25$min，49min)

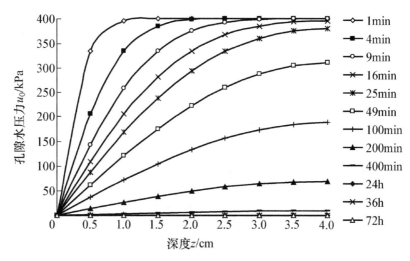

图 9-11　8cm 厚度试样的孔隙水压力 u_0 消散曲线（太沙基模型）

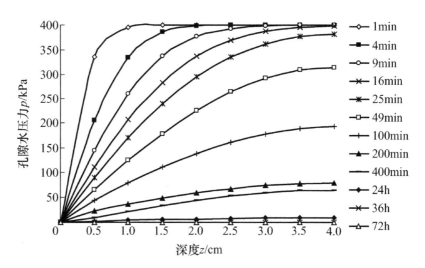

图 9-12　8cm 厚度试样的孔隙水压力 p 消散曲线（修正模型的 2 次迭代值）

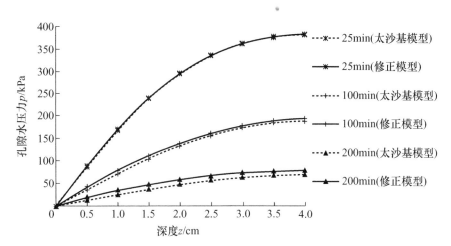

图 9 - 13 8cm 厚度试样的孔隙水压力消散曲线对比 （ t ＝25min，100min，200min）

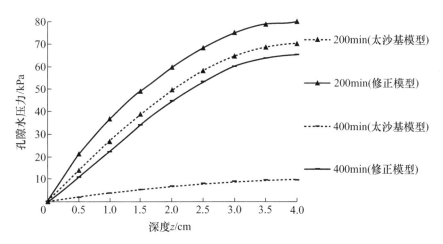

图 9 - 14 8cm 厚度试样的孔隙水压力消散曲线对比 （ t ＝200min，400min）

表 9 - 3 2cm 厚度试样的孔隙水压力 u_0 （太沙基模型） 单位：kPa

t/min	深度 z/cm								
	0	0.125	0.25	0.375	0.5	0.625	0.75	0.875	1
0	0	400	400	400	400	400	400	400	400
1	0	108.93	205.53	281.52	334.52	367.28	385.13	393.39	395.73

续表

t/min	深度 z/cm								
	0	0.125	0.25	0.375	0.5	0.625	0.75	0.875	1
4	0	52.91	103.70	150.35	191.06	224.31	248.90	264	269.09
9	0	23.76	46.60	67.65	86.11	101.25	112.5	119.43	121.77
16	0	7.81	15.31	22.23	28.29	33.27	36.97	39.25	40.02
25	0	1.87	3.66	5.32	6.77	7.96	8.84	9.38	9.57
49	0	0.04	0.08	0.12	0.15	0.18	0.19	0.21	0.21
100	0	1.24 E−05	2.43 E−05	3.52 E−05	4.49 E−05	5.27 E−05	5.86 E−05	6.22 E−05	6.34 E−05
200	0	1.54 E−12	3.02 E−12	4.40 E−12	5.59 E−12	6.57 E−12	7.30 E−12	7.75 E−12	7.90 E−12
400	0	2.39 E−26	4.69 E−26	6.81 E−26	8.67 E−26	1.02 E−25	1.13 E−25	1.20 E−25	1.23 E−25
1440	0	3.72 E−98	7.30 E−98	1.06 E−98	1.35 E−98	1.59 E−98	1.76 E−98	1.87 E−97	1.91 E−97

表 9-4　2cm 厚度试样的孔隙水压力 p（修正模型的 2 次迭代值）

单位：kPa

t/min	深度 z/cm								
	0	0.125	0.25	0.375	0.5	0.625	0.75	0.875	1
0	0	400	400	400	400	400	400	400	400
1	0	110.05	206.56	282.48	335.45	368.19	386.03	394.28	396.61
4	0	55.73	105.97	152.68	193.35	226.16	251.23	266.92	271.45
9	0	29.25	51.61	72.52	90.87	105.77	116.93	123.82	126.13
16	0	19.77	27.67	34.53	40.21	45.37	48.98	51.36	52.09
25	0	8.80	12.78	14.88	15.86	16.85	17.56	17.99	18.13
49	0	3.48	5.76	7.33	8.72	10.01	10.95	11.49	11.61
100	0	0.02	0.06	0.17	0.22	0.26	0.29	0.33	0.35

续表

t/min	深度 z/cm								
	0	0.125	0.25	0.375	0.5	0.625	0.75	0.875	1
200	0	1.05 E−03	2.52 E−03	3.62 E−03	4.57 E−03	5.39 E−03	5.92 E−03	6.43 E−03	6.69 E−03
400	0	1.73 E−05	3.89 E−05	4.78 E−05	5.63 E−05	6.61 E−05	7.45 E−05	7.89 E−05	8.12 E−05
1440	0	2.35 E−12	4.63 E−12	6.89 E−12	8.72 E−12	1.11 E−11	1.23 E−11	1.26 E−11	1.28 E−11

表 9-5　8cm 厚度试样的孔隙水压力 u_0（太沙基模型）　单位：kPa

t/min	深度 z/cm								
	0	0.5	1	1.5	2	2.5	3	3.5	4
0	0	400	400	400	400	400	400	400	400
1	0	334.53	397.86	400	400	400	400	400	400
4	0	205.53	334.53	385.33	397.86	399.8	399.99	400	400
9	0	143.02	258.75	334.53	374.68	391.89	397.86	399.53	399.84
16	0	108.93	205.53	281.52	334.52	367.28	385.12	393.39	395.73
25	0	87.76	168.99	238.55	293.6	333.66	360.01	374.66	379.32
49	0	62.24	121.73	175.96	222.81	260.65	288.34	305.2	310.86
100	0	36.8	72.18	104.78	133.34	156.78	174.19	184.91	188.53
200	0	13.62	26.71	38.78	49.36	58.04	64.49	68.46	69.81
400	0	1.87	3.66	5.32	6.77	7.96	8.84	9.38	9.57
1440	0	6.07 E−05	1.19 E−04	1.73 E−04	2.20 E−04	2.59 E−04	2.87 E−04	3.05 E−04	3.11 E−04
2160	0	4.74 E−08	9.30 E−08	1.35 E−07	1.72 E−07	2.02 E−07	2.25 E−07	2.38 E−07	2.43 E−07

续表

t/min	深度 z/cm								
	0	0.5	1	1.5	2	2.5	3	3.5	4
4320	0	2.26 E−17	4.44 E−17	6.45 E−17	8.20 E−17	9.65 E−17	1.07 E−16	1.14 E−16	1.16 E−16

表 9-6　8cm 厚度试样的孔隙水压力 p（修正模型的 2 次迭代值）

单位：kPa

t/min	深度 z/cm								
	0	0.5	1	1.5	2	2.5	3	3.5	4
0	0	400	400	400	400	400	400	400	400
1	0	335.61	398.01	400	400	400	400	400	400
4	0	207.11	334.53	386.45	398.12	399.89	400	400	400
9	0	145.12	260.45	336.53	376.43	392.68	398.12	399.76	399.89
16	0	111.23	207.84	283.71	336.73	369.45	387.41	395.62	397.78
25	0	90.77	171.91	240.92	295.91	335.63	361.96	376.59	381.25
49	0	66.45	125.89	180.06	226.95	264.71	292.55	309.21	314.73
100	0	43.78	79.01	111.18	138.92	162.06	179.15	189.91	193.92
200	0	20.97	36.77	48.92	59.43	68.19	74.68	78.61	79.71
400	0	10.79	21.98	33.94	44.63	53.28	59.71	63.62	64.98
1440	0	1.26	3.89	5.44	6.87	8.01	8.89	9.34	9.58
2160	0	6.12 E−04	1.22 E−03	1.81 E−03	2.24 E−03	2.67 E−03	2.93 E−03	3.13 E−03	3.21 E−03
4320	0	5.74 E−07	9.30 E−07	1.17 E−06	1.69 E−06	2.01 E−06	2.28 E−06	2.41 E−06	2.55 E−06

由图 9-7～图 9-12 和表 9-3、表 9-4 可以看出，利用不同模型（太

沙基模型和修正模型）计算不同厚度试样（2cm 厚度试样和 8cm 厚度试样）得到的孔隙水压力消散规律是类似的：随着时间增长，软土中的孔隙水逐渐被排出，孔隙体积减小，孔隙水压力逐渐减小而有效应力逐渐增大，最后土体达到固结稳定。对于同一试样而言，距离排水面越远，其孔隙水压力消散速度越慢。对于 2cm 厚度试样（太沙基模型），距离排水面 0.25cm 处孔隙水压力消散为 50%（即 200kPa）时需要 1min；而 0.625cm 处则需要 4min。对于不同厚度试样，试样越厚，孔隙水压力消散达到固结稳定所需的时间越长。2cm 厚度试样太沙基模型固结时间为 49min 时，孔隙水压力已基本消散；而 8cm 厚度试样孔隙水压力基本消散的固结时间则需要 1d 左右。

　　同理，利用修正模型得到的孔隙水压力消散规律与太沙基模型基本一致，但消散速度明显变缓。由图 9-9、图 9-10、图 9-13、图 9-14 的孔隙水压力消散曲线对比分析可知，在固结过程中，修正模型的孔隙水压力消散曲线始终位于太沙基模型的上方（即实线在上，虚线在下），并且随着时间的增长，两者之间的差距逐渐增大。固结初期，孔隙水压力 p 与 u_0 之间的差异不明显，表现为两条孔隙水压力消散曲线基本重合（如 2cm 厚度试样在固结 1min 时，不同位置处 p 与 u_0 的相对误差仅为 0.2%～1.0%；8cm 厚度试样在固结 25min 时，不同位置处 p 与 u_0 的相对误差仅为 0.5%～3.3%）；随着固结时间的增加，在固结的中、后期，虽然此时孔隙水压力已较小，但 p 与 u_0 的差异性却逐渐显现。

　　图 9-10 所示为 2cm 厚度试样在固结中、后期（固结时间 t 分别为 25min 和 49min 时），太沙基模型与修正模型的孔隙水压力消散曲线对比。由此可知，在固结中、后期，虽然此时 2cm 厚度试样各位置点的孔隙水压力均已较小（各点孔隙水压力均小于 20kPa），但 p 与 u_0 之间的差异性明显。固结时间 t 为 25min 时，孔隙水压力 p 与 u_0 的相对误差为 47.2%～78.8%；而固结时间 t 为 49min 时，两者相对误差已接近 100%。

　　类似地，由图 9-14 也可清晰地判别，8cm 厚度试样在固结中、后期，孔隙水压力 p 与 u_0 之间的差异。固结时间 t 为 200min 时，p 与 u_0 的相对误差为 12.4%～35.1%；固结时间 t 为 400min 时，两者相对误差达到 84.5%。由此说明，随着固结时间的延续，对于不同厚度试样，其孔隙水压力 p 与 u_0 的差异性均更为显著。

2. 两种模型孔隙水压力差异性的机理分析

分析孔隙水压力 p 与 u_0 的差异性，其原因为太沙基固结模型假设固结过程中渗透系数 k 和压缩系数 a 不随时间而改变，均为常量，则固结系数 C_V 也是常量。而实际上，基于第五章和第七章的分析可知，固结过程中软土的微结构发生改变，孔隙体积减小、孔隙尺度减小，孔隙水渗流从以自由水为主向以结合水为主发生转变，固结过程中的孔隙比 e、渗透系数 k 和压缩系数 a 均随时间而改变，导致固结系数 C_V 随时间而减小(图 9-5)。也就是说，随着时间的推移，软土固结变缓，孔隙水压力的消散速度越来越缓慢，因此表现为同一时刻、同一位置，修正模型所得到的孔隙水压力 p 比太沙基模型所得到的孔隙水压力 u_0 要大。

太沙基模型孔隙水压力 u_0 和修正模型孔隙水压力 p 差异性的机理主要包括两大方面。

(1) 修正模型孔隙水压力 p 的计算考虑了土体微结构对渗透系数的影响。在固结压力作用下，土体的微结构发生改变。结构单元体（颗粒）在垂直于固结压力方向形成明显的定向排列，即颗粒趋于水平排列，此时，竖向存在很厚的结合水膜，孔隙水要挤开结合水膜是比较困难的；且颗粒水平排列后导致渗流通道的连通性变差，竖向孔道更为曲折。因此，竖向渗透系数下降，引起孔隙水压力的消散速度减小。

(2) 修正模型孔隙水压力 p 的计算考虑了固结过程的压密效应。在土体固结过程中，随着固结变形的逐步增加，土体的密实度增加。一方面，密实度的增加导致土体孔隙体积减小、孔隙尺寸减小、孔隙水渗流形式改变，引起渗透性降低，利用竖向固结系数公式(9-12)可知，渗透性降低则竖向固结系数减小、固结速度变缓，故孔隙水压力的消散速度减小；另一方面，土体密实度的增加，将导致其压缩性能下降，使压缩系数减小，引起固结速度变缓，故孔隙水压力消散速度减小。

修正模型孔隙水压力 p 的计算考虑了土体微结构变化对渗透系数的影响和固结过程中的压密效应，与软土固结的实际情况相符；太沙基模型中孔隙水压力 u_0 的计算无法考虑上述两个因素的影响，故导致计算出的孔隙水压力偏小、孔隙水压力消散速度偏大，与实际情况有偏差。

9.4.2　固结沉降曲线分析

求出孔隙水压力 p（即修正模型的 2 次迭代近似解）后，可以根据式(9-22)求得竖向应变 ε_z (z, t)，利用分层总和法的公式 $s = \sum\limits_{i=1}^{n} \varepsilon_{zi} H_i$（其中，$H_i$ 为第 i 层厚度，ε_{zi} 为第 i 层的竖向平均应变）求得固结沉降量 s，并与太沙基模型解、实测数据进行比较。为了方便比较，将实测值、太沙基模型值和修正模型值分别表示为 s_0、s_1 和 s_2，不同厚度试样的固结沉降曲线（$s-t$ 曲线）如图 9-15 和图 9-16 所示，具体数值列于表 9-7、表 9-8。

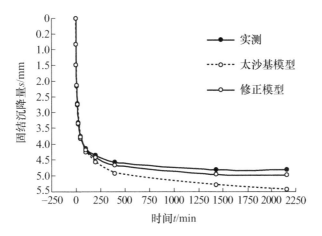

图 9-15　2cm 厚度试样的固结沉降曲线（$s-t$ 曲线）

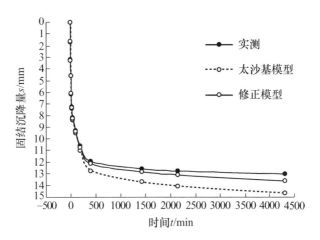

图 9-16　8cm 厚度试样的固结沉降曲线（$s-t$ 曲线）

表 9-7   2cm 厚度试样的固结沉降量 s

t/min	实测值 s_0/mm	太沙基模型值 s_1/mm	修正模型值 s_2/mm	相对误差 δ_1 [$\delta_1=(s_1-s_0)/s_0$] /%	相对误差 δ_2 [$\delta_2=(s_1-s_2)/s_2$] /%
0	0	0	0	—	—
1	0.815	0.821	0.818	0.73	0.37
4	1.466	1.477	1.470	0.75	0.48
9	2.111	2.136	2.122	1.18	0.66
16	2.709	2.749	2.73	1.48	0.69
25	3.302	3.358	3.332	1.69	0.77
49	3.73	3.804	3.771	1.98	0.87
100	4.122	4.246	4.184	3.01	1.46
200	4.339	4.556	4.421	5.00	2.96
400	4.557	4.921	4.666	7.99	5.18
1440	4.803	5.283	4.937	9.99	6.55

表 9-8   8cm 厚度试样的固结沉降量 s

t/min	实测值 s_0/mm	太沙基模型值 s_1/mm	修正值模型 s_2/mm	相对误差 δ_1 [$\delta_1=(s_1-s_0)/s_0$] /%	相对误差 δ_2 [$\delta_2=(s_1-s_2)/s_2$] /%
0	0	0	0	—	—
1	1.664	1.671	1.667	0.42	0.24
4	3.241	3.264	3.247	0.71	0.52
9	4.571	4.612	4.585	0.89	0.59
16	6.088	6.155	6.118	1.09	0.60
25	7.277	7.386	7.321	1.48	0.89
49	8.217	8.381	8.274	1.96	1.29

续表

t/min	实测值 s_0/mm	太沙基模型值 s_1/mm	修正值模型 s_2/mm	相对误差 δ_1 [$\delta_1 = (s_1 - s_0)/s_0$] /%	相对误差 δ_2 [$\delta_2 = (s_1 - s_2)/s_2$] /%
100	9.287	9.519	9.371	2.44	1.58
200	10.589	11.013	10.716	3.85	2.77
400	11.895	12.763	12.121	6.80	5.30
1440	12.594	13.690	12.871	8.01	6.36
2160	12.774	14.077	13.106	9.26	7.41
4320	13.011	14.650	13.609	11.19	7.65

　　从表 9-7 可以看出，在固结过程中，同一时刻的固结沉降量实测值 s_0、太沙基模型值 s_1、修正模型值 s_2 的大小顺序依次为 $s_1 > s_2 > s_0$，表现在图 9-15 中，即为实测曲线始终位于最上方、修正模型曲线居中、太沙基模型曲线位于最下方。固结初期（$t < 25\text{min}$ 时），三者之间的数值非常接近；当 t 为 25min 时（此时的固结度 $U \approx 68.7\%$），修正模型值与实测值的最大相对误差仅为 1.69%，两种模型值的相对误差为 0.77%；固结后期，太沙基模型值与实测值间的误差为 9.99%，而此时修正模型值与太沙基模型值间的误差为 6.55%。由此说明：固结初期，太沙基模型能较真实地反映软土固结的实际情况；固结后期，太沙基模型处于"失真"状态、误差较大。如前所述，这是因为太沙基模型认为固结系数 C_V 是常量引起的；而修正模型充分考虑了固结过程中因微结构（含孔隙）变化而引起固结系数 C_V 减小的特点，更能反映软土固结的实际情况。由表 9-7 还可知，两种模型计算的 2cm 厚度试样固结沉降量相对误差随着时间而增加。固结前期，两种模型的相对误差小于 1%；固结后期，相对误差达到 6.55%。

　　由图 9-16 的 8cm 厚度试样的固结沉降曲线（$s-t$ 曲线）和表 9-8 可知，在固结过程中，s_0、s_1、s_2 三者的关系依旧为 $s_1 > s_2 > s_0$。但由于试样厚度增加，在相同荷载作用下，排水固结速度减慢。固结初期（$t < 49\text{min}$），三者间的数值接近；当 t 为 49min 时（此时固结度 $U \approx 63.2\%$），

修正模型值与实测值的最大相对误差仅为 1.96％，而两种模型值的相对误差为 1.29％；固结后期（$t = 3\text{d}$），太沙基值与实测值的相对误差为 11.19％，而此时两种模型的相对误差为 7.65％。

通过对两种厚度试样的固结沉降量比较分析可知：固结前期（固结度 $U \leqslant 65％$ 时），两种试样的太沙基模型值、修正模型值与实测值均较为接近，固结沉降位移的相对误差在 2％ 以内，可以认为此时太沙基模型和修正模型均能较真实地反映软土固结的情况。固结后期（固结度 $U > 65％$ 时），太沙基模型值与实测值的相对误差增加，其至超过 10％；而修正模型值与实测值仍较为接近，误差在 5％ 以内，可以认为修正模型能较真实地反应软土固结的情况。

如前所述，由于珠江三角洲地区存在大面积的深厚软土层，如利用太沙基模型来预测建筑物（或构筑物）地基的固结沉降，必然会存在较大偏差，给工程建设带来不利影响。基于微观试验的修正模型从软土固结的微观本质出发，考虑软土固结过程中的微结构变化，能较真实地反映软土固结的实际情况，其模拟结果与实测结果接近，可以很好地预测软土地基沉降。

9.5　本　章　小　结

基于微观试验对软土的固结特性进行分析，并利用微观试验结果修正太沙基固结理论，现将主要结论归纳如下。

（1）软土的孔隙比、压缩系数和平均渗透系数均随固结压力的增大而减小。固结初期，软土具有较大的孔隙比和等效孔径，大、中孔隙所占比例大，而大孔隙比小孔隙更容易被压缩而湮灭或分裂成较小的孔隙，因而表现为土的压缩性高、压缩系数较大，孔隙水以自由水渗流为主，易于流动和排除，因而土体具有较高的渗透性，平均渗透系数较大。随着固结时间增加，大孔隙已被压缩湮灭、等效孔径减小、微孔隙和超微孔隙所占比例较大、数量众多的微小孔隙及封闭孔隙不易被压缩湮灭，导致软土内结构强度增大，故此时软土具有较小的压缩性，压缩系数较小。固结后期，由于孔隙水以结合水渗流为主，流动性小且不易排出，故平均渗透系数小，此时 $e - p$ 曲线、$a - p$ 曲线和 $\overline{k}_\text{v} - p$ 曲线均变缓且逐渐趋于稳定。

（2）天然软土的孔隙比、压缩系数和渗透系数均由其结构特征决定，不同的软土因具有不同的结构特征而具有不同的压缩性和渗透性。因此，天然软土的孔隙比、压缩系数和渗透系数由初始结构特征决定，一般同时与多个微观结构有关，如孔隙比、等效孔径、大中孔隙含量、孔隙曲折因子等。固结压力引起软土结构特征变化，进一步使其压缩性和渗透性产生变化。研究表明：固结引起结构特征变化与固结压力存在独立关系，因而固结引起的压缩性及渗透性的变化最终均可表达为与固结压力的关系（图9-1～图9-3）。综上可知，软土的压缩性和渗透性均可由天然部分和固结变化部分构成。天然部分与结构特征相关；固结变化部分与固结引起结构特征的变化相关，但固结变化部分最终可表达为与固结压力的关系。

（3）软土的压缩性和渗透性共同影响其固结特性。因此认为，软土的固结特性也由天然部分和固结变化部分组成，前者由天然结构特征决定，后者最终可表达为与固结压力的关系，并由式 $C_V(\sigma_z) = C_V^0 + C_0 \ln(\sigma_c + \sigma_z)$ 加以体现。

（4）建立基于微观试验的修正模型，该模型中固结系数 $C_V = \dfrac{k(1+e)}{a\rho_f g}$ 的形式虽与太沙基一维固结理论中固结系数 $C_V = \dfrac{k(1+e)}{a\rho_f g}$ 的形式相同，但两者存在本质差别。太沙基一维固结理论假设渗透系数 k、孔隙比 e、压缩系数 a 均为常量，故 C_V 自然也为常量。修正模型考虑渗透系数 k 和孔隙比 e 随有效应力 σ_z 变化，其与现有的固结系数有实质不同。

（5）利用伽辽金—迭代法和高斯复合积分公式对满足初始、边界条件的修正模型方程进行求解，并求出修正模型的 1 次和 2 次迭代近似解。

（6）对 2cm 厚和 8cm 厚饱和软土试样进行固结试验，将试验结果与修正模型和太沙基模型的数值计算结果进行比较。修正模型得到的孔隙水压力消散规律与太沙基模型基本一致，但消散速度明显变缓。固结前期，孔隙水压力 p（修正值）与 u_0（太沙基值）之间的差异不明显，两条曲线基本重合，相对误差仅为 0.2%～1.0%。随着时间的推移，在固结的中期（虽然此时孔隙水压力值已较小），两者的差异性逐渐显现；固结后期，孔隙水压力的相对误差超过 100%。

（7）研究表明：固结前期（固结度 $U \leqslant 65\%$ 时），两种厚度试样的太沙基模型值、修正模型值与实测值均较为接近，固结沉降的相对误差控制在

2％以内，此时太沙基模型能较真实地反映软土固结的情况。固结后期
（固结度 $U>65\%$ 时），太沙基模型值与实测值之间的相对误差增加，甚至
超过 10％，同时相对误差随试样的增厚而增大，说明此时太沙基模型处于
"失真"状态；而修正模型值与实测值仍较为接近，相对误差在 5％以内。
基于微观试验的修正模型从软土固结的微观本质出发，能真实地反映软土
固结的实际情况，可以很好地预测深厚软土地基沉降。

第十章
软土地基稳定性评价研究

10.1 概　述

　　珠江三角洲地区广泛分布着厚度为几米至几十米的全新世海积形成的软土地基，其含水率高、孔隙比高、压缩性大、强度低。影响地基稳定性的因素，岩土工程方面的内容主要有：①岩土工程条件，包括组成地基的岩土物理力学性质、地层结构，特别是有特殊性岩土、隐伏的破碎带或断裂带、地下水渗流等情况的岩土工程条件；②地质环境条件，包括建（构）筑物是否建造在斜坡上、边坡附近、山区地基上，建（构）筑物与不良地质的作用、与特殊地貌的关联度，可能引起地基破坏失稳的各种自然因素或组合，如岩溶、滑坡、崩塌、地震液化、震陷、活动断裂、岸边河流冲刷等。根据《建筑抗震设计规范（2016 年版）》（GB 50011—2010）、《岩土工程勘察规范（2009 年版）》（GB 50021—2001）和《高层建筑岩土工程勘察标准》（JGJ/T 72—2017）的规定，软土地基稳定性评价主要包括以下内容。

　　1. 地基承载力验算

　　地基稳定性实质上就是验算地基极限承载力是否满足要求。应严格按照《建筑地基基础设计规范》（GB 50007—2011）的 5.2 条款和《高层建筑岩土工程勘察标准》（JGJ/T 72—2017）的 8.2.6～8.2.8 条款进行地基承载力验算。

　　2. 变形验算

　　建筑物的地基变形计算值不应大于建筑物地基允许变形值。在勘察初期，建筑物特征参数往往不明确，一味要求岩土工程勘察报告中有准确的结论也比较勉强，但应提供符合规范要求的岩土变形参数，供上部结构计算条件具备时进行地基变形验算。

3. 基础埋置深度的确定

对高层建筑和高耸构筑物基础的埋置深度，应满足地基承载力、变形和稳定性要求。位于岩石地基上的高层建筑，其基础埋置深度应满足抗滑稳定性要求。天然地基上的箱形基础和筏形基础埋置深度不宜小于建筑物高度的1/15；桩箱基础和桩筏基础埋置深度不宜小于建筑物高度的1/18。

4. 位于稳定土坡坡顶的建（构）筑物

位于稳定土坡坡顶的建（构）筑物，需根据建（构）筑物基础形式，按照《建筑地基基础设计规范》（GB 50007—2011）5.4.1～5.4.2 条款规定，确定基础距坡顶边缘的距离和基础埋置深度。需要时，还应按照《建筑边坡工程技术规范》（GB 50330—2013）5.1～5.3 条款，验算坡体的稳定性。坡体稳定性的验算方法：对均质土，可采用圆弧滑动条分法；对发育软弱结构面、软弱夹层及层状膨胀岩土，应按最不利的滑动面验算；当坡体中分布膨胀岩土时，应考虑坡体含水量变化的影响；对具有胀缩裂缝和地裂缝的膨胀土边坡，应进行沿裂缝滑动的验算。

5. 受水平力作用的建（构）筑物

（1）山区工程应防止平整场地时大挖大填引起滑坡。

（2）岸边工程应考虑冲刷、建筑物修建及材料堆载引起的地基失稳。

6. 岩土组合地基

岩土组合地基下卧基岩面为单向倾斜时，应描述岩面坡度、基底下的土层厚度、岩土界面上是否存在软弱层（如泥化带）。

7. 岩石地基

（1）地基基础设计等级为甲、乙级的建筑物，当同一建筑物的地基坚硬程度不同、两种或多种岩体变形模量差异达 2 倍及 2 倍以上时，应进行地基变形验算。

（2）地基主要受力层深度内存在软弱下卧岩层时，应考虑软弱下卧岩层的影响，并进行地基稳定性验算。

（3）当基础附近有临空面时，应验算向临空面倾覆和滑移的稳定性。在岩土工程勘察报告中，应提供岩层产状、岩石坚硬程度、岩体完整程度、岩体质量等级、软弱结构面特征等参数。

8. 软弱地基

对于软弱地基，应判定地基产生失稳和不均匀变形的可能性。当工程位于池塘、河岸等边坡附近时，应验算边坡稳定性。地基承载力特征值应根据室内试验、原位测试、当地经验并结合地层物理力学性质、建（构）筑物特征、施工方法和程序等综合确定。应按照《建筑地基基础设计规范》（GB 50007—2011）7.1～7.4 条款和《软土地区岩土工程勘察规程》（JGJ 83—2011）7.2～7.4 条款，分析评价软弱地基稳定性。抗震设防烈度等于或大于 7 度的厚层软土分布区，应按照《软土地区岩土工程勘察规程》（JGJ 83—2011）6.1～6.4 条款，判别软土震陷的可能性并估算震陷量。

9. 岩溶和土洞

在碳酸盐岩为主的可溶性岩石地区，当存在岩溶（溶洞、溶蚀裂隙等）和土洞等现象时，应考虑其对地基稳定性的影响。应按照《岩土工程勘察规范（2009 年版）（GB 50021—2001）》5.1.10～5.1.12 条款和《建筑地基基础设计规范》（GB 50007—2011）6.6 条款，分析评价地基稳定性。

10. 填土

当地基主要受力层中有填土分布时，若填土底面的原始地面坡度大于 20%，应验算填土稳定性。

11. 复合地基

对需验算复合地基稳定性的工程，应提供桩间土、桩身的抗剪强度。

12. 桩基

（1）应选择较硬土层作为桩端持力层。

（2）嵌岩桩嵌固深度应综合荷载、上覆土层厚度、基岩埋深、桩径、桩长等因素综合确定。

（3）嵌岩灌注桩桩端以下 3 倍桩径且不小于 5m 范围内应无软弱夹层、断裂破碎带和洞穴，且桩底应力扩散范围内无临空面。

（4）当桩基持力层为倾斜地层、基岩面凹凸不平、岩土中有洞穴时，应评价桩基的稳定性，并提出处理措施。

13. 箱形基础

箱形基础的地基，存在地震液化侧向运动，垂向偏心荷载和水平荷载作用下的整体倾斜或倾覆。一般情况下，均匀地基的箱形基础同时满足以下条件时，可不进行地基稳定性分析评价。

（1）基础边缘最大压力不超过地基承载力特征值的 20%。

（2）在抗震设防区，考虑了瞬时作用的地震力且基础埋置深度不小于建筑物高度的 1/10。

（3）偏心距小于或等于基础宽度的 1/6。

14. 地下水的影响

当场地内存在地下水时，应考虑可能引起地基土的回弹、附加沉降和浮托力对基础的影响。对软质岩石、强风化岩石、残积土、湿陷土、膨胀岩土和盐渍土，应评价由于地下水的聚集和散失所产生的软化、崩解、湿陷、胀缩和潜蚀。

本章结合珠江三角洲典型区域实际案例，对广东省某市国家高新技术产业开发区（以下简称工作区）的软土特征及地基稳定性进行研究和评价，开展软土地基不同附加应力作用下的沉降计算和沉降综合评价，提出软土地基沉降灾害防治对策与处理措施。

10.2　工作区基本概况

10.2.1　地理位置及气候条件

1. 地理位置

工作区位于东经 112°47′～112°52′、北纬 23°15′～23°24′，地处珠江三

角洲中心区西部，肇庆市东端，绥江和北江下游。工作区东距广州市区 50
公里，西距肇庆市区 45 公里。公路方面：321 国道、二广高速公路、广佛
肇高速公路、珠三角外环高速等多条道路贯区而过。铁路方面：坐拥广佛
肇城际轨道，大旺站到广州站仅需 20 分钟、到佛山站仅需 15 分钟；广茂
铁路、贵广高铁、南广高铁自园区南侧穿过；广茂铁路是连接珠江三角洲
与粤西地区的交通干线，向东直达广州，往西可到达茂名、湛江；贵广高
铁连接广州和贵阳、南广高铁连接广州和南宁，是广东连接大西南地区的
交通大动脉。港口方面：工作区的珠江物流码头拥有 2000 吨级集装箱；邻
近专业货运港——马房港及其周边的新港、三榕港、三水港，航线通达世
界各地。

2. 气候条件

根据市气象局提供的气象资料（1990～2018 年），工作区为亚热带季
风气候，多年平均气温为 22.2℃，多年平均最高气温为 26℃，极端最高气
温为 38.7℃（2000 年 8 月 17 日），极端最低气温为 −1.0℃（2005 年 1 月
11 日）。年日照时数为 1804.9h 左右，日照率为 43%。雾一般出现在冬季
和春季，5～11 月一般无雾，年平均雾日数为 4d。区内降雨量年内分配不
均：雨季主要集中在 4～9 月，降雨量占全年的 80% 左右。多年平均降雨
量为 1841.0mm，多年平均雨日数为 168d，历年最大降雨量为
2952.5mm（2004 年），历年最小降雨量为 1099.1mm（1996 年），历年
最大一日降雨量为 216.3mm（2001 年 9 月 30 日），历年最大一小时降雨
量为 102.3mm（1996 年 4 月 19 日），历年最大十分钟降雨量 40.6mm
（2005 年 4 月 25 日）。

10.2.2　生态环境特征

工作区内生态环境呈现三个基本特征：①北高南低、环山傍水的山
水格局：西北、东北部山体环绕，东部、东南部为北江，西南部为绥江；
②中南部为低洼平坦的平原空间格局；③"青山秀水"的资源（景观）
格局。

在工作区规划范围内，保存了两个主要的自然生态系统，分别是北部

低山丘陵生态系统和中南部平原生态系统，构成了工作区内基本的自然生态环境。低山丘陵生态系统基本保持了原貌；中南部平原生态系统近年来受人为干扰较为严重。

从 20 世纪 70 年代开始，由于城市化进程加快、工业化程度逐渐提升等原因，工作区的人口越来越多，地表资源被大量开垦使用，地表环境受人为影响较深，最为显著的现象有：①城区扩大、植被覆盖面积明显地缩小，显著地改变了工作区的空间形态及土地类型；②不合理的养殖业和种植业污染了区内部分河道，部分区域水体污染严重；③生物多样性低，低山丘陵区、平原区植物和动物的多样性降低；④部分工业废水和生活废水未经处理直接排入河道，造成河道水质不同程度的污染；⑤种植业和养殖业不合理地使用化肥和农药、工业排放的废渣和废水，导致工作区土地生态遭受污染和破坏。

10.2.3　工作区地质概况

1. 地形地貌

工作区整体地势北高南低。北部东西两侧为低山丘陵，林木茂盛，海拔多在 200m 以下，最高峰为天光塘，海拔约 547m；北部中端是龙王庙水库，水面面积约 130 多万平方米。中、西部北边丘陵起伏，海拔 30～50m。南部与东部为北江和绥江的冲积平原，地势平坦低洼（除将军山等外），平均海拔 3～5m（将军山最高海拔约 70m），历史上曾是北江和绥江的天然泛洪区。工作区地貌遥感影像图如图 10-1 所示。

图例
高508m
低1m

图 10-1　工作区地貌遥感影像

2. 地层岩性

工作区出露地层主要为泥盆系、石炭系和第四系，其中以第四系分布面积最广，出露地层（表 10-1）从老到新分述如下。

（1）泥盆系（D）。

工作区内泥盆系岩石地层较为发育，其岩性主要为一套陆源碎屑岩，主要分为春湾组（D_{3c}）和天子岭组（D_{3t}）。

① 春湾组（D_{3c}）：主要分布于工作区西北部，出露面积约为 $5.61km^2$，岩性主要为浅褐黄、灰白、灰紫色粉砂岩，粉砂质页岩，夹细砂岩、页岩，层厚为 $210\sim260m$。

② 天子岭组（D_{3t}）：分布于工作区中部和东部，出露面积约为 $0.18km^2$，岩性主要为灰、深灰色灰岩，顶部及底部常含砂质泥质，局部含炭质泥质，与下覆春湾组地层为整合接触，层厚为 $23\sim400m$。

（2）石炭系（C）。

工作区内石炭系岩石地层出露面积较小，主要分布在中部地区，据其岩性组合特征，可划分为大赛坝组（C_{1ds}）、测水组（C_{1c}）、和石磴子组（C_{1sh}）。

① 大赛坝组（C_{1ds}）：小范围出露于工作区中西部，出露面积约为 $0.30km^2$，岩性为浅灰、深灰、淡紫、紫红色砂岩，泥质粉砂岩，夹细砂岩、页岩，层厚大于 $240m$。

② 测水组（C_{1c}）：零星分布于工作区中部，出露面积约为 $2.90km^2$，岩性为深灰色砂质页岩、粉砂质页岩与浅灰色砂岩互层，夹砂砾岩、含砾砂岩、铁质砂岩、炭质页岩及数层至十余层煤，层厚为 $145\sim224m$。

③石磴子组（C_{1sh}）：零星分布于中部，出露面积 $0.01km^2$，岩性为灰色、灰白色灰岩，局部夹炭质，层状构造，局部有溶洞构造，层厚 $150\sim300m$。

（3）第四系（Q_4）。

灯笼沙组（Q_{4dl}）：广泛分布于工作区，出露面积约为 $71.89km^2$，岩性主要为黏土、粉质黏土、细砂、淤泥。沉积厚度为 $1\sim5m$，最大厚度为 $9m$。底板一般埋置深度为 $0\sim4m$，最大埋深为 $9m$。

② 小市组（Q_{4xs}）：广泛分布于工作区中部及中北部平原区，岩性主要为灰黄色砾石、含砾粗砂及砂质黏土。沉积厚度为 $14\sim24m$。

（4）侵入岩。

① 早侏罗世细粒黑云母二长花岗岩（J_2l）：出露于工作区的北部和中部，形态呈北西向条带状、不规则状，面积约为 $7.40km^2$。岩石呈灰、灰白色，细粒花岗结构，主要由斜长石（38%）、钾长石（22%）、石英（28%）、黑云母（7%）等组成。斜长石呈半自形板柱状，部分聚片双晶，个别具环带构造，粒径大小为 $0.3\sim1.5mm$。钾长石呈半自形板状和它形

粒状，粒径大小为0.22～3.8mm。石英呈它形粒状，粒径大小为0.3～4.5mm。长石表面多有次生的黏土矿物和绢云母分布，部分黑云母变化为绿泥石。

②晚侏罗世中粒含斑（斑状）黑云母二长花岗岩（J_1l）：出露于工作区的北部，形态呈不规则状，面积约为9.41km²，约占工作区面积的1.0%。岩石呈灰白色，含斑中粒结构，块状结构。斑晶为钾长石，呈自形板状，粒径大小为4～8mm，含量约为5%。基质主要由斜长石（46%）、微斜长石（20%）、石英（20%）、黑云母（5%）等组成。斜长石呈半自形－自形粒状，粒径大小为0.2～3.6mm。微斜长石呈它形粒状或它形粒状变晶，粒径大小为0.2～5.5mm。石英呈它形粒状，粒径大小为0.2～4.2mm。黑云母呈片状，粒径大小为0.2～1.6mm，多变化为绿泥石。

③晚白垩世花岗斑岩（$K_2^3\gamma\pi$）：仅小范围出露于工作区的中部，侵入泥盆系天子岭组中，其接触带有W、Mo矿化。花岗斑岩呈岩脉状产出，面积约为0.31km²。岩石呈灰白色斑状结构、块状结构，主要由钾长石（45%）、斜长石（20%）、石英（30%）、黑云母（4%）等组成。斑晶含量17%～35%，主要由钾长石、石英和黑云母组成，粒径大小为2～8mm。

表10-1 区域出露地层主要情况一览

地质年代			岩石地层单位		岩性描述	分布范围
界	系	统	群组段	厚度/m		
新生界	第四系	全新世	灯笼沙组 Q_{4dl}	4～32	黏土、粉质黏土、细砂、淤泥、含腐木及有机质	广泛出露于平原区
		更新世	小市组 Q_{4xs}	14～24	灰黄色砾石、含砾粗砂及砂质黏土	广泛分布于中部及中北部平原区
	古近系	古新统	宝月组 E_{1by}	136～1139	下部深灰、灰色钙质泥岩、粉砂岩、砂岩上部质泥岩、粉砂岩、砂岩砂砾岩互层，局部夹凝灰岩薄层及粗面岩，为棕夹	小面积出露于东南部

续表

地质年代			岩石地层单位		岩性描述	分布范围
界	系	统	群组段	厚度/m		
中生界	白垩系	上统	三水组 K_{2ss}	82～680	下部为紫红、灰棕、棕红色砾岩、砂岩；上部为紫红、棕红色砂砾岩、砂岩、粉砂岩、粉砂质泥岩，夹深灰、灰绿色泥岩，偶夹安山质凝灰岩和沉凝灰岩薄层	零星分布于工作区东部、东北部，出露面积小
古生界	石炭系	早石炭世	测水组 C_{1c}	145～224	深灰色砂质页岩、粉砂质页岩与浅灰色砂岩互层，夹砂砾岩、含砾砂岩、铁质砂岩、炭质页岩及数层至十余层煤	零星分布于工作区中部，出露面积较小
			大赛坝组 C_{1ds}	＞240	浅灰、深灰、淡紫、紫红色砂岩、泥质粉砂岩，夹细砂岩、页岩	小面积出露于工作区中西部
			石磴子组 C_{1sh}	150～300	灰色、灰白色灰岩，局部夹炭质，层状构造，局部有溶洞构造	零星分布于工作区中部，出露面积非常小
古生界	泥盆系	晚泥盆世	春湾组 D_{3c}	210～260	浅褐黄、灰白、灰紫色粉砂岩、粉砂质页岩，夹细砂岩、页岩	主要分布于工作区西北部，出露面积较大
			天子岭组 D_{3t}	357～1960	灰、深灰色灰岩，顶部及底部常含砂质泥质，局部含炭质泥质	分布于工作区中部和东部

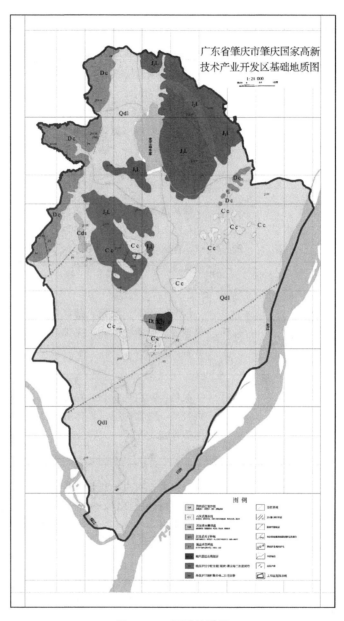

图 10 - 2　区域地质图

3. 地质构造

工作区地处华南褶皱系粤中凹陷和粤西隆起的交接部，三水盆地的西北边缘，历经了加里东构造、华力西—印支运动、燕山运动及喜山运动等多次构造旋回发育阶段，其中以燕山运动规模最大、活动最强烈，对区域地质构造格局形成的影响较为深远。从工作区地质构造简图（图 10 - 3）可知，工作区位于北东向吴川—四会深断裂带南东侧，主要地质构造为褶皱、断裂和盆地。

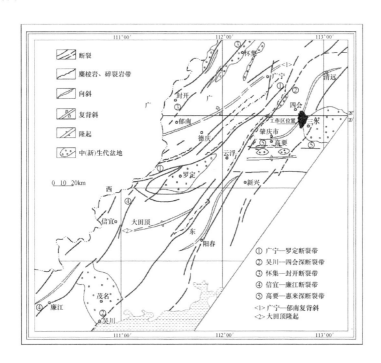

图 10 - 3　工作区地质构造简图

（1）褶皱。

工作区内褶皱主要为北—北东向的将军岗向斜，发育于工作区中部的将军岗附近。

将军岗向斜发育于石炭系测水组，槽部为细粒石英砂岩、粉砂岩、粉砂质页岩，两翼为粉砂质页岩与粉砂岩互层，夹多层黑色碳质页岩、细粒石英杂砂岩。西翼地层产状 310°～330°∠50°～70°，东翼地层产状 90°～110°∠50°～70°。枢纽北—北东向近水平，轴面近直立。两翼发育次级小柔皱，轴面向槽部收敛。该褶皱后期受构造作用破坏，岩石较破碎，有多条石英脉贯入。

（2）断裂。

工作区以北东向的北江断裂（F1）为主，另有将军岗西—西北向的断裂（F2、F3）、北东向的三公塘断裂（F4）、北—北西向的上林断裂（F5）和李坑—宋屋一带北—北东向的断裂（FW1）。断裂分布及其特征见表 10-2。

表 10-2　断裂分布及其特征

断裂走向	断层名称	出露位置	断裂特征
北东向	北江断裂（F1）	卢苞以北界牌—石角—清远县城西侧	在工作区被第四纪覆土覆盖，为航片解译推测隐伏断裂带，在卢苞以北界牌——石角——清远县城西侧，中泥盆系老虎组及春湾组露头产状凌乱，为 85°∠72°、280°∠27°、125°∠46°，与西侧的大朗山组相抵，断面不清，控制着三水盆地北部西侧的边界
西—西北向	（F2、F3）	将军岗附近	根据周边地形地貌和岩性特征推测，主要受燕山运动及喜山运动等的影响，地壳内部岩浆局部上涌导致地面形成的张性断裂属于平移断裂
北东向	三公塘断裂（F4）	将军岗北侧约 2km 处	工作区内断裂带长 0.5km，宽 0.5m，发育于四会单元，沿三公塘呈 NE45°展布，产状 320°∠20°，为张性断裂。断裂两侧为碎裂花岗岩，沿断裂带有破碎石英脉，发育梳状石英晶簇及犬齿状石英，见黄铁矿及其风化产物褐铁矿

续表

断裂走向	断层名称	出露位置	断裂特征
北—北西向	上林断裂（F5）	将军岗北西侧约 4km 处	断裂为正断层，产状 78°∠75°，具压扭性。工作区内长约 1km，宽 40～50m，发育于泥盆系地层中，结构面波状弯曲，发育阶步及擦痕，擦痕侧伏向 SE155°，侧伏角 40°。构造带由构造角砾岩、碎裂岩组成，沿构造带由破碎石英脉充填，发育石英晶簇及梳状石英，石英脉中见有黄铁矿，次生为褐铁矿，同时见有铜蓝（黄铜矿化），构造带中也见有云英岩化、白云母化。早期为脆性断裂，晚期热液迭加明显
北—北东向	（FW1）	李坑—宋屋一带	断裂为隐伏断裂，在工作区西北麓，地处华南褶皱系粤中凹陷和粤西隆起的交接部，三水盆地的西北边缘。历史上历经了加里东构造、华立西—印支运动、燕山运动及喜山运动等多期构造发育阶段，其中以燕山运动规模最大、活动最强烈，对区域构造格局的形成影响较为深远

（3）盆地。

工作区东南侧为三水盆地，属于三水盆地的北西侧边缘。三水盆地是由大陆板块与其他板块发生俯冲小件或碰撞形成的一个以北东向为主的原始裂谷盆地，是受构造控制的断陷盆地，晚期由于高要—惠来深断裂活动，造成南盘上升遭受剥蚀、北盘下降接受沉积，总长约 100km，最大宽度约 60km。盆地基底是北东向展布的上三叠世—下侏罗世古生代地层组成的复式向斜，盖层为白垩—第三纪陆相含油气、膏盐红色碎屑岩建造，总厚度大于 7km，组成近南北走向的宽缓向斜构造，倾角 8°～15°。盆地的形成与上地幔上隆有关，发育完整的火山岩。

4．区域地壳稳定性

区域地壳稳定性是指地球内动力地质作用，如地震、火山活动、断层错动及显著的地壳升降运动等对工程安全性的影响程度。研究区域地壳稳定性的目的是使工程建设场地选在相对稳定区域，避开全新活动构造带；或在活动区域选择相对稳定地带——"安全岛"。

影响区域地壳稳定性有三个因素。构造稳定性是主要因素，占主导地位；岩土体稳定性和地面稳定性是次要因素。构造稳定性主要取决于工作区断裂构造的现今活动情况；岩土体稳定性对工程建（构）筑物的稳定性有直接的影响，不同地层组成的地基对工程建设的适宜性明显不同；地面稳定性对工程建（构）筑物的稳定性影响则是间接的，如地形起伏、地质灾害、受洪水淹没情况等因素都将间接影响建（构）筑物。

（1）构造稳定性。

构造稳定性是评价区域地壳稳定性的主要因素，区域构造稳定性主要根据该区域地壳活动的历史进行评价，包括新构造运动、断裂稳定性和地震。

①新构造运动。

新构造运动是指第三纪以来的构造运动，早期以扩张伸展、断陷为主，晚期则以上升夷平和不均衡差异升降运动为主。

a. 第三纪的扩张伸展断裂活动：上地幔不断上隆扩张，形成一系列北东向或北西向张性断裂（如北东向的北江断裂、三公塘断裂，李坑—宋屋一带的断裂，北—北西向的上林断裂），成为岩浆上侵的良好通道，因此，发育了多旋回、多期次从基性—酸性的火山岩。三水盆地是原始大陆裂谷，其上地幔隆起与盆地下陷恰呈镜像反映。这一时期的断裂多被第四系覆盖，少数地表显示有隐伏断裂。在早第三纪，工作区内为一级夷平面，海拔为 10～70m，相对高度为 10～60m。风化壳厚度一般为 0.5～15.0m，并有第四纪白坭组沙砾卵石层覆盖，反映了夷平作用是在早第三纪末至第四纪中更新世之前。

b. 第四纪的地壳变动：以地壳的垂直升降运动为主，早期为加速上升，后期以缓慢下降为主或升降交替。工作区内的水系，不论主流或支流，均可呈牛轭状、蛇曲状，常见牛轭湖。根据钻孔资料，工作区内三水盆地第四系的厚度主要为 10～35m，局部达 55m；山间盆地第四系以残积物为主，厚度主要为 0.5～15.0m。沉积厚度差异较大，反映了不均衡下降运动。

②断裂稳定性。

工作区所处大地构造单元为吴川—四会深断裂构造带的东南侧、高要—惠来东西向构造带的北东侧，二者之间的构造运动影响了工作区近南北向的断裂及三水盆地的形成。

a. 吴川—四会深断裂构造带：吴川到四会的一条硅铝层断裂带，北东走向，长约 320km。沿断裂出现一条动力变质带和挤压带，使附近地层无论是古生界还是侏罗系都遭受不同程度的变质作用，但无明显的岩浆岩带状分布，缺乏超基性岩，推测断裂带切穿深度不大，或只切穿到硅铝层。断裂带自吴川向北东经阳春、云浮、四会、广宁，插入英德犀牛一带，与仁化—英德断裂会合，由运腊—三排屋、黄岭顶—合水口、高要、阳西—新兴等多条主干断裂，以及兰原—长屯、石狗圩、大王山动力变质带组成。该断裂构造带形成于加里东期，在印支期基本定型，燕山期有强烈活动，喜山期复活，甚至延续到新构造运动时期。第三纪以来，该断裂带的活动仍未停息，其活动方式仍然表现为继承性差异活动，在一些地段有地震活动、热泉涌出及地貌反差、阶地发育。

b. 高要—惠来东西向构造带：由高要向东经广州、东莞、海丰、陆丰在惠来附近入海，向西由于受吴川—四会深断裂构造带反钟向扭动而向南错移，在罗定的西南又出现，而后进入广西。广东省内断续延长约 600km，宽 10～60km。沿断裂带构造岩相当发育，有 10～40m 的硅化破碎带、糜棱岩化带和断层角砾岩带。该构造带形成于印支运动，局部地段控制了晚三叠—早侏罗世的沉积。该构造带在燕山期活动较为强烈，发生了重熔型和同熔型岩浆的喷溢和侵入。

③地震。

根据历史地震记录，珠江三角洲一带自公元 288 年至今，有感地震近 400 次，地震活动弱，地震活动具有频度高、震级小的特点；中强地震发生在工作区外围河源、海丰、阳江一带，最强一次为 1969 年 7 月 26 日发生在阳江的 6.4 级地震。

据资料记载，工作区 25km 范围内共发生地震 8 次。1970 年以前有 3 次，震级都为 4.0～4.9 级；1970 年以后有 5 次：震级为 2.0～2.9 级 3 次，3.0～3.9 级 1 次，4.0～4.9 级 1 次。工作区 25km 范围内震中分布图如图 10-4 所示。

根据《中国地震动参数区划图》（GB 18306—2015），工作区地表地震动峰值加速度为 0.05g，地震动加速度反应谱特征周期为 0.35s，相应的地震基本烈度为Ⅵ度。另据《建筑抗震设计规范（2016 年版）》（GB 50011—

2010)，工作区抗震设防烈度为 6 度，设计地震分组为第一组，设计基本地震加速度为 0.05g。

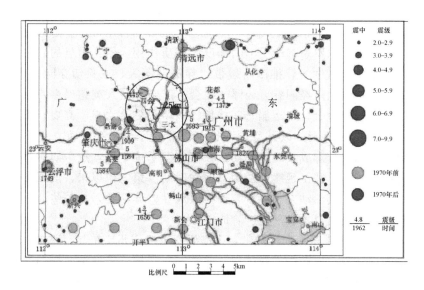

图 10 - 4　工作区 25km 范围内震中分布图

（2）岩土体稳定性。

岩土体稳定性是评价区域地壳稳定性的重要因素之一。由于岩体与土体的工程性能相差甚远，不同的建（构）筑物对岩体或土体又各自有不同的要求。因此，需对岩体与土体分别进行稳定性评价。

①岩体稳定性。

岩体稳定性主要是指岩体作为洞室围岩、构成边坡时的稳定性，和作为建筑物天然地基持力层时的稳定性。岩体的承载力一般较高，作为一般建筑物的持力层是稳定的、安全的，因而，岩体稳定性评价着重于前两方面。

岩体稳定性主要取决于结构体的强度及结构面的产状、抗剪强度、发育密度等。结构体的强度一般可由岩石试验强度代替。对于具体工程来说，因结构体的强度较高，岩体破坏往往是沿软弱面而发生的。岩体的不同结构面具有不同的产状，当结构面与大主应力平行或呈小角度斜交时，其可能变为软弱面，岩体沿该面破坏。可见，岩体稳定性评价要结合具体的工程才有意义，而根据岩体的完整程度及岩石的强度，对区域性的岩体稳定性做一个总的评价，也可作为城建规划及经济发展战略参考的依据。

工作区地表浅部分布的岩体可划分为 3 种岩性综合体，5 个岩性类型。岩体稳定性评价参照《工程岩体分级标准》（GB/T 50218—2014）和《岩土工程勘查规范（2009 年版）》（GB 50021—2001）中的评价方法，结合工作区的实际情况，根据岩体的强度特征、风化程度和完整程度划分为稳定、较稳定两级，岩体稳定性评价见表 10-3。

表 10-3　岩体稳定性评价

岩性综合体	岩性类型	主要岩性	风化程度	岩溶发育程度	节理裂隙发育程度	稳定性评价
碎屑岩类	较坚硬层状砂、砾质岩	砂岩、砂砾岩	强—中风化	不发育	较发育	较稳定
	较坚硬、软质层状岩	泥质粉砂岩	强—中风化	不发育	较发育	较稳定
	软质层状页岩、泥岩	页岩、泥岩	强—中风化	不发育	不发育	较稳定
碳酸盐岩类	坚硬、较坚硬块状岩	灰岩、碳质灰岩	全—微风化	较发育	较发育	较稳定
侵入岩类	坚硬块状花岗岩	花岗岩、花岗斑岩	全—微风化	不发育	不发育	稳定

②土体稳定性。

本书的土体稳定性主要指土体作为建筑物地基时的稳定性。土体是否稳定取决于上部荷载的大小、地基土的类别、工程性质，地下水位埋深、场地地形。不同的土体具有不同的工程性质，其稳定性有明显的差异。地基土的工程性质集中反映在承载力上，即在保证地基稳定的条件下，地基土所能承受的荷载的大小。因此，可按承载力标准值的大小并适当考虑土体的其它不良工程地质性能对土体进行稳定性分级，分级标准见表 10-4。

表 10－4　土体稳定性分级标准

承载力/kPa	稳定性分级	承载力/kPa	稳定性分级
＞300	稳定	100～200	较不稳定
200～300	较稳定	＜100	不稳定

由于工作区内各土体工程地质单元往往是叠置出现的（即呈多元结构），其类型及数量在不同地段差别甚远，同一地段内存在着不同稳定性的土体。因此，根据工作区内的实际情况，评价深度统一取至 50m。如果土层厚度大于 50m，则按 50m 考虑，以浅土层的承载力进行评价；否则，按第四系实际土层的承载力进行评价。在评价深度内，一般取各土层承载力标准值的加权平均值作为该地段的稳定性评价依据；如果土体以强度低的土层为主，则取此土层的承载力标准值作为评价依据。

按上述原则，对工作区内的土体进行稳定性分级及评价，共划分出 6 个岩性综合体，8 个岩性类型。根据土体稳定性分级标准，对各级土体工程地质单元进行稳定性评价，见表 10－5。根据评价结果进行土体稳定性分区，如图 10－5 所示。

表 10－5　土体稳定性评价

岩性土	岩性综合体	岩性类型	土体状态	承载力标准值/kPa	稳定性评价
一般沉积土	碎石土	砾石	中密—密实	220～350	较稳定—稳定
	砂土	中砂、粗砂、砾砂	稍密—中密	180～300	较不稳定—较稳定
		粉砂、细砂	松散—稍密	100～150	较不稳定
	黏性土	粉土	中密	140～200	较不稳定
		黏土、粉质黏土	软塑	100～150	较不稳定
			可塑—硬塑	160～250	较不稳定—较稳定
特殊土	残积土	粉质黏土	可塑—硬塑	180～300	较不稳定—较稳定
	填土	素填土、杂填土	松散	＜80	不稳定
	软土	淤泥、淤泥质土	流塑—软塑	50～80	不稳定

注：承载力标准值为本次施工钻孔资料数据。

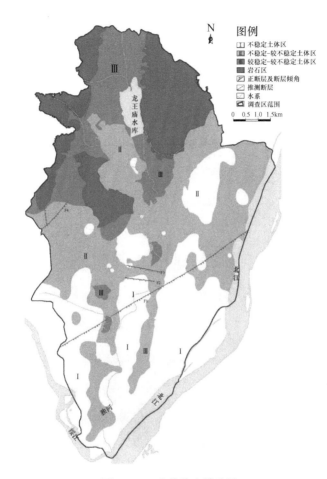

图 10 - 5　土体稳定性分区

（3）地面稳定性。

地面稳定性是指在外动力地质作用下地面发生的形变和破坏，以及对建筑物安全的影响程度。地面稳定性取决于许多因素，如地面的起伏情况（包括坡度、切割的深度和密度等）、冲沟、滑坡、坍塌、水土流失、土地沙化、边岸冲蚀、河床改道及地面受洪水淹没的几率等。影响地面稳定性的因素很多、性质复杂，难以制定出一个综合性的评价分级标准。

现根据工作区的实际情况，对地面稳定性做一个大致的划分，即地形越复杂、坡度越大、切割越深、外动力地质作用越强、物理地质现象类型越复杂、洪水危害机会越大，地面稳定性就越差；反之，地面稳定性则越好。依照此原则，将工作区地面稳定性划分为较不稳定、较稳定和稳定三个级别，地面稳定性分区如图 10-6 所示。

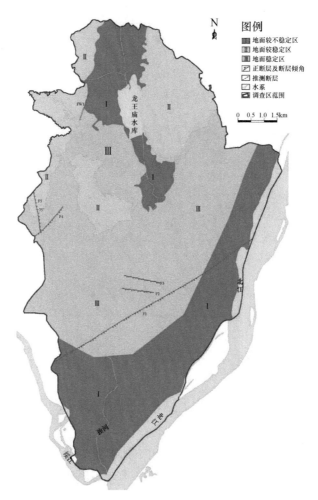

图 10-6 地面稳定性分区

①地面较不稳定区。

地面较不稳定区主要分布于龙王庙水库湖积平原，北江、绥江河漫滩平原区，山沟等低洼地带。虽然这些地区地面平坦，物理地质现象不太发育，但因地势低，易受北江、绥江的冲刷和洪水淹没；地下水埋藏浅、人工填土层广泛分布、软土层局部分布，使地面易产生垂直变形、边坡易于破坏；因而将该区划分为较不稳定区。

②较稳定区。

较稳定区主要分布于北部东西两侧丘陵，地面起伏较大，山势较陡峭，沟谷切割较深，岩石裸露，节理、裂隙发育，局部有水土流失、崩塌、滑坡等不良地质现象，高程多在200m以下，不受洪水威胁，但地形不利于工程建设规划布局，地面一般不容易产生变形及破坏，因而将该区划分为较稳定区。

③稳定区。

稳定区主要分布于残丘台地、丘陵的下部和河漫滩、湖积平原后缘，地面多为缓状起伏，坡度小，不良地质现象不发育，绝对标高主要为3～63m，相对高差为10～50m，一般不受洪水威胁，因而将该区划分为稳定区。该区只要稍加平整，即可成为进行工程建设相对良好的区域。

（4）区域地壳稳定性评价。

综上所述，工作区的新构造运动不强烈，据资料记载，工作区25km范围内共发生地震8次。1970年以前有3次，震级均为4.0～4.9级；1970年以后有5次：震级为2.0～2.9级3次，3.0～3.9级1次，4.0～4.9级1次。区内丘陵、残丘分布区为稳定—较稳定，第四系分布区为较不稳定—不稳定；地面则以稳定、较稳定为主。由此可见，工作区的区域地壳稳定性综合评价等级为较稳定—稳定级，区域地壳稳定性分区如图10-7所示。工作区适宜各类大、中、小型工程建（构）筑物的兴建，是发展大规模经济建设的良好区域。

5. 水文地质

工作区地下水的赋存及分布，主要受地质构造、地层岩性、地形地貌、水文气象等因素控制。裂隙发育的岩层、孔隙性和透水性较好的松散沉积层是主要的含水层、地下水储存和运移的场所。

工作区地处亚热带季风气候区，降雨比较丰沛，为地下水提供了充足的水源，因而，基岩分布区普遍含风化裂隙水，松散岩类分布区赋存丰富的孔隙水。

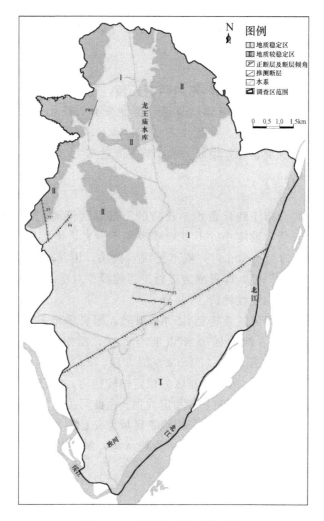

图 10 - 7　区域地壳稳定性分区

（1）地下水类型及含水层划分。

① 地下水类型。

根据工作区地下水赋存条件，含水层水理性质和水力特征，本区地下水可分为松散岩类孔隙水、碳酸盐岩类裂隙溶洞水和基岩裂隙水三大类型。

a. 松散岩类孔隙水（简称孔隙水）：广泛分布于第四系。工作区第四系土层厚度一般小于50m，砂、砂砾为含水层。根据孔隙水的埋藏条件和水力特征，可分为孔隙潜水和孔隙承压水。

孔隙潜水主要分布在河谷平原和山间盆（谷）地，含水层多以砂及亚砂土为主，水位埋深为0.5～3m，涌水量大多小于100m³/d。

孔隙承压水埋藏于阶地下部砂砾层中，主要分布在北江沿岸平原，含水层以砂、砂砾为主，厚度一般小于20m，顶板埋深一般为5～20m，单孔涌水量一般为100～1000m³/d。

b. 碳酸盐岩类裂隙溶洞水（简称岩溶水）：主要分布在中部冲积平原石炭系和西北部泥盆系岩层中，分布面积较大，受地质构造控制，各含水岩组大多隐伏于第四系下，形成以覆盖型岩溶为主的储水构造。岩溶水的富集还受岩性、岩溶发育程度及充填情况等诸多因素制约。水位埋深为1～5m，钻孔单孔涌水量大多小于100m³/d；局部受断裂构造等影响，富水性级别可达中等。

c. 基岩裂隙水：按其含水介质特征又可分为层状岩类裂隙水和块状岩类裂隙水两种。

层状岩类裂隙水：含水层主要分布在工作区西北部的泥盆系砂岩、石英砂岩中，泉水流量为0.02～0.50L/s。

块状岩类裂隙水：含水层零星分布在工作区中部和北东部的白垩纪和侏罗纪中粒黑云母二长花岗岩中，地下水补给和储存条件较差，泉分布较少，泉水流量小，枯季地下径流模数为2.80～2.88L/（s·km²）。

② 含水层划分。

受工作区的沉积环境、古地理、古气候等因素影响，含水层垂直向上的分布形态和发育程度存在着差异，导致其水力性质、水化学条件、富水性及地下水动态等水文地质要素发生相应的变化。以含水层的岩性为基础、以水文地质条件为依据，结合工作区第四系、白垩系、侏罗系、石炭系和泥盆系沉积环境和岩性分布特征，将工作区埋深50m以上的含水层划分为第四系松散岩类孔隙含水层，泥盆系和石炭系的裂隙溶洞含水层，白垩系、侏罗系、石炭系和泥盆系的基岩裂隙含水层。

结合工作区总体规划，城市地质调查主要针对浅层和中层含水系统。含水层系统结构划分见表10-6。

表 10-6 含水层系统结构划分

含水层系统划分	分区代号	含水层埋藏深度/m	层厚/m	含水岩组岩性
第四系松散岩类孔隙含水层	Ⅰ	0～50.00	>50.00	第四系砂、砂砾、砂土和粉质黏土
裂隙溶洞含水层	Ⅱ	17.80～50.00	>32.20	泥盆系天子岭组和石炭系石磴子组灰岩和碳质灰岩
基岩裂隙含水层	Ⅲ	3.00～50.00	>47.00	泥盆系春湾组粉砂岩、粉砂质页岩、细砂岩和页岩，石炭系大赛坝组砂岩和泥质粉砂岩，石炭系测水组砂质页岩、砂岩、砂砾岩、含砾砂岩。早侏罗世细粒黑云母二长花岗岩晚侏罗世中粒含斑（斑状）黑云母二长花岗岩晚白垩世花岗斑岩。

（2）含水层空间分布及其水文地质特征。

① 松散岩类孔隙含水层。

工作区以松散岩类孔隙含水层分布最为广泛，是分散式地下水开采层。该含水系统主要为第四纪沉积物，成因类型多样，岩性复杂（包含各类砂、砂砾和黏土），含水层透水性差。工作区松散岩类含水岩层厚度一般为10～30m，局部超过50m，厚度由东南部的北江河漫滩冲积平原区向西北部的丘陵区变薄。

东南部的北江河漫滩冲积平原区主要岩性为黏土、淤泥、细沙、中沙和卵石等，厚度一般为30～40m，局部超过50m，含水层透水性差。工作区中部为北江河漫滩冲积平原区的后缘，形成东东北向的带状区域，岩性主要为黏土、淤泥质黏土互层，局部夹粉砂、中沙，厚度一般为 10～20m，含水层透水性较差。工作区的北部龙王庙水库湖积平原区岩性主要为粉质黏土、含圆砾混合土，厚度一般为 40～50m。工作区的西北部丘陵岩性主要为卵石、黏土组成，间夹粉土，厚度一般为 5～15m，含水层透水性差。

工作区东南部位于三水盆地西北侧，砂层孔隙水相连。各含水层富水性不一，差别较大。中砂、细砂、砾砂的富水性中等；其余细颗粒的砂土、粉质黏土富水性较差，富水强度一般低于 100m³/d。

孔隙潜水与水文气象的关系密切，其水位、水温随季节变化明显，受降水的影响变化显著。在距地表水较近的地域，地下水位随地表水的涨落而升降，局部地段有滞后现象。

总体来说，松散岩类孔隙含水层在局部地区有一定的供水意义，但受水质影响，多用于农田灌溉和生活用水，不宜作为居民生活饮用水。

② 碳酸盐岩类裂隙溶洞含水层。

工作区内该含水层仅局部出露于工作区中部和西北部区域，主要由泥盆系天子岭组、石炭系石磴子组灰岩和碳质灰岩构成，含水层位于灰岩的裂隙溶洞中，局部可能存在断裂构造等，含水量一般为 100～1000m³/d，富水性中等。

③ 基岩裂隙含水层。

基岩裂隙含水层主要包括泥盆系粉砂岩、细砂岩、粉砂质页岩和页岩，石炭系砂岩、泥质粉砂岩、砂质页岩、砂砾岩、含砾砂岩，侏罗世与白垩世花岗岩。该含水层由多层次的单层含水层组合构成，单层含水层厚度及层数变化极大。

该含水层在北部丘陵地区和中部出露，水位随季节变化涨落显著。泉水流量一般小于 1.00L/s，水量贫乏，局部地层接触带流量可达 13.580L/s。泉水流量随降水动态变化：丰水期流量大，枯水期流量小、甚至干涸。

在河漫滩冲积平原区，该含水层大部分掩埋于第四系下，水位、水温随季节变化，对降水响应滞后。该含水层富水性差，单井涌水量小于 100m³/d，水量贫乏且空间分布差异大，含水层厚度不均。

基岩裂隙含水层钻孔抽水试验成果见表 10-7。

表 10 - 7 基岩裂隙含水层钻孔抽水试验成果

钻孔号	含水层岩性	含水层厚度/m	埋藏深度/m	单井涌水量/ (m³/d)	富水性	降深/m	渗透系数/ (m/d)	影响半径/m
SK01	灰岩、碳质灰岩	20.20	30.00~50.20	71.45	贫乏	10.81	0.369	65.00
SK02	中—微风化风化石英砂岩	34.40	16.50~50.90	80.09	贫乏	6.35	0.383	39.30

该含水层水量贫乏但埋藏浅，具有一定的开发利用价值，可作为分散式农田灌溉、工业用水的主要供水来源。

（3）地下水补、径、排关系及动态变化规律。

工作区内属亚热带季风气候，雨量充沛。降水垂直补给和地表水侧向补给是工作区地下水的主要补给来源。

地下水的补给、径流、排泄主要受降水、地形地貌、岩性、地质构造等因素控制。同一区段既可以接受降水的渗入补给形成径流，同时又可作为地下水的排泄区，很难严格区分地下水的补给区、径流区和排泄区。

①松散岩类孔隙水。

孔隙潜水主要补给来源为大气降水、地表水渗流及侧向径流。①大气降水是孔隙水补给的重要来源之一，其补给量随季节的变化而变化。丰水期补给量大，地下水位抬高；枯水期补给量减小，地下水位下降。②地表水渗流补给，主要为龙王庙水库补给。③基岩裂隙水的潜流侧向径流补给，径流条件好，水力坡度较陡，为 $28\%\sim31\%$；平原中部地形平坦，潜水径流缓慢，水力坡度 $1\%\sim5\%$。

受北高南低的地形条件控制，松散岩类孔隙水径流方向由北向南，最终汇入北江和绥江干流。区内山前至平原部分地形坡度变化较大，水力坡度较大，地下水流速较快；平原至北江和绥江部分地形坡度较缓，水力坡度较小，地下水流速较缓。

松散岩类孔隙水主要排泄方式为直接向北江、绥江泄流及蒸发。由于北江和绥江水位具有季节周期性变化的特点，在枯水期水位低于地下水水位时，地下水向河流排泄。工作区内松散岩类孔隙潜水的水位较浅，可通过蒸发排泄。

②碳酸盐岩裂隙溶洞水。

a. 碳酸盐岩裂隙溶洞水补给条件：主要为基岩裂隙水的径流侧向补给、松散岩类孔隙水和大气降雨的垂向补给，其次为平原区岩溶水径流侧向补给。

b. 碳酸盐岩溶洞水径流与排泄：总体是自北部山前向南部平原径流，排于北江和绥江。北部山前一带水力坡度较陡，为16%~67%；平原区水力坡度平缓，为0.8%~1.5%。

③基岩裂隙水。

基岩裂隙水含水层在山间冲积平原主要埋藏于第四系下，在丘陵区大面积出露。基岩山区切割深度及切割密度较大，裂隙水具有埋深浅、径流途径短及动态变化大的特点。基岩裂隙潜水沿山坡径流，部分排于山间溪流；部分沿构造断裂潜流补给山前冲洪积层松散岩类孔隙水、碳酸盐岩裂隙溶洞水及基岩裂隙承压水。

（4）地下水的水文地球化学特征。

地下水的水文地球化学特征是表征地下水的形成及其在漫长地质历史过程中各种因素共同作用的结果。地下水的水文地球化学特征与工作区特定的地质环境、水文气象及地下水的补给、径流、排泄条件等因素密切相关。

工作区内的地下水，从丘陵区到山前地带，再到冲积平原区，除局部受人为因素影响外，一般具有较明显的水化学分带性。

西北丘陵区地下水以溶滤作用为主，补给区与排泄区较近，径流途径短，但局部含水层为石灰岩地层，故其水化学类型主要为 $HCO_3 \cdot Cl - Ca \cdot Mg$ 型；pH值约为6.21，呈弱酸性；矿化度较低，约为46.89mg/L。东南冲击平原地下水，水化学类型较为简单，主要为 $HCO_3 - Ca$ 型；pH值约为7.44，呈中性；矿化度约为245.00mg/L。

河漫滩冲积平原区地下水以水平径流为主，地下径流及循环交替减缓，加上平原地带主要为居民住宅区、耕作区、渔业养殖区，自然环境及人类活动对地下水水质影响较大。水中 Cl^-、Na^+、SO_4^{2-} 含量普遍偏高，水化学类型较复杂；矿化度大于 150mg/L，一般为 164～606mg/L，局部超过 700mg/L。在靠近北江、绥江的冲积平原区，在某些居民区内松散岩类孔隙潜水中 Cl^-、Na^+ 含量高，水化学类型为 $HCO_3 \cdot SO_4 - Ca \cdot Na$、$HCO_3 \cdot Cl - Ca \cdot Na$、$Cl \cdot HCO_3 - Na \cdot Ca$，pH 一般为 6.28～7.69。

6. 工程地质

（1）岩土体结构分层及工程地质特征。

经现场调查与工程地质钻探，结合岩土工程勘察资料，对工作区内岩土层统一进行标准化分层，共划分出 10 个工程地质层和 26 个亚层、次亚层。岩土层自上而下为人工填土层、植物土层、第四系冲积土层、第四系冲洪积土层、第四系残积土层、第三系地层、白垩系地层、石炭系地层和泥盆系地层。

① 人工填土层：分为素填土层和杂填土层，以素填土层为主，夹少量建筑垃圾、碎砖块等，广泛分布于工作区内，厚度为 0.5～7.6m。

② 植物土层：主要为亚黏土，含植物根系，仅局部出露于工作区南部的北江与绥江交接的河漫滩冲积平原区，层顶埋深为 0.7～1.9m，厚度约为 0.6m。

③ 第四系冲积土层：主要为粉质黏土、淤泥质土、粉细砂等，局部中粗砂、卵石等，分布于工作区的大部分地区，厚度为 1.9～36.4m，局部超过 50m。淤泥质土主要出露于工作区南部的河漫滩冲积平原区，富含有机质，略具腥臭味，夹腐木、薄层状粉砂等，具有压缩性大、灵敏度高、强度低等特点，常与粉质黏土呈互层状。

④ 第四系冲洪积土层：主要为淤质泥土、粉土、粉砂和圆砾，含少量中沙、粗砂等。沙砾的分选性较差，主要分布在工作区南部的北江与绥江交界处的冲积平原区，层顶埋深为 3.1～5.0m，厚度约为 25～30m。

⑤ 第四系残积土层：主要为粉质黏土，主要分布在丘陵区地表、冲积平原区冲积层之下，厚度为 1～10m，局部约为 15m。

⑥ 第三系碎屑岩：主要为泥质粉砂岩、变质石英砂岩等，主要分布在工作区南部，多被第四系土层覆盖，层顶埋深为 33.5～54.5m。泥质粉砂岩呈红棕色、褐红色，泥质粉砂结构，层状构造，含泥铁（钙）质胶结，

局部溶蚀明显，部分角砾胶结。变质石英砂岩呈灰白色、浅红色，中细粒砂状结构，层状构造，主要成分为石英（95%）、长石（3%），裂隙较发育，裂隙面充填锰铁质矿物，局部裂隙充填黄铜矿、黄铁矿。该碎屑岩岩质较坚硬—较硬，作为建筑物的基础持力层时根据其岩性特征、风化强度不同而有所变动。

⑦ 白垩系碎屑岩：主要为泥质粉砂岩、泥岩、砂砾岩等，主要分布在工作区东部，呈条带状分布，多被第四系覆盖，层顶埋深为 26.4～39.0m。泥质粉砂岩呈褐色、暗紫红色，砂质结构，层状构造，岩质极软—较硬。泥岩呈暗红色，薄层状构造，岩质极软—较软。砂砾岩呈浅灰褐色，砾质结构，层状构造，岩石裂隙局部稍发育，岩质较坚硬。该碎屑岩岩质极软—较硬，作为建筑物的基础持力层时根据其岩性特征、风化强度不同而有所变动。

⑧ 石炭系地层：主要为泥质粉砂岩、灰岩，局部夹炭质等，分布在工作区中部，呈东—东北向条带状分布，大部分被第四系覆盖，层顶埋深为 4.2～39.9m。泥质粉砂岩呈褐色、暗紫红色，砂质结构，层状构造，岩质极软—较软。灰岩呈灰色、灰白色，层状构造，岩质较坚硬—较硬，局部有溶洞构造。该类岩岩质极软—较硬，作为建筑物的基础持力层时根据其岩性特征、风化强度不同而有所变动。

⑨ 泥盆系地层：主要为粉砂岩、灰岩、石英砂岩等，主要分布在工作区西北侧，局部出露在工作区中部，层顶埋深为 3～49m。粉砂岩呈灰白色、土黄色、红棕色，砂质结构，层状构造，岩质较软。灰岩呈灰黑色、灰色、灰白色，层状构造，岩质较硬，局部有溶洞构造。石英砂岩呈灰白色、烟灰色，砂状结构，块状构造，岩质较软—较硬。该类岩岩质较软—较硬，作为建筑物的基础持力层时根据其岩性特征、风化强度不同而有所变动。

⑩ 侵入岩：主要为黑云母花岗岩和花岗斑岩，分布于工作区北东侧，局部出露在工作区中部，层顶埋深为 9.2～20m。青灰色，青褐色，中粗粒花岗结构，局部为细粒结构，块状构造，见多量节理裂隙发育，岩质偏致密较坚硬。该类岩岩质较软—较硬，作为建筑物的基础持力层时根据其岩性特征、风化强度不同而有所变动。

工作区内典型工程地质剖面线位置如图 10-8 所示，工作区内岩土体分层见表 10 - 8，各钻孔岩体主要物理力学性质见表 10 - 9，各岩土层工程地质特征及主要物理力学性质见表 10 - 10。

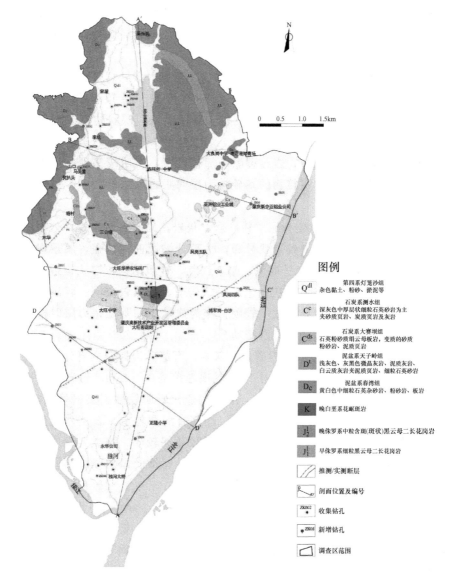

图 10 - 8　工作区内典型工程地质剖面线位置

表 10 - 8　工作区岩土体分层

地层代号	地质年代	地质成因	岩土名称	工程地质特性
①-1	Q	ml	素填土	棕灰色、土红色、土黄色，松散状—稍密状，稍湿—湿，主要由黏性土及少量碎石堆填而成，土质不均匀，多呈松散状，局部地段堆填时间较长，多呈稍密状。局部顶部顶层含植物根系
①-2			杂填土	灰褐色，松散状，主要由碎石、建筑垃圾、砖块少量的黏性土混杂组成，局部顶层含混凝土板和沥青
②	Q	pd	耕土	褐灰色，可塑，亚黏土，含植物根
③-1	Q	al	粉质黏土	灰黄色、灰褐色，可塑—软塑，以粉黏粒为主，局部含较多粉细砂粒，土质较韧腻，切面有光泽，无摇振反应，干强度高—中等
③-2			淤泥质土	灰黑色、黑色，流塑状—软塑状，土质软弱黏腻，以粉黏粒为主，干强度低，局部含较多粉细砂，偶见腐烂植物，有腥臭味，富含有机质
③-3			粉细砂	灰色、饱和，稍密，石英质，含大量粉黏粒，岩芯具黏结性，分选性好，局部尚夹薄层粉黏土，岩芯稍具黏结性，分选好，级配不良
③-4			中砂	灰白色、饱和，稍密，松散，以中砂为主，含少量细砂及粉黏粒
③-5			粗砂	浅灰色、土色，饱和，中密，局部松散，含中砂及粉粒，颗粒级配一般
③-6			卵石	灰色、浅黄色，饱和，中密为主，局部密实，卵砾石含量约为50%，次为中粗砂及黏性土，呈亚圆状，粒径2～5cm，母岩成分为砂岩，分选差

续表

地层代号	地质年代	地质成因	岩土名称	工程地质特性
④-1	Q	al＋pl	淤泥质土	深灰、灰黑色，饱和，流—软塑，土质软弱，干强度低，有腥臭味质，以粉、黏为主，夹薄层粉细砂，富含有机
④-2			粉土	深灰、灰色，稍密，湿，稍密淤泥质黏粒或粉细砂，以粉粒为主，局部含较多黏粒或粉细砂，摇震反应强烈，土体韧性低，少量淤泥质
④-3			粉砂	灰色，饱和，稍密，石英质，以粉砂粒为主，局部含少量中砂，含较多黏粒，分选性好，级配不良，岩芯稍具黏结性
④-4			圆砾	灰、灰黄色，中密，由石英砂粒组成，少量黏粉粒，分选性差，级配良好；其中卵石含量占10%～25%，砾径2～5cm，亚圆状，质坚硬
⑤	Q	el	粉质黏土	土黄色、灰白色，黄褐色，主要成分为黏土，含量约70%，可塑，土体黏性一般，切口有光泽，干强度高，韧性一般，含中风化粉砂岩碎块，次棱角状
⑥-1	E		泥质粉砂岩	红棕色、褐红色，泥质粉砂结构，层状构造，泥铁（钙）质胶结，岩质软，锤击易碎落
⑥-2			变质石英砂岩	灰白色、浅红色，变余中细粒砂状结构，层状构造，主要成分为石英（95%），长石（3%），岩芯裂隙发育，裂隙面充填黄铁质矿物，局部岩芯破碎，局部裂隙黄褐铁矿，黄铁矿
⑦-1	K		泥质粉砂岩	暗紫褐红色，砂质结构，层状构造，岩石裂隙发育，裂面铁质渲染，岩芯呈短柱状，块状，岩质较软—较硬，泡水易软化，失水易龟裂
⑦-2			泥岩	暗红色，岩石风化强烈，岩芯呈半岩半土状，局部呈碎块状，岩质软，岩芯呈短柱断，钻进时快时慢，岩石裂隙局部稍发育，手折易
⑦-3			砂砾岩	浅灰褐色，砾质结构，层状构造，岩石裂隙局部稍发育，岩芯呈短—长柱状，块状，岩质坚硬

续表

地层代号	地质年代	地质成因	岩土名称	工程地质特性
⑧-1			泥质粉砂岩	褐红、灰褐色，层状构造，泥铁质胶结，软岩，岩质结构部分破坏，岩质软，岩石较破碎，裂隙较发育，岩芯多呈块状、短柱状，锤击易碎落
⑧-2	C		灰岩	灰白色，泥晶结构，微晶结构，中厚层构造，岩芯裂隙发育，充填方解石。局部溶蚀裂隙，溶蚀面泥质充填，钻机钻进该处漏水；局部见深为1.1~9.1m的溶洞。岩质较硬，以短柱状为主，少量呈长柱状，锤击声脆
⑧-3			碳质灰岩	灰黑色，岩芯隐晶质结构，中厚层构造，岩芯呈长柱状、短柱状，可见一组裂隙，充填方解石。轴心夹角35°，岩芯多处存在溶蚀现象，溶蚀面泥质充填，局部岩芯方解石，岩芯破碎
⑨-1			粉砂岩	白色、土黄、褐色，岩石风化强烈，岩芯呈半岩土状，局部可见风化岩石碎块松散分布，原结构可辨，用手可捏碎
⑨-2	D		灰岩	灰白色，隐晶质结构，中厚层状构造，局部见深约1.6m的溶洞。节理裂隙较发育，多呈方解石脉，岩芯多呈柱状，长柱状，局部岩芯破碎，溶蚀现象明显，且充填泥质充填。岩质较硬，敲击声脆
⑨-3			石英砂岩	灰白色、烟灰色，变余砂结构，块状构造，主要成分为石英（95%），岩屑（5%），岩芯破碎，裂隙发育，裂隙面锰充填铁质矿物，局部可见黄铁矿
⑩	J		花岗岩	青灰色，中粗粒花岗结构，局部似细粒结构，块状构造，主要由长石、石英、云母及暗色矿物组成，节理裂隙发育，岩芯多呈块状、少量短柱状，岩质偏致密较坚硬，锤击声哑，钻进时较慢

表 10 - 9　各钻孔岩体主要物理力学性质

试样编号	岩体名称	取样深度/m	钻孔直径 D/mm	试样高度 H/mm	横截面积 A/mm²	破坏荷载 P/kN	抗压强度 R/MPa	抗压强度修正值 R(h/d=2)/MPa	备注
ZK01 - KY1	石灰岩	32.00~32.20	71.0	84.0	3959.2	44.96	11.4	10.5	正常破坏
ZK02 - KY1	碳质灰岩	16.90~17.10	73.0	85.0	4185.4	62.16	14.9	13.6	正常破坏
ZK04 - KY1	泥质粉砂岩	35.50~35.70	60.0	76.0	2827.4	37.26	13.2	12.3	正常破坏
ZK05 - KY1	变质石英岩	48.70~48.90	71.0	78.0	3959.2	281.55	71.1	64.5	正常破坏
ZK06 - KY1	泥质砂岩	37.50~37.70	65.0	74.0	3318.3	36.87	11.1	10.2	正常破坏
ZK07 - KY1	石灰岩	36.50~36.70	69.0	82.0	3739.3	194.35	52.0	47.9	正常破坏
ZK08 - KY1	泥质粉砂岩	58.00~58.20	62.0	80.0	3019.1	40.68	13.5	12.6	正常破坏
SK01 - KY1	碳质灰岩	45.50~45.70	67.0	83.0	3525.7	180.36	51.2	47.5	正常破坏
SK01 - KY2	灰岩	36.50~36.70	67.0	82.0	3525.7	289.42	82.1	76.1	正常破坏
SK02 - KY1	石英砂岩	30.50~30.70	70.0	84.0	3848.5	68.47	17.8	16.4	正常破坏

表 10-10　各岩土层工程地质特征及主要物理力学性质

试样编号	岩土体名称	含水率 ω_0/(%)	比重 G_s	湿密度 ρ_0/(g/cm³)	干密度 ρ_d/(g/cm³)	孔隙比 e_0	孔隙率 n/(%)	饱和度 S_r/(%)	液限 ω_L/(%)	塑限 ω_P/(%)	塑性指数 I_P	液性指数 I_L	内摩擦角 φ/(°)	黏聚力 c/kPa	压缩系数 a_v/MPa⁻¹	压缩模量 E_s/MPa	卵石或碎石 >20	砾粒 粗 20~10	砾粒 中 10~5	砾粒 细 5~2	砂粒 粗 2~0.5	砂粒 中 0.5~0.25	砂粒 细 0.25~0.075	粉黏粒 <0.075
SK01-T1	粉质黏土	36.4	2.69	1.84	1.35	0.994	49.9	98.5	40.3	28.9	11.4	0.66	10.4	19.3	0.49	4.08								
SK01-T2	粉质黏土	32.0	2.69	1.89	1.43	0.879	46.8	98.0	38.2	27.5	10.7	0.42	14.3	18.4	0.46	4.08								
SK01-T3	黏土	22.5	2.72	2.03	1.66	0.641	39.1	95.4	39.8	21.6	18.2	0.05	17.3	55.9	0.30	5.48								
SK01-T4	粉砂																				3.7	12.8	59.4	24.1
SK01-T5	圆砾																	1.2	22.1	55.7	4.2	3.1	5.4	8.2
SK01-T6	圆砾																34.4	15.4	4.9	8.1	12.8	8.5	4.4	11.6
SK02-T1	素填土	22.7	2.69	1.91	1.56	0.728	42.1	83.9	27.4	16.2	11.2	0.58	22.5	27.4	0.43	3.98	10.7	8.5	6.5	5.8	5.3	5.8	15.7	41.7
ZK01-T1	粉质黏土	29.6	2.73	1.86	1.44	0.902	47.4	89.6	44.5	24.6	19.9	0.25	12.5	33.7	0.55	3.46								
ZK01-T2	粉质黏土	22.5	2.69	1.96	1.60	0.681	40.5	88.8	30.9	19.9	11.0	0.24	20.6	31.3	0.40	4.20								

续表

试样编号	岩土体名称	天然状态的物理性质指标							稠度指标				力学指标				颗粒组成 /%							
													快剪		快速固结		卵石或碎石 >20	砾粒		砂粒				粉黏粒 <0.075
		含水率 ω_0/(%)	比重 Gs	湿密度 ρ_0/(g/cm³)	干密度 ρ_d/(g/cm³)	孔隙比 e_0	孔隙率 n/(%)	饱和度 Sr/(%)	液限 ω_L/(%)	塑限 ω_P/(%)	塑性指数 I_P/(%)	液性指数 I_L	内摩擦角 φ/(°)	黏聚力 c/kPa	压缩系数 a_v/MPa⁻¹	压缩模量 E_s/MPa		粗 20~10	中 10~5	细 5~2	粗 2~0.5	中 0.5~0.25	细 0.25~0.075	
ZK01-T3	黏土	25.4	2.73	1.98	1.58	0.729	42.2	95.1	39.7	20.8	18.9	0.24	10.5	39.0	0.39	4.47								
ZK02-T1	粉质黏土	31.1	2.71	1.92	1.46	0.850	46.0	99.1	42.2	26.2	16.0	0.31	13.4	37.2	0.38	4.84								
ZK02-T2	黏土	26.3	2.74	1.98	1.57	0.748	42.8	96.4	47.7	25.3	22.4	0.04	14.5	38.5	0.39	4.50								
ZK02-T3	粉质黏土	19.0	2.69	2.10	1.76	0.524	34.4	97.5	28.5	18.2	10.3	0.08	25.5	25.4	0.27	5.74								
ZK06-T1	黏土	28.6	2.73	1.85	1.44	0.898	47.3	87.0	54.7	33.3	21.4	-0.22	19.3	55.5	0.42	4.54								
ZK06-T2	粉质黏土	27.2	2.70	1.87	1.47	0.837	45.6	87.8	32.3	18.9	13.4	0.62	14.4	25.5	0.46	3.96								
ZK06-T3	粉质黏土	25.2	2.69	2.00	1.60	0.684	40.6	99.1	29.2	18.3	10.9	0.63			0.33	5.09								
ZK06-T4	中砂	20.2	2.69	2.04	1.70	0.585	36.9	92.9	22.7	11.7	11.0	0.77	27.8	21.2	0.18	8.78				2.7	26.3	26.6	19.2	25.2

续表

试样编号	岩土体名称	天然状态的物理性质指标							稠度指标				力学指标				颗粒组成/%							
													快剪		快速固结		卵石或碎石	砾粒			砂粒				粉黏粒
		含水率 ω_0/(%)	比重 G_s	湿密度 ρ_0/(g/cm³)	干密度 ρ_d/(g/cm³)	孔隙比 e_0	孔隙率 n/(%)	饱和度 S_r/(%)	液限 ω_L/(%)	塑限 ω_P/(%)	塑性指数 I_P/(%)	液性指数 I_L	内摩擦角 φ/(°)	黏聚力 c/kPa	压缩系数 a_v/MPa⁻¹	压缩模量 E_s/MPa	>20	粗 20~10	中 10~5	细 5~2	粗 2~0.5	中 0.5~0.25	细 0.25~0.075	<0.075
ZK06-T5	黏土	20.5	2.73	1.98	1.64	0.661	39.8	84.6	39.1	18.6	20.5	0.09	15.7	38.7	0.34	4.91								
ZK07-T1	淤泥质土	36.7	2.68	1.82	1.33	1.013	50.3	97.1	30.1	19.6	10.5	1.63	4.5	14.3	0.59	3.42								
ZK08-T1	素填土	27.7	2.69	1.93	1.51	0.780	43.8	95.5	32.2	21.6	10.6	0.58	7.4	14.3	0.37	4.86								
ZK08-T2	粉质黏土	29.3	2.69	1.91	1.48	0.821	45.1	96.0	33.3	22.1	11.2	0.64	11.4	27.4	0.40	4.58								
ZK08-T3	中砂																			11.8	23.2	34.4	15.0	15.6
ZK08-T4	粉砂																			1.8	3.5	27.1	47.1	20.5
ZK08-T5	黏土	27.4	2.73	1.96	1.54	0.775	43.6	96.6	45.8	26.0	19.8	0.07	16.6	39.8	0.36	4.96								

注：粒径单位为 mm。

（2）工程地质单元划分。

工作区地层主要为第四系地层、古近系地层、侏罗系地层、白垩系地层、石炭系地层和泥盆系地层。第四系地层主要包括人工填土层、植物土层、冲积土层、冲洪积土层、残积土层等，广泛分布于工作区内。古近系地层主要分布在南面冲积平原区，多被第四系沉积土体所埋藏；侏罗系地层主要分布于东北部和中部局部地区；白垩系地层仅局部小范围分布在工作区中心区及东部地区，多被第四系沉积土体所埋藏；石炭系地层主要分布在中部地区，呈东—东北向狭长分布贯穿工作区，也多被第四系沉积土体所埋藏；泥盆系地层多分布于西北侧丘陵地区。

① 岩体工程地质单元划分。

由于岩石成因较复杂、类型较多样、工程性质差别较大，岩体工程地质单元划分原则如下。

a. 具有基本相同的岩性特征如矿物成分、结构构造、物理力学性质，对工程建设影响相近的岩体归属于同一岩体工程地质单元。

b. 其他影响岩体工程地质的因素基本相似的岩体归属于同一岩体工程地质单元。

按照上述原则，将工作区内岩体划分为 2 个岩类建造，3 个岩性组，即沉积岩建造（2 个岩性组）、岩浆岩建造（1 个岩性组）。岩体工程地质单元划分见表 10 - 11。

表 10 - 11　岩体工程地质单元划分

岩类建造	岩性组	岩性类
沉积岩建造	碎屑岩组	粉砂岩、泥质粉砂岩、含砾砂岩、石英砂岩、细粒砂岩等
	碳酸盐组	灰岩、碳质灰岩
岩浆岩建造	块状侵入岩组	黑云母二长花岗岩、花岗斑岩

② 土体工程地质单元划分。

将工作区内土体划分为 4 个土类：黏性土、砂土、碎石土、特殊性土（残积土、人工填土、软土）。每一土体类型中细分不同的岩性。土体工程地质单元划分见表 10 - 12。

表 10 - 12　土体工程地质单元划分

土体类型		岩性
黏性土		黏土、粉质黏土、粉土
砂土		粉细砂、中粗砂、砾砂
碎石土		卵石
特殊类土	残积土	粉土、粉质黏土
	人工填土	素填土、杂填土
	软土	淤泥、淤泥质土

（3）工程地质岩组分区。

根据已有的工程地质资料，工作区工程地质类型按岩性、结构、物理力学性质可分为多层松散土体（Ⅰ）、层状强岩溶化较硬碳酸盐类岩组（Ⅱ）、层状较硬碎屑岩组（Ⅲ）和块状较硬—坚硬侵入岩组（Ⅳ）四大类。

①多层松散土体（Ⅰ）：根据其搬运、沉积方式不同，可细分为第四系冲洪积土和残坡积土两种。第四系冲洪积土主要分布在工作区河流两岸、山间盆地及冲积平原，经河流较长距离搬运、沉积而成，厚度一般小于45m。残坡积土广泛分布于工作区山坡、坡脚地带和平原地区，由母岩风化后原地或短距离搬运堆积而成，厚度一般为 1.2～5.7m，平均厚度约为 3.8m。第四纪冲洪积土和残坡积土主要为黏性土、碎石土、砂土等，土层性质因其颗粒级配和胶结成岩程度不同而不同。黏性土呈软塑—可塑状态，压缩性高、透水性差，承载力为 0.15～0.22MPa；碎石土、砂土呈松散—中密状态，透水性好，渗透系数为 2.3～55m/d，承载力为 0.12～0.2MPa。

②层状强岩溶化较硬碳酸盐类岩组（Ⅱ）：分布于工作区中部和东部，主要为泥盆纪灰、深灰色灰岩，岩石较坚硬，岩溶发育，抗压强度为 19.6～42.4MPa。

③层状较硬碎屑岩组（Ⅲ）：分布于工作区中部、东北部和西北部，主要为泥盆纪、石炭纪、白垩纪和古近纪碎屑。碎屑岩岩性主要为砂岩、石英砂岩、粉砂岩、砂砾岩等，层状或似层状，软硬不一，微含水，

饱和单轴抗压强度一般为22.8～51.6MPa，风化层节理裂隙发育。

④ 块状较硬—坚硬侵入岩组（Ⅳ）：分布于工作区北部，为侏罗纪和白垩纪花岗岩。新鲜岩石致密坚硬、连续性好、不透水、物理力学性质好、强度高，饱和单轴抗压强度为72.1～142.9MPa。

10.3 珠江三角洲典型软土区域地基稳定性评价

10.3.1 软土分布特征

根据本次施工钻孔资料，工作区内南部、东部及中部区域广泛分布有多层厚度不均的软土，主要为淤泥、淤泥质土，呈层状分布，面积约为70.28km²，厚度为1.00～19.00m，平均厚度约为7.41m。工作区软土等厚浅分布如图10-9所示。淤泥质土土质不均匀，夹腐木、薄层状粉砂等。

10.3.2 软土地面沉降分析

地面沉降是在自然和人为因素的作用下，地壳表层土体压缩而导致地面标高降低的一种环境地质现象。地面沉降生成缓慢、持续时间长、影响范围广、成因机制复杂和防治难度大等，是一种对资源利用、环境保护、经济发展、城市建设和人民生活构成威胁的地质灾害。

引起地面沉降的因素包括地质环境因素和人类工程活动因素两大类。地面沉降可以由单一因素引发，而在许多情况下是由几种因素综合作用的结果。在诸因素中，人类工程活动因素常起着重要作用。软土地基不均匀沉降导致建筑物上部结构开裂、倾斜、倒塌及道路路面的扭曲变形，不仅带来巨大的经济损失，甚至危害到人民的生命安全。

除新构造运动等地质应力造成地面沉降外，引起地面出现不均匀沉降的主要内因是软土层的分布及其物理力学性质的差异；附加荷载作用下软土排水固结、地基处理不当、地下水位变动等因素是引起地面出现不均匀沉降的外因。

1. 附加荷载作用下软土排水固结

地面沉降是由于土体压缩变形而引起的。附加荷载的大小及分布，对

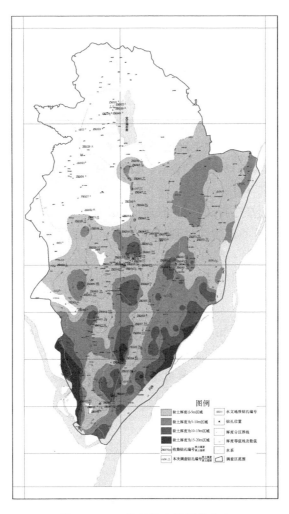

图 10-9 工作区软土等厚线分布

地面沉降量的大小及空间分布的影响是十分明显的。导致软土地面沉降的附加荷载主要为建筑物的自重、路基及车辆动荷载。

附加荷载大小对地面沉降的影响显而易见。土体压缩固结的诱因，除土体自重外，主要是来自外部荷载的作用。在相同的地质条件下，附加荷载越大，土体的压缩变形越大，地面沉降量也越大。通常单层建筑的荷载为 55kPa，类推多层建筑（7 层）的荷载为 385kPa；路基的荷载为 15kPa，车辆的动荷载 30kPa。

一般情况下，应力集中的地方，沉降量自然就大。在地质灾害调查中，出现沉降的位置主要为墙体、台阶、路基、桥墩与路基之间。

2. 地基处理不当

房屋建筑出现的软土地基不均匀沉降现象最多，尤其是老旧房屋。由于老旧房屋基本上采用独立基础或条形基础，而目前许多新建高层建筑都是采用桩基础，故老旧房屋易出现较大的沉降和拉裂缝，新建高层建筑出现不均匀沉降现象不多。

在软土地基上修建高层建筑和进行浅层地下空间的开发时，若岩土工程地质条件不理想，必然会出现建筑物沉降过大、倾斜、开裂，基坑失稳、滑移或坑底隆起，桩位偏移、断桩、缩颈及地面隆起等工程地质问题。软土地基的施工和地基处理是岩土工程的主要难题。

3. 地下水位变动

许多地面沉降与城市地下水开采有着密切的联系。工作区地下水位高，地表水资源丰富，因此，地下水超采问题不多见。工作区内人类工程活动强烈，如基坑降水、水库蓄水排洪将形成局部地下水位变动，都会引起地面沉降。

10.3.3 软土地基沉降量计算

1. 软土地基沉降量计算方法

计算软土地基沉降量的方法很多，实际工程中采用较多的是利用部分实测沉降数据得出经验曲线，将曲线外推延伸来预测短期沉降量及最终沉降量。这比建立各种物理力学模型进行解析的方法具有更高的准确性，但是实验周期长、费用高，不适宜区域研究，主要用于工程场地研究。目前，常用的经验曲线模型有三点法、双曲线法、指数法和 Asaoka 法，这些方法适合于已有长时间的沉降量监测资料的地区。

在没有长时间的沉降量监测资料的情况下，可以采用理论方法来计算软土地基沉降量，采用分层总和法来计算软土层总沉降量。这种方法将土层的各种参数都看作是静态的，即为固定值，根据基础对软土地层的附加应力和软土力学参数，计算软土层的总沉降量。

本次采用广东省《建筑地基基础设计规范》（DBJ 15—31—2016）中6.3 条款的相关理论公式进行软土沉降量计算。

2. 力学参数选取

对于各土层的力学参数选取：钻孔资料中有试验结果的，采用该钻孔的数据；没有实验结果的，采用就近的钻孔数据；没有钻孔的地区，参考采用本次试样的数据。主要软土层的力学参数经验值见表 10 - 13。

表 10 - 13　主要软土层的力学参数经验值

岩性	天然重度 $\gamma/(\mathrm{kN/m^3})$	内摩擦角 $\varphi/(°)$	黏聚力 c/kPa	压缩模量 Es/MPa	压缩模量 平均值/MPa
淤泥	12.64～18.03	2.10～10.40	3.80～19.34	1.41～4.08	1.78
淤泥质土	13.43～17.84	1.00～8.15	3.00～14.30	0.89～3.42	2.09
淤泥质粉砂	14.90～18.03	2.80～27.90	13.90～14.90	2.15～10.15	8.81

3. 软土地基工程地质计算荷载

所有建筑物都不进行任何地基处理，直接将相应附加应力作用于地基之上，按照分层总和法计算出最终沉降量。计算荷载分以下四种情况。

（1）15kPa（路基）。

（2）30kPa（车辆的动荷载）。

（3）55kPa（单层建筑）。

（4）385kPa（7 层建筑）。

4. 软土地基沉降评价方法

本书根据《地质灾害分类分级标准》（T/CAGHP 018—2016）进行软土地基沉降评价，地面沉降规模分类见表 10 - 14。本次城市地质调查中发现个别点的最终沉降量大于 2.0m，所以本书中将大于 1.0m 以上的沉降量都定为巨型沉降。

表 10-14　地面沉降规模分类

规模类型	最终沉降量/mm	规模类型	最终沉降量/mm
巨型沉降	≥1.0	中型沉降	0.5～0.1
大型沉降	1.0～0.5	小型沉降	<0.1

10.3.4　不同附加应力下的软土地基沉降评价

软土是指天然孔隙比大于或等于 1.0，且天然含水量大于液限的细粒土。软土包括淤泥、淤泥质土（淤泥质黏性土、粉土）、泥炭、泥炭质土等，压缩系数一般大于 $0.5MPa^{-1}$，超固结比一般小于 1，不排水抗剪强度小于 30kPa。工作区广泛分布有厚度不均的软土，工作区 82 个施工钻孔中共有 56 个钻孔揭露软土，占全区钻孔总数的 68.29%。工作区的软土分布主要集中在东部和南部，现结合工作区软土钻孔的实际分布情况，对软土地基沉降进行评价。

1.15kPa 附加荷载下的沉降评价

15kPa 附加荷载下，钻孔数量统计见表 10-15、不同沉降类型沉降量分布情况见表 10-16、未处理地基的预测最终沉降量见图 10-10。

表 10-15　15kPa 附加荷载下钻孔数量统计

沉降类型	小型沉降	中型沉降	合计
钻孔数量/个	16	40	56
百分比/(%)	29	71	100

表 10-16　15kPa 附加荷载下不同沉降类型沉降量分布情况

沉降类型	小型沉降			中型沉降	
沉降量/mm	≤30	>30 且≤90	>90 且≤100	>100 且≤200	>200 且≤500
钻孔数量/个	7	3	6	37	3
百分比/(%)	43.75	18.75	37.50	92.50	7.50

从表 10-15 可知，软土在 15kPa 附加荷载下的沉降类型主要为中型沉降。从表 10-16 可知，中型沉降中沉降量主要为 100～200mm。根据

图 10-10，中型沉降集中分布于工作区内中部和南部。

图 10-10 15kPa 附加荷载下未处理地基的预测最终沉降量

2. 30kPa 附加荷载下的沉降评价

30kPa 附加荷载下，钻孔数量统计见表 10-17、不同沉降类型沉降量分布情况见表 10-18、未处理地基的预测最终沉降量见图 10-11。

表 10 - 17　30kPa 附加荷载下的钻孔数量统计

沉降类型	小型沉降	中型沉降	合计
钻孔数量/个	16	40	56
百分比/(%)	29	71	100

表 10 - 18　30kPa 附加荷载下不同沉降类型沉降量分布情况

沉降类型	小型沉降			中型沉降	
沉降量/mm	≤30	>30 且≤90	>90 且≤100	>100 且≤200	>200 且≤500
钻孔数量/个	7	2	7	37	3
百分比/(%)	43.75	12.50	43.75	92.50	7.50

从表 10-17 可知，软土在 30kPa 附加荷载下的沉降类型主要为中型沉降，少数为小型沉降。从表 10-18 可知，小型沉降中沉降量主要为不超过 30mm 和大于 90mm；中型沉降中沉降量大都为 100～200mm，个别沉降量超过 200mm。根据图 10-11，中型沉降集中分布于工作区内中部和南部。

3. 55kPa 附加荷载下的沉降评价

55kPa 附加荷载下，钻孔数量统计见表 10-19、不同沉降类型沉降量分布情况见表 10-20、未处理地基的预测最终沉降量图见图 10-12。

表 10 - 19　55kPa 附加荷载下的钻孔数量统计

沉降类型	小型沉降	中型沉降	合计
钻孔数量/个	15	41	56
百分比/(%)	27	73	100

表 10 - 20　55kPa 附加荷载下不同沉降类型沉降量分布情况

沉降类型	小型沉降			中型沉降	
沉降量/mm	≤40	>40 且≤90	>90 且≤100	>100 且≤200	>200 且≤500
钻孔数量/个	7	2	6	36	5
百分比/(%)	46.67	13.33	40.00	87.80	12.20

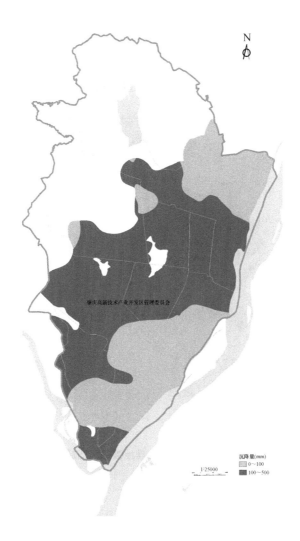

图 10 - 11　30kPa 附加荷载下未处理地基的预测最终沉降量

　　从表 10 - 19 可知，55kPa 附加荷载下的沉降类型以中型沉降为主。根据图 10 - 12，沉降集中分布于工作区内中部和南部，沉降量以 100～200mm 为主。

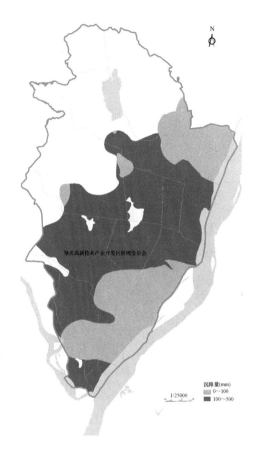

图 10-12　55kPa 附加荷载下未处理地基的预测最终沉降量

4. 385kPa 附加荷载下的沉降评价

385kPa 附加荷载下，钻孔数量统计见表 10-21、不同沉降类型沉降量分布情况见表 10-22、未处理地基的预测最终沉降量见图 10-13。

表 10-21　385kPa 附加荷载下的钻孔数量统计

沉降类型	小型沉降	中型沉降	合计
钻孔数量/个	8	48	56
百分比/(%)	14	86	100

表 10 - 22　385kPa 附加荷载下不同沉降类型沉降量分布情况

沉降类型	小型沉降		中型沉降	
沉降量/mm	≤50	>50 且≤100	>100 且≤200	>200 且≤500
钻孔数量/个	7	1	16	32
百分比/(%)	87.50	12.50	33.33	66.67

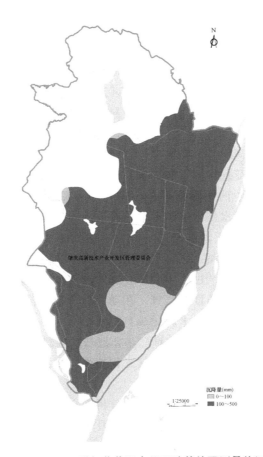

图 10 - 13　385kPa 附加荷载下未处理地基的预测最终沉降量

从表 10 - 21、图 10 - 13 可知，软土在 385kPa 附加荷载下的沉降类型以中型沉降为主，广泛分布于全区。从表 10 - 22 可知，中型沉降中沉降量以大于 200mm 为主。

10.3.5 软土地基沉降综合评价

工作区第四系为晚更新世以来沉积形成的，经历了两次大的海侵和多次小的波动，形成1~2层淤泥或淤泥质土，这类软土具有天然含水量大、孔隙比大、压缩性高、承载力低、渗透性小、灵敏度高等特性。在外部荷载作用下，软土很容易发生压缩变形；因软土中夹有粉砂或砾石，形成良好的排水通道，有利于土体压缩固结。从地理位置上看，目前工作区软土分布与第四系沉积厚度相关。地基沉降量较大的区域和第四系沉积厚度分布最大的区域基本吻合，但第四系沉积厚度大的区域不一定地基沉降量也大。产生沉降的地层主要是第四纪的淤泥和淤泥质黏土，厚度分布与整个第四系的沉积厚度分布并不完全一致。各地沉降量的差异主要源于软土层厚度分布不均匀，而土层非均质且各向异性是导致地基出现不均匀沉降的主要原因。

综合分析工作区地基沉降情况，发现导致地基沉降最直接、最主要的原因是软土在附加荷载作用下的排水固结沉降。饱和淤泥或软黏土地基在荷载作用下，孔隙中的水被慢慢排出，孔隙体积减小，地基发生固结变形。同时，随着超静水压力逐渐消散，有效应力逐渐提高，地基土的强度逐渐增长。土体在受压固结时，一方面，孔隙比减小产生压缩，另一方面，抗剪强度也得到提高。在荷载作用下，土层的固结过程就是孔隙水压力消散和有效应力增加的过程。由于淤泥的渗透系数较小，在附加应力下排水速度低，因而固结速度非常慢。在动、静荷载联合作用下，地基土中孔隙水压力急剧上升，结合水转化成自由水，沿空间排水网络外排。随着孔隙水的逐步排出，孔隙体积逐渐减小，地基发生固结变形。

因此，应查明软土层的分布及其工程特性，预测最终沉降量，对软土地基沉降进行综合评价。

在地基沉降综合分析中，采取定性分析和定量计算结合的办法，对软土埋深和沉降量两个评价要素取值。软土埋深不大于10m的范围内，软土评价级别取值统一为1；大于10m且不大于20m的范围内，软土评价级别取值统一为3；在大于20m且不大于30m的范围内，软土评价级别取值统一为5；大于30m的范围内，软土评价级别取值统一为7（表10-23）。根据沉降类型的不同，小型沉降取值为1，中型沉降取值为2，大型沉降取值为3，巨型沉降取值为4（表10-24）。

表 10-23　软土埋深评价取值

埋深/m	评价取值	埋深/m	评价取值
≤10	1	20~30	5
10~20	3	>30	7

表 10-24　沉降类型评价取值

沉降类型	沉降量/mm	评价取值	沉降类型	沉降量/mm	评价取值
小型沉降	<100	1	大型沉降	500~1000	3
中型沉降	100~500	2	巨型沉降	≥1000	4

　　将两个评价要素的取值相加得到综合评价指数，在最后的评级中定义综合评价指数在 2~4 的为好，5~6 为良好，7~8 为较差，9~11 为差。软土地基的综合评价指数见表 10-25。不同附加荷载下软土地基的综合评价图如图 10-14 所示。

表 10-25　软土地基的综合评价指数

埋深≤10m		10m<埋深≤20m		20m<埋深≤30m		埋深>30m	
沉降量/mm	综合评价指数	沉降量/mm	综合评价指数	沉降量/mm	综合评价指数	沉降量/mm	综合评价指数
≤100	2	≤100	4	≤100	6	≤100	8
100~500	3	100~500	5	100~500	7	100~500	9
500~1000	4	500~1000	6	500~1000	8	500~1000	10
≥1000	5	≥1000	7	≥1000	9	≥1000	11

　　在 15kPa 附加荷载下的综合评价：绝大部分区域的评价等级为好~良好。如图 10-14（a）所示，其中评价等级为较差的区域主要分布工作区南部一小块区域内。

　　在 30kPa 附加荷载下的综合评价：绝大部分区域的评价等级为好~良好。如图 10-14（b）所示，其中评价等级为较差的区域主要分布工作区南部一小块区域内。

　　在 55kPa 附加荷载下的综合评价：绝大部分区域的评价等级为好~良好。如图 10-14（c）所示，其中评价等级为较差的区域主要零星分布在工作区南部一小块区域内。

　　在 385kPa 附加荷载下的综合评价：绝大部分区域的评价等级为好~良好。如图 10-14（d）所示，其中评价等级为较差的区域零星分布在工作区南部一小块区域内。

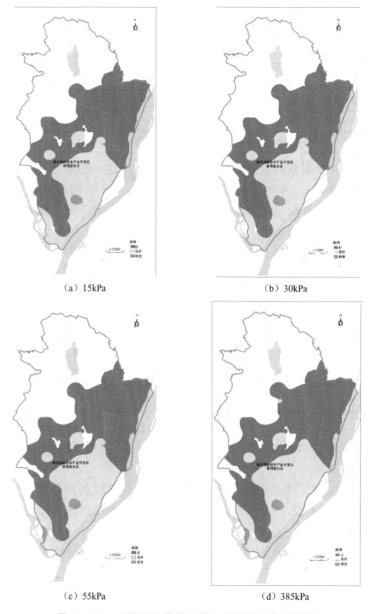

（a）15kPa   （b）30kPa

（c）55kPa   （d）385kPa

图 10 - 14　不同附加荷载下软土地基的综合评价图

10.4 软土地基沉降防治对策与措施

为了保障工作区经济建设可持续发展，合理地开发利用地质环境资源，有效地开展软土地基沉降防治工作，提出以下建议。

1. 软土地基沉降防治对策

（1）加强组织管理和协调。

地面沉降防治工作应纳入政府行政职能，尽快设立专门的管理机构，及时编制城市和区域地面沉降防治规划，落实必要的地面沉降防治经费。建议加快城市和区域地面沉降防治立法工作，使地面沉降防治走上法制化道路。尽管国家已经出台了《地质灾害防治条例》《地质灾害防治管理办法》等有关文件，但还没有具体的地面沉降防治文件。没有法律法规作为依据，地面沉降防治规划实行起来将会十分困难，实施效果要大打折扣。而且地面沉降防治经常会涉及分属不同部门（如国土部、水利部、住建部等），没有明确的法律法规，不同部门协调起来也会相当困难。

（2）建立监测预警体系。

在地面沉降风险地区建立监测站网，通过设置基岩标、分层标，开挖地下水动态观测井、孔隙水压力观测孔，配备自动化监测仪器，建立 GPS 地面沉降监控网，实现地面沉降的自动化分层监测。在地面沉降风险较大的地区，动态监测尤其重要。动态监测数据要及时输入数据库，以便进行管理和分析。

建议开发地面沉降预测系统，建立基于 GIS 的地面沉降预警预报系统。GIS 的一个很大的优点就是地理可视化，能够以图形的方式认识地面沉降的空间分布、累计沉降量、沉降速率。同时，GIS 还有比较强大的空间分析功能，如绘制地面沉降等值线、等速线，了解地面沉降现状和发展趋势，与区域经济社会图层叠加之后就可以直观反映地面沉降可能造成的经济损失。

（3）合理编制城市规划。

城市地面沉降的速率除了跟地质条件等自然因素有关外，还与城市规模、建筑密集程度、城市地表情况等有关。人们生活每天都要消耗地下水，城市单位面积人口越多，地下水消耗就越快；建筑越密集，单位面积的工程荷载就越大；城市水泥路面越多，雨水就越不容易下渗补给地下水。因此，城市要尽量避免"摊大饼"的布局模式，可采用放射状"分散组团式"，即通过快速交通（如轻轨、高速路）把市区的人口和产业疏散出去，避免人口、工业、房屋建筑等过度集中；改善城市地表雨水下渗条件，保护好城市地下水自然系统。在编制城市规划时，必须要考虑地面沉降造成的次生危害并采取弥补措施，如地面沉降造成城市防洪能力减弱、桥梁净空减少、地裂缝、建筑地基失稳等，就要相应地提高城市防洪标准、增加内河桥梁净空，建筑要尽量避开地裂缝带和"大漏斗"区等。

2. 软土地基沉降防治措施

针对工作区软土地基沉降现状和发展趋势，对不同类型的软土地基沉降区，提出以下不同的防治措施。

（1）综合评价指数为9～11的软土地基沉降防治措施。

综合评价指数为9～11的软土地基为极易沉降类型。若在这些地区修建高层建筑，建议采用桩基础，桩直接作用于下伏基岩之上；若修建一般建筑，可以选用以下一种或几种措施改善地基，提高地基承载力。

①排水固结。通过改善地基排水条件和施加预压荷载，加速地基的固结和强度增长，使地基沉降提前完成，提高地基的稳定性。

②置换或拌入。采用专门的技术措施，以砂、碎石等置换地基中部分软弱土；或在部分软弱土中拌入水泥、石灰或砂浆等形成加固体。置换或拌入后的材料与地基土组成复合地基，从而提高地基的承载力，减少地基沉降量。

③碾压或夯实。利用压实原理，通过机械碾压夯击，把表层地基土压实；或利用强大的夯击能，在地基中产生强大的冲击波和动应力，使土体固结密实。

④换土垫层。以砂石、素土、灰土和矿渣等强度较高的材料，转换地基表层软弱土，提高地基持力层的承载力，减少地基沉降量。

⑤振密或挤密。采用一定的技术措施，通过振动或挤密，使土体孔隙减少，强度提高；也可在振动或挤密的过程中，回填砂、砂石、灰土、素土等，与地基土组成复合地基，从而提高地基承载力，减少地基沉降量。

（2）综合评价指数为7～8的软土地基沉降防治措施。

综合评价指数为7～8的软土地基为易沉降类型。若在这些地区修建高层建筑，建议采用桩基础，桩直接作用于下伏基岩之上；若修建一般建筑，如软土较浅薄，建议直接清除；也可采用以下一种或多种措施，提高地基承载力。

① 排水固结。

② 置换或拌入。

③ 碾压或夯实。

④ 振密或挤密。

（3）综合评价指数为 5～6 的软土地基沉降防治措施。

综合评价指数为 5～6 的软土地基为一般沉降类型。若在这些地区修建高层建筑，建议采用桩基础，桩直接作用于下伏基岩之上；若修建一般建筑，若软土较浅薄，可以直接清除；也可采用以下一种或多种措施，提高地基承载力。

① 碾压或夯实。

② 换土垫层。

③ 排水固结。

④ 振密或挤密。

⑤ 置换或拌入。

（4）综合评价指数为 2～4 的软土地基沉降防治措施。

综合评价指数为 2～4 的软土地基为轻微沉降类型。若在这些地区修建高层建筑，建议采用桩基础，桩直接作用于下伏基岩之上；若修建一般建筑，若软土较浅薄，可以先直接清除，再采用以下一种措施，提高地基承载力。

① 碾压与夯实。

② 换土垫层。

③ 排水固结。

④ 振密或挤密。

⑤ 置换及拌入。

10.5　本　章　小　结

本章对珠江三角洲典型区域软土地基进行稳定性评价，并提出软土地基沉降防治措施，现将主要观点归纳如下。

（1）通过收集资料和野外地质调查，明确了工作区的地质环境背景，了解了区内地形地貌、地层岩性、地质构造的类型和分布情况。

（2）初步了解工作区内软土地面沉降的类型、数量、规模、分布范围。

（3）综合工作区的地质环境条件和人类活动等资料，对工作区软土地基稳定性进行初步评价。工作区 82 个施工钻孔中共有 56 个钻孔揭露软土，占钻孔总数的 68.29%。工作区的软土分布主要集中在东部和南部。根据钻孔资料，对全区软土区地面沉降量进行计算。假设不进行任何地基处理，直接将附加荷载（15kPa、30kPa、55kPa、385kPa）作用于地基之上，按照分层总和法预测最终沉降量，并绘制工作区内未处理地基的预测最终沉降量图。

（4）在地基沉降综合分析中，采取定性分析和定量计算结合的方法，对软土埋深和沉降量两个评价要素取值。埋深不大于 10m 的范围内，软土评价级别统一取值为 1；大于 10m 且不大于 20m 的范围内，软土评价级别统一取值为 3；在大于 20m 且不大于 30m 的范围内，软土评价级别统一取值为 5；大于 30m 的范围内，软土评价级别统一取值为 7。根据沉降类型，小型沉降取值为 1，中型沉降取值为 2，大型沉降取值为 3，巨型沉降取值为 4。将两个评价要素的取值相加，综合评价指数为 2~4 的评价等级为好，5~6 的评价等级为良好，7~8 的评价等级为较差，9~11 的评价等级为差。

（5）在软土地基沉降灾害防治方面提出加强组织管理和协调、建立监测预警体系、合理编制城市规划的对策建议，最后提出根据不同综合评价等级的差异化软土地基沉降防治措施。

结论与展望

    软土是一种广泛分布的天然多孔介质,主要由极细的黏土颗粒、有机物、氧化物和孔隙液等组成,具有强度低、变形大、渗透性弱、稳定性差等不良工程特性。软土的颗粒小、比表面积大、孔隙尺度小,表面富集电荷,孔隙液富含离子,颗粒表面吸附的结合水膜形成显著影响软土工程特性的重要的微观因素。结合水膜厚度可随矿物成分、孔隙液离子浓度等因素的变化而改变,从而使软土的物理力学性质发生变化。本书以珠江三角洲天然软土和人工软土为研究对象,通过试验与理论分析,研究软土的强度特性、固结特性、渗流特性等宏观性质与矿物成分、比表面积、结合水含量、表面电位、孔隙尺度及其特征等微观因素的内在联系。得出的主要研究结论如下。

    (1) 利用微细观试验测试软土的矿物成分及比例、颗粒孔径、比表面积、阳离子交换量(CEC)、孔隙的尺度及分布,由颗粒表面电荷密度计算颗粒表面电位。测试结果表明:不同矿物成分的颗粒比表面积、CEC 差别较大,以致其表面电荷密度差别较大,矿物结构是导致这些差别的最重要因素;颗粒表面电位随孔隙液离子浓度的升高而降低;软土中的孔隙尺度以微米级孔隙为主,孔径分布与其矿物成分、颗粒尺度和内部结构有关。

    (2) 通过 Gouy - Chapman 理论的双电层模型,换算了不同孔隙液离子浓度下人工软土颗粒的表面电位。换算结果表明:在相同孔隙液离子浓度下,黏土矿物具有比非黏土矿物更高的电位;土颗粒的表面电位值随着孔隙液离子浓度的升高而降低。

    (3) 软土的强度特性实质上可以看作是各种成分矿物颗粒之间的摩擦与胶结黏聚作用的综合体现。以摩擦咬合作用为主的矿物颗粒往往表现出较高的抗剪强度、较大的内摩擦角和较低的黏聚力;而以胶结黏聚作用为主的矿物颗粒则具有较低的抗剪强度、较小的内摩擦角和较高的黏聚力。土体的强度总体上随着含水量的增加而降低、土体的抗剪强度与内摩擦角随含水量的增加而降低的过程可看作是颗粒间的摩擦性状由以直接摩擦为主导过渡到以润滑摩擦为主导的过程。

（4）固结过程中，软土孔隙的微观结构参数在不同阶段内的变化规律不同。固结前期，由于软土具有一定的结构强度，微观结构处于稳定调整阶段，软土孔隙的数量较少，孔隙比较大，结构单元体及孔隙的大小、形态和定向性等变化幅度均较小。当有效应力增至结构屈服应力时，结构逐渐破坏、团聚体破碎，微观结构处于再造的剧烈调整阶段；此阶段孔隙数量明显增加，等效孔径不断变小，孔隙形态变得更为复杂，孔隙尺度分布由中、小孔隙向小、微孔隙甚至超微孔隙发展，但定向性变化不显著，新的微观结构逐渐形成。当有效应力继续增大时，新的微观结构做出适当调整，孔隙微观结构变化趋于平缓。

（5）压汞试验和 ESEM 试验均能对土体的孔隙尺度及分布特征做定量分析。两种试验能够较好地印证软土内部孔隙的连通性和曲折性；所测得的孔隙比、孔隙尺度及分布结果接近，均在误差允许范围内；说明压汞试验和 ESEM 试验可以相互应用以提高现有微观试验的可靠性和准确性。

（6）软土的流变性受到矿物成分、有机物/氧化物、含水量等诸多因素影响。矿物成分对流变性影响的试验结果表明：黏土矿物的流变性比非黏土矿物显著，黏土矿物是土体具有流变性的物质因素，其中蒙脱石比高岭石具有更明显的流变性；黏土矿物成分含量越高，土体在剪切过程中受到的流变变形阻力越小、蠕变应力阈值越低，流变现象越明显；含有机物的土体的平均黏滞系数比含氧化物的要小得多，说明土体中有机物对土体的流变性的影响要高于氧化物；含水量对蠕变应力阈值及平均黏滞系数的影响可归因于土颗粒间摩擦性质的变化及颗粒间吸附力与排斥力的主导地位的改变。

（7）土颗粒表面的微电场是引起黏土微孔隙渗流特性改变的内在原因之一。土颗粒表面的微电场与孔隙液中的离子相互作用形成双电层，由此形成的结合水膜使黏土的等效孔隙直径减小，降低了孔隙液的流动性而表现为渗流的微电场效应。对人工软土的表面电位与渗透特性的关系分析表明：结合水膜厚度随土颗粒表面电位的升高（降低）而变厚（变薄），改变了土体渗流的等效孔隙直径，使孔隙水的渗流量发生变化，表现为平均等效渗透系数的改变。

（8）建立软土渗流的圆孔模型，通过实测结果证实了该模型的合理性和有效性。在圆孔模型中，考虑土颗粒表面微电场对孔隙液黏度的影响及对孔隙液离子的电场力作用，导出圆形渗孔的流体运动方程。由圆孔模型求得的平均渗透系数与土体微细观参数的关系，并通过试验结果的验证。

（9）从微观角度建立基于孔隙压缩规律和渗流机制的修正模型，与太沙基模型结果相比，本模型的计算结果与试验数据更为接近，说明固结压力改变了土体的微观结构（含孔隙结构特征），从而改变了土体的工程特性。基于微观分析的修正模型可以完善现有的软土固结理论，指导工程设计和实践。

（10）对珠江三角洲典型软土地基采取定性分析和定量分析结合的综合评价方法。将对应的两个评价要素（软土埋深、沉降类型）的取值相加，综合评价指数为 2～4 的，评价等级为好；综合评价指数为 5～6 的，评价等级为良好；综合评价指数为 7～8 的，评价等级为较差；综合评价指数为 9～11 的，评价等级为差。并提出软土地基沉降防治的对策建议和措施。

软土各种工程特性的改变都根源于微观性质的变化，对软土宏观性质的微细观机理研究是一项多学科交叉的研究领域。本书对软土强度、渗流固结特性与微细观性质的相互关系进行了初步的探索，目前仍有许多问题亟待解决。作者认为下一步可以继续深入开展的工作包括以下几方面。

（1）进一步对各种复杂荷载下土体的微观结构变化进行连续动态观测，分析土体微结构在各种荷载组合作用下的演化规律，研究荷载—微结构—力学特性的定量关系，为建立土体微观理论模型提供依据。

（2）软土的工程性质是颗粒—水—电解质相互作用的综合体现，而土颗粒表面微电场的变化是土体工程性质改变的微细观根源。目前仍未发现有直接测试土颗粒表面电位的方法，而利用 Gouy—Chapman 理论也只能对几种简单的电势分布形式进行求解，并且不能换算出水中无电解质的理想情况下（离子浓度 $n=0\text{mol/L}$）的颗粒表面电位。因此，有必要研究一种直接测试土颗粒表面电位的试验方法，尤其是能将土颗粒作为一个整体而不是分散的悬浮胶体颗粒进行测试。

（3）进一步完善软土渗流的微观模型，颗粒表面微电场对结合水产生的剪切应力 τ_e 可采用更一般的形式——$\tau_e=\alpha\,(d\Psi/dx)^{1/n}+\delta$，由强度试验

拟合出试验常数 n、α、δ；在非小电位（电势）的情况下，对圆孔微观渗流模型的电势方程按照非线性的形式求解，进而建立球状颗粒的渗流微观模型，以分析非片状颗粒土的渗流特性。

（4）软土地基沉降防治是一个系统性工程，需要国土部、水利部、住建部多个部门统筹协调，建议从政府层面加强组织管理和协调、建立综合监测预警体系、合理编制城市规划。根据软土地基沉降综合评价等级，采取相应的软土地基沉降防治措施。

参 考 文 献

BEAR J, 1983. 多孔介质流体动力学[M]. 李竞生，陈崇希，译. 北京：中国建筑工业出版社.

DAY R W, 张聪辰, 1996. 压实粘土斜坡的软化与蠕变[J]. 地质科学译丛(4): 76-80.

VAN O H, 1982. 粘土胶体化学导论[M]. 许冀泉，等，译. 北京：农业出版社.

蔡国军，刘松玉，童立元，等，2007. 基于孔压静力触探的连云港海相黏土的固结和渗透特性研究[J]. 岩石力学与工程学报(4): 846-852.

蔡国庆，盛岱超，周安楠，2014. 考虑初始孔隙比影响的非饱和土相对渗透系数方程[J]. 岩土工程学报(5): 827-835.

蔡袁强，徐长节，丁狄刚，1998. 循环荷载下成层饱水地基的一维固结[J]. 振动工程学报(2): 57-66.

柴寿喜，王沛，韩文峰，等，2007. 高分子材料固化滨海盐渍土的强度与微结构研究[J]. 岩土力学(6): 1067-1072.

陈冬元，1993. 上海地区饱和软粘土蠕变微观机理及其流变模型与工程计算的研究[D]. 上海：同济大学.

陈国能，张珂，贺细坤，等，1994. 珠江三角洲晚更新世以来的沉积—古地理[J]. 第四纪研究(1): 67-74.

陈洪江，崔冠英，2001. 花岗岩残积土物理力学指标的概型分布检验[J]. 华中科技大学学报(5): 92-94.

陈剑文，杨春和，2015. 基于细观变形理论的盐岩塑性本构模型研究[J]. 岩土力学(1): 117-122, 130.

陈敬虞，FREDLUND D G，2003. 非饱和土抗剪强度理论的研究进展[J]. 岩土力学(S2): 655-660.

陈仁朋，陈伟，王进学，等，2010. 饱和砂性土孔隙水电导率特性及测试技术[J]. 岩土工程学报(5): 780-783.

陈晓平，黄国怡，梁志松，2003. 珠江三角洲软土特性研究[J]. 岩石力学与工程学报(1): 137-141.

陈晓平，白世伟，2003. 软土蠕变-固结特性及计算模型研究[J]. 岩石力学与工程学报(5): 728-734.

陈晓平，曾玲玲，吕晶，等，2008. 结构性软土力学特性试验研究[J]. 岩土力学(12): 3223-3228.

陈洋，2000. 软粘土深基坑开挖的粘弹粘塑性流变分析[J]. 工业建筑(9): 42-45.

陈宗基，1958. Secondary Time Effects and Consolidation of Clays[J]. Science in China，Series A (11)：1060-1075.

褚衍标，王建华，2008. 二维 Biot 固结方程的自然单元法求解[J]. 上海交通大学学报(11)：1880-1883，1887.

董邑宁，徐日庆，龚晓南，2000. 萧山粘土的结构性对渗透性质影响的试验研究[J]. 大坝观测与土工测试(6)：44-46.

董志良，陈平山，莫海鸿，等，2010. 真空预压下软土渗透系数对固结的影响[J]. 岩土力学(5)：1452-1456.

范明桥，盛金保，1997. 土强度指标 φ，c 的互相关性[J]. 岩土工程学报(4)：100-104.

房后国，刘娉慧，袁志刚，2007. 海积软土固结过程中微观结构变化特征分析[J]. 水文地质工程地质(2)：49-52，56.

房营光，2014. 土体强度与变形尺度特性的理论与试验分析[J]. 岩土力学，35(1)：41-47.

房营光，冯德銮，马文旭，等，2013. 土体介质强度尺度效应的理论与试验研究[J]. 岩石力学与工程学报(11)：2359-2367.

干蜀毅，陈长琦，朱武，等，2001. 扫描电子显微镜探头新进展[J]. 现代科学仪器(1)：47-49.

高国瑞，1990. 黄土湿陷变形的结构理论[J]. 岩土工程学报(4)：1-10.

龚晓南，熊传祥，项可祥，等，2000. 粘土结构性对其力学性质的影响及形成原因分析[J]. 水利学报(10)：43-47.

谷任国，2007. 软土流变的成分影响和渗流的离子效应研究[D]. 广州：华南理工大学.

谷任国，房营光，2006. 一种改进的土体直剪蠕变仪及应用[J]. 岩石力学与工程学报(S2)：3552-3558.

谷任国，房营光，2007. 矿物成分对软黏土流变性质影响的试验研究[J]. 岩土力学(12)：2681-2686.

谷任国，房营光，2008. 有机质和黏土矿物对软土流变性质影响的对比试验研究[J]. 华南理工大学学报 (自然科学版) (10)：31-36.

谷任国，房营光，2009. 极细颗粒黏土渗流的微电场效应试验分析[J]. 长江科学院院报(6)：21-23，27.

谷任国，房营光，2009. 有机质对软土流变性质影响的试验研究[J]. 土木工程学报(1)：101-106.

谷任国，房营光，2009. 极细颗粒黏土渗流离子效应的试验研究[J]. 岩土力学(6)：1595-1598，1603.

谷任国，房营光，梁建伟，2009. 膨润土对软黏土流变性质影响的试验研究[J]. 人民黄河(6)：97-99.

郭尚平，黄延章，周娟，等，1986. 物理化学渗流的微观机理[J]. 力学学报（S1）：45-50.

郭尚平，黄延章，周娟，等，1990. 物理化学渗流微观机理[M]. 北京：科学出版社.

过增元，2000. 国际传热研究前沿—微细尺度传热[J]. 力学进展（1）：1-6.

何俊，肖树芳，2003. 结合水对海积软土流变性质的影响[J]. 吉林大学学报（地球科学版）（2）：204-207.

何开胜，沈珠江，2003. 结构性土的微观变形和机理研究[J]. 河海大学学报（自然科学版）（2）：161-165.

何莹松，2013. 基于格子 Boltzmann 方法的多孔介质流体渗流模拟[J]. 科技通报（4）：118-120.

胡华，2005. 含水率对软土流变参数的影响特性及其机理分析[J]. 岩土工程技术（3）：134-136.

胡华，顾恒星，俞登荣，2008. 淤泥质软土动态流变特性与流变参数研究[J]. 岩土力学（3）：696-700.

胡冉，陈益峰，周创兵，2013. 考虑变形效应的非饱和土相对渗透系数模型[J]. 岩石力学与工程学报（6）：1279-1287.

胡瑞林，李向全，1995. 粘性土微结构定量模型及其工程地质特征研究[M]. 北京：地质出版社.

胡瑞林，王思敬，李向全，等，1999. 21 世纪工程地质学生长点：土体微结构力学[J]. 水文地质工程地质（4）：7-10.

胡欣雨，张子新，徐营，2009. 黏性土层中泥水盾构泥浆作用对开挖面土体强度和侧向变形特性影响研究[J]. 岩土工程学报（11）：1735-1743.

黄延章，于大森，2001. 微观渗流实验力学及其应用[M]. 北京：石油工业出版社.

黄镇国，李平日，张仲英，等，1982. 珠江三角洲形成发育演变[M]. 广州：科学普及出版社广州分社.

贾敏才，王磊，周健，2009. 砂性土宏细观强夯加固机制的试验研究[J]. 岩石力学与工程学报（S1）：3282-3290.

蒋明镜，白闰平，刘静德，等，2013. 岩石微观颗粒接触特性的试验研究[J]. 岩石力学与工程学报（6）：1121-1128.

蒋明镜，刘静德，孙渝刚，2013. 基于微观破损规律的结构性土本构模型[J]. 岩土工程学报（6）：1134-1139.

孔令伟，吕海波，汪稔，等，2002. 湛江海域结构性海洋土的工程特性及其微观机制[J]. 水利学报（9）：82-88.

孔祥言，1999. 高等渗流力学[M]. 合肥：中国科学技术大学出版社.

雷华阳，贺彩峰，仇王维，等，2016. 尺寸效应对吹填软土固结特性影响的试验研究[J].天津大学学报(自然科学与工程技术版)(1)：73-79.

李登伟，张烈辉，周克明，等，2008.可视化微观孔隙模型中气水两相渗流机理[J].中国石油大学学报(自然科学版)(3)：80-83.

李广信，2004.高等土力学[M].北京：清华大学出版社.

李建中，曾祥熹，2000.用内蕴时间理论进行土流变本构方程研究[J].探矿工程（岩土钻掘工程)(2)：1-3.

李舰，赵成刚，黄启迪，2012.膨胀性非饱和土的双尺度毛细-弹塑性变形耦合模型[J].岩土工程学报(11)：2127-2133.

李杰林，周科平，张亚民，等，2012.基于核磁共振技术的岩石孔隙结构冻融损伤试验研究[J].岩石力学与工程学报(6)：1208-1214.

李军世，2001.粘土蠕变—应力松弛耦合效应的数值探讨[J].岩土力学(3)：294-297.

李军世，林咏梅，2000.上海淤泥质粉质粘土的 Singh-Mitchell 蠕变模型[J].岩土力学(4)：363-366.

李克新，马婉莹，宋文龙，等，2016.基于彩色图像分割的孔隙度提取[J].仪表技术(3)：5-8，22.

李妙玲，齐乐华，李贺军，等，2009.炭/炭复合材料微观孔隙结构演化的分形特征[J].中国科学(E辑：技术科学)(5)：974-979.

李生林，1982.苏联对土中结合水研究的某些进展[J].水文地质工程地质(5)：52-55.

李文平，于双中，王柏荣，等，1995.煤矿区深部粘性土吸附结合水含量测定及其意义[J].水文地质工程地质(3)：31-34.

李向全，胡瑞林，张莉，2000.软土固结过程中的微结构变化特征[J].地学前缘(1)：147-152.

李兴照，黄茂松，王录民，2007.流变性软黏土的弹黏塑性边界面本构模型[J].岩石力学与工程学报(7)：1393-1401.

李学垣，1997.土壤化学及实验指导[M].北京：中国农业出版社.

梁健伟，2010.软土变形和渗流特性的试验研究与微细观参数分析[D].广州：华南理工大学.

梁健伟，房营光，2010.极细颗粒黏土渗流特性试验研究[J].岩石力学与工程学报(6)：1222-1230.

梁健伟，房营光，陈松，2009.含盐量对极细颗粒黏土强度影响的试验研究[J].岩石力学与工程学报(S2)：3821-3829.

刘超，蔡文华，陆玲，2015.图像阈值法分割综述[J].电脑知识与技术(1)：140-142，145.

刘培生，马晓明，2006.多孔材料检测方法[M].北京：冶金工业出版社.

刘娉慧，贾景超，杜雅峰，2015.低频循环荷载下海积软土蠕变特性试验研究[J].地下空间与工程学报(5)：1193-1198.

刘志军，夏唐代，黄睿，2015. Biot 理论与修正的 Biot 理论比较及讨论[J]. 振动与冲击 (4)：148-152，194.

卢刚，2019. 合肥地区老粘土流变特性研究[D]. 合肥：合肥工业大学.

吕海波，钱立义，常红帅，等，2016. 黏性土几种比表面积测试方法的比较[J]. 岩土工程学报(1)：124-130.

吕海波，赵艳林，孔令伟，等，2005. 利用压汞试验确定软土结构性损伤模型参数[J]. 岩石力学与工程学报(5)：854-858.

马国军，2007. 微纳米间隙流动的边界滑移及其流体动力学研究[D]. 大连：大连理工大学.

马驯，1993. 固结系数与固结压力关系的统计分析及研究[J]. 港口工程(1)：46-53.

毛昶熙，2003. 渗流计算分析与控制[M]. 北京：中国水利水电出版社.

孟昭福，张一平，郭仲义，2008. 有机修饰塿土表面特性的研究 I. CEC 和比表面[J]. 土壤学报(2)：370-374.

缪林昌，仲晓晨，殷宗泽，1999. 膨胀土的强度与含水量的关系[J]. 岩土力学(2)：71-75.

欧阳惠敏，卢力强，2008. 天津滨海新区固化软土强度与微结构特征研究[J]. 天津城市建设学院学报(3)：159-162.

潘天有，胡宝群，2004. 花岗岩风化物物理力学指标的概率统计分析[J]. 人民长江 (12)：40-41，46.

彭立才，蒋明镜，朱合华，等，2007. 珠海地区软土微观结构类型及定量分析研究[J]. 水利学报(S1)：687-690.

戚灵灵，王兆丰，杨宏民，等，2012. 基于低温氮吸附法和压汞法的煤样孔隙研究[J]. 煤炭科学技术(8)：36-39，87.

齐添，谢康和，胡安峰，等，2007. 萧山黏土非达西渗流性状的试验研究[J]. 浙江大学学报(工学版)(6)：1023-1028.

钱堃，李芳，文益民，2016. 基于颜色和空间距离的显著性区域固定阈值分割算法[J]. 计算机科学(1)：103-106，144.

邱长林，闫澍旺，孙立强，等，2013. 孔隙变化对吹填土地基真空预压固结的影响[J]. 岩土力学(3)：631-638.

邱正松，丁锐，于连香，1999. 泥页岩比表面积测定方法研究[J]. 钻井液与完井液 (1)：12-14.

任红林，杨敏，陈然，等，2003. Biot 二维固结问题的粘弹性解答[J]. 同济大学学报 (自然科学版)(5)：549-553.

邵俐，刘佳，丁勇，等，2014. 水泥固化镍污染土的强度和微观结构特性研究[J]. 水资源与水工程学报(2)：75-80.

申林方，王志良，李邵军，2014. 基于格子 Boltzmann 方法的饱和土体细观渗流场[J].
　　排灌机械工程学报(1)：883-887，893.

沈珠江，1996. 土体结构性的数学模型—21 世纪土力学的核心问题[J]. 岩土工程学报
　　(1)：95-97.

生态环境部，国家市场监督管理总局，2018. (GB 36600—2018) 土壤环境质量建设用
　　地土壤污染风险管控标准（试行）[S]. 北京：中国环境出版社.

盛骤，谢式千，潘承毅，2020. 概率论与数理统计[M].5 版. 北京：高等教育出版社.

施斌，1996. 粘性土微观结构研究回顾与展望[J]. 工程地质学报(1)：39-44

施斌，1997. 粘性土微观结构定向性的定量研究[J]. 地质学报(1)：36-44.

施斌，刘志斌，姜洪涛，2007. 土体结构系统层次划分及其意义[J]. 工程地质学报
　　(2)：145-153.

施斌，王宝军，宁文务，1997. 各向异性粘性土蠕变的微观力学模型[J]. 岩土工程学
　　报(3)：10-16.

施斌，李生林，1988. 击实膨胀土微结构与工程特性的关系[J]. 岩土工程学报(6)：
　　80-87.

侍倩，1998. 饱和软粘土蠕变特性试验研究[J]. 土工基础(3)：40-44.

孙钧，1993. 饱和软土流变属性在地基与地下工程中的应用研究[R]. 上海：同济大学
　　岩土工程研究所.

孙钧，1999. 岩土材料流变及其工程应用[M]. 北京：中国建筑工业出版社.

卡尔·塔萨奇，雷尔夫·皮·泼克，1960. 工程实用土力学[M]. 蒋彭年，译. 北京：
　　水利电力出版社.

拓勇飞，孔令伟，郭爱国，等，2004. 湛江地区结构性软土的赋存规律及其工程特
　　性[J].岩土力学，25(12)：1879-1884.

谭罗荣，孔令伟，2006. 特殊岩土工程土质学[M]. 北京：科学出版社.

谭罗荣，1983. 土的微观结构研究概况和发展[J]. 岩土力学(1)：73-86.

汤斌，2004. 软土固结蠕变耦合特性的试验研究与理论分析[D]. 武汉：武汉大学.

唐兴莉，2003. 土体物理力学参数及其关系的试验研究[J]. 重庆交通学院学报(4)：
　　68-71.

滕军林，熊传详，2007. 基于土结构性的软土流变试验研究[J]. 长沙大学学报(5)：
　　50-53.

童华炜，周龙翔，邓祎文，等，2007. 动力排水固结法在广州软土地基处理中的应
　　用[J].施工技术(7)：56-58，98.

王常明，1999. 海积软土微观结构定量化及固结模型研究[D]. 长春：吉林大学.

王德银，唐朝生，李建，等，2013. 纤维加筋非饱和黏性土的剪切强度特性[J]. 岩土

工程学报(10)：1933-1940.

王国欣，肖树芳，周旺高，2003. 原状结构性土先期固结压力及结构强度的确定[J].
　岩土工程学报(2)：249-251.

王军，曹平，赵延林，等，2013. 渗透固结作用下黏土坝基的时效变形和安全加固[J].
　中国安全科学学报(6)：116-121.

王丽，梁鸿，2009. 含水率对粉质粘土抗剪强度的影响研究[J]. 内蒙古农业大学学报
　(自然科学版)(1)：170-174，195.

王馨，张向军，孟永钢，等，2008. 微纳米间隙受限液体边界滑移与表面润湿性试
　验[J].清华大学学报(自然科学版)(8)：1302-1305.

王元战，焉振，2015. 循环荷载下天津软黏土不排水强度弱化模型研究及应用[J]. 天
　津大学学报(4)：347-354.

维亚洛夫，1987. 土力学的流变原理[M]. 杜余培，译. 北京：科学出版社.

魏汝龙，1993. 从实测沉降过程推算固结系数[J]. 岩土工程学报(2)：12-19.

吴承伟，马国军，周平，2008. 流体流动的边界滑移问题研究进展[J]. 力学进展(3)：
　265-282.

吴世明，陈龙珠，杨丹，1988. 周期荷载作用下饱和粘土的一维固结[J]. 浙江大学学
　报(自然科学版)(5)：65-75.

吴义祥，1991. 工程粘性土微观结构的定量评价[J]. 中国地质科学院院报(2)：
　143-151.

吴义祥，张宗祜，凌泽民，1992. 土体微观结构的研究现况评述[J]. 地质论评(3)：
　250-259.

吴玉辉，侯晋芳，闫澍旺，2011. 软土地基稳定性计算中抗剪强度指标的相关分析[J].
　水利学报(1)：76-80.

吴紫汪，马巍，蒲毅彬，等，1997. 冻土蠕变变形特征的细观分析[J]. 岩土工程学报
　(3)：4-9.

夏明耀，孙逸明，王大龄，1989. 饱和软粘土固结、蠕变变形和应力松弛规律[J]. 同
　济大学学报(3)：319-327.

谢定义，齐吉琳，1999. 土结构性及其定量化参数研究的新途径[J]. 岩土工程学报
　(6)：651-656.

谢康和，潘秋元，1995. 变荷载下任意层地基一维固结理论[J]. 岩土工程学报(5)：
　80-85.

谢宁，孙钧，1996. 上海地区饱和软粘土流变特性[J]. 同济大学学报(自然科学版)
　(3)：233-237.

徐红，龚时宏，赵树旗，等，2007.GCL柔性壁渗透仪测试过程中相关问题的探讨[J].
　灌溉排水学报(1)：37-40.

徐文彬，田喜春，侯运炳，等，2016. 全尾砂固结体固结过程孔隙与强度特性实验研究[J]. 中国矿业大学学报(2)：272-279.

许成顺，耿琳，杜修力，等，2016. 反压对土体强度特性的影响试验研究及其影响机理分析[J]. 土木工程学报(3)：105-111.

闫澍旺，封晓伟，2010. 天津港软黏土强度循环弱化试验研究及应用[J]. 天津大学学报(11)：943-948.

闫小庆，房营光，张平，2011. 膨润土对土体微观孔隙结构特征影响的试验研究[J]. 岩土工程学报(8)：1302-1307.

严春杰，唐辉明，孙云志，2001. 利用扫描电镜和 X 射线衍射仪对滑坡滑带土的研究[J]. 地质科技情报(4)：89-92.

严旭德，张帆宇，梁收运，等，2014. 石灰固化黄土的比表面积和离子交换能力研究[J]. 中山大学学报(自然科学版)(5)：149-154.

杨峰，宁正福，孔德涛，等，2013. 高压压汞法和氮气吸附法分析页岩孔隙结构[J]. 天然气地球科学(3)：450-455.

杨伟，王勇，2008. 应用排水固结法处理广州地铁鱼珠车辆段软基[J]. 路基工程(1)：77-79.

杨永明，鞠杨，王会杰，2010. 孔隙岩石的物理模型与破坏力学行为分析[J]. 岩土工程学报(5)：736-744.

叶为民，黄伟，陈宝，等，2009. 双电层理论与高庙子膨润土的体变特征[J]. 岩土力学(7)：1899-1903.

易田芳，向勇，刘杰，等，2021. 乙酸铵静置交换测定土壤阳离子交换量的方法优化[J]. 化学试剂(4)：505-509.

袁静，龚晓南，益德清，2001. 岩土流变模型的比较研究[J]. 岩石力学与工程学报(6)：772-779.

张诚厚，1983. 两种结构性粘土的土工特性[J]. 水利水运科学研究(4)：65-71.

张功新，2006. 真空预压加固大面积超软弱吹填淤泥土试验研究及实践[D]. 广州：华南理工大学.

张光澄，2004. 实用数值分析[M]. 成都：四川大学出版社.

张礼中，胡瑞林，李向全，等，2008. 土体微观结构定量分析系统及应用[J]. 地质科技情报(1)：108-112.

张敏江，阎婧，初红霞，2005. 结构性软土微观结构定量化参数的研究[J]. 沈阳建筑大学学报（自然科学版）(5)：37-41.

张明鸣，李荣玉，张剑，等，2011. 淤泥土细观渗透固结实验研究[J]. 水运工程(4)：140-144.

张咸恭，王思敬，张倬元，等，2000. 中国工程地质学[M]. 北京：科学出版社.

张雪东，赵成刚，刘艳，2010. 变形对非饱和土渗透系数影响规律模拟研究[J]. 工程地质学报(1)：132-139.

张银屏，宫全美，董月英，2005. 软土抗剪强度随固结度变化的试验研究[J]. 岩土工程界，8(2)：37-40.

张振南，葛修润，2012. 一种新的岩石多尺度本构模型：增强虚内键模型及其应用[J]. 岩石力学与工程学报(10)：2037-2041.

张征，刘淑春，鞠硕华，1996. 岩土参数空间变异性分析原理与最优估计模型[J]. 岩土工程学报(4)：43-50.

张志红，李红艳，师玉敏，2014. 重金属 Cu^{2+} 污染土渗透特性试验及微观结构分析[J]. 土木工程学报(12)：122-129.

张中琼，王清，张泽，等，2014. 吹填土固结过程中结构与物理性质变化[J]. 天津大学学报(自然科学与工程技术版)(6)：504-511.

章毓晋，2001. 图像分割[M]. 北京：科学出版社.

赵莉，2015. 乙酸铵交换法测定土壤阳离子交换量的不确定度评定研究[J]. 环境科学与管理(10)：146-149.

赵明华，肖燕，陈昌富，2004. 软土流变特性的室内试验与改进的西原模型[J]. 湖南大学学报(自然科学版)(1)：48-51，70.

赵维炳，施建勇，1996. 软土流变理论及其在排水预压加固分析中的应用[J]. 水利水电科技进展(3)：12-17.

赵志远，2003. 考虑土体结构性的修正邓肯—张模型[D]. 杭州：浙江大学.

郑刚，颜志雄，雷华阳，等，2009. 天津市区第一海相层粉质黏土卸荷路径下强度特性的试验研究[J]. 岩土力学(5)：1201-1208.

钟映春，谭湘强，杨宜民，2001. 微流体力学几个问题的探讨[J]. 广东工业大学学报(3)：46-48.

周翠英，林春秀，刘祚秋，等，2004. 基于微观结构的软土地基加固效果评价[J]. 中山大学学报(自然科学版)(5)：20-23.

周翠英，牟春梅，2005. 软土破裂面的微观结构特征与强度的关系[J]. 岩土工程学报(10)：1136-1141.

周晖，2013. 矿物成分对软土强度性质的影响分析[J]. 工业建筑(7)：61-64.

周晖，2013. 珠江三角洲软土显微结构与渗流固结机理研究[D]. 广州：华南理工大学.

周晖，房营光，曾铖，2010. 广州饱和软土固结过程微孔隙变化的试验分析[J]. 岩土力学(S1)：138-144.

周晖，房营光，曾铖，等，2010. 分区域阈值法在软土微结构分析中的应用[J]. 人民黄河(4)：122-123，125.

周晖，房营光，梁健伟，等，2015. 微电场效应对土体渗透特性的影响[J]. 桂林理工大学学报(4)：845-849.

周建，邓以亮，曹洋，等，2014. 杭州饱和软土固结过程微观结构试验研究[J]. 中南大学学报(自然科学版)(6)：1998-2005.

周宇泉，胡昕，洪宝宁，等，2006. 从微细结构方面解释某黏性土压缩特性的差异[J]. 水利水电科技进展(1)：31-33，36.

朱长歧，郭见杨，1990. 粘土流变特性的再认识及确定长期强度的新方法[J]. 岩土力学(2)：15-22.

邹立芝，潘俊，杨昌兵，等，1994. 含水层水力参数的尺度效应研究现状[J]. 长春地质学院学报(1)：66-69.

ABDULJAUWAD S N, AL-AMOUDI O S B, 1995. Geotechnical Behaviour of Saline Sabkha Soils[J]. Géotechnique(3)：425-445.

ADACHI T, OKA F, ZHANG F, 1998. An Elasto-visco Plastic Constitutive Model with Strain Softening[J]. Soils and Foundations(2)：27-35.

ADLEMAN L M, 1994. Molecular Computation of Solution to Combinatorial Problems[J]. Science (5187)：1021-1024.

AGUS S S, LEONG E C, SCHANZ T, 2003. Assessment of Statistical Models for Indirect Determination of Permeability Functions from Soil-water Characteristic Curves[J]. Géotechnique(2)：279-282.

AL-AMOUDI O S B, ABDULJAUWAD S N, 1995. Compressibility and Collapse Characteristics of Arid Saline Sabkha Soils[J]. Engineering Geology(3-4)：185-202.

ARNEPALLI D N, SHANTHAKUMAR S, RAO B H, et al, 2008. Comparison of Methods for Determining Specific-surface Area of Fine-grained Soils[J]. Geotechnical and Geological Engineering：121-132.

AYLMORE G, QUIRK, J P, 1960. The Structure Status of Clay Systems[J]. Clays and Clay Minerals(1)：104-130.

BALIGH M M, LEVADOUX J N, 1978. Consolidation Theory for Cyclic Loading[J]. Journal of the Geotechnical Engineering Division, ASCE(4)：415-431.

BATDORF S B, BUDIANSKI B, 1949. A Mathematical Theory of Plasticity Based on the Concept of Slip[R]. Washington, D. C：NASA.

BAŽANT Z P, ANSAL A M, KRIZEK R J, 1979. Visco-plasticity of Transversely Isotropic Clays[J]. Journal of Engineering Mechanics Division(4)：549-565.

BIOT M A, 1955. Theory of Propagation of Elastic Waves in a Fluid-Saturated Porous Solid. I. Low Frequency Range. II. Higher Frequency Range[J]. The Journal of the Acoustical Society of America(182)：168-191.

BISHOP A W, ALPAN L, BLIGHT G E, et al, 1960. Proceedings of the Research

Conference on Shear Strength of Cohesive Soils, June 1960 [C]. New York : American Society of Civil Engineers.

BOOKER J R, SMALL J C, 1977. Finite Element Analysis of Primary and Secondary Consolidation[J]. International Journal of Solids and Structures (2): 137-149.

BOOKER J R, SMALL J C, 2010. A Method of Computing the Consolidation Behaviour of Layered Soils Using Direct Numerical Inversion of Laplace Transforms[J]. International Journal for Numerical & Analytical Methods in Geomechanics(4): 363-380.

BROOKS R H, COREY A T, 1964. Hydraulic Property of Porous Media[R]. Fort Collins: Colorado State University.

CAMPBELL S E, LUENGO G, SRDANOV V I, et al, 1996. Very Low Viscosity at the Solid-liquid Interface Induced by Absorbed C60 Monolayers[J]. Nature: 520-522.

CASAGRANDE A, 1932. The Structure of Clay and Its Importance in Foundation Engineering[J]. Boston Society Civil Engineers Journal(4): 168-209.

CERATO A B, LUTENEGGERL A J, 2002. Determination of Surface Area of Fine-grained Soils by the Ethylene Glycol Monoethyl Ether(egme) Method[J]. Geotechnical Testing Journal(3) : 315-321.

CHIAPPONE A, MARELLO S, SCAVIA C, et al, 2004. Clay Mineral Characterization through the Methylene Blue Test: Comparison with Other Experimental Techniques and Applications of the Method[J]. Canadian Geotechnical Journal(6) : 1168-1178.

CHILDS E C, COLLIS-GEORGE G N, 1950. The Permeability of Porous Materials[J]. Proceedings of the Royal Society A(1066): 392-405.

CHO J H J, LAW B M, RIEUTORD F, 2004. Dipole-dependent Slip on Newtonian Liquids at Smooth Solid Hydrophobic Surfaces [J]. Physical Review Letters(16) .

CHURAEV N V, SOBOLEV V D, SOMOV A N, 1984. Slippage of Liquids over Lyophobic Solid Surfaces[J]. Journal of Colloid & Interface Science (2): 574-581.

CRAIG V S J, NETO C, WILLIAMS D R M, 2001. Shear-dependent Boundary Slip in an Aqueous Newtonian Liquid[J]. Physical Review Letters(5): 603-604.

CUISINIER O, LALOUI L, 2005. Unsaturated Soils: Experimental Studies [M]. Berlin: Springer Proc. in Physics.

CUNDALL P A, STRACK O D L, 1979. A Discrete Numerical Model for Granular Assemblies [J]. Géotechnique(1): 47-65.

DAFALIAS Y F, 1982. On Rate Dependence and Anisotropy in Soil Constitutive Modeling[R]. Paris, Results of the Int. Workshop on Constitutive Relations for Soil: 79-83.

DANILATOS G D, 2011. Review and Outline of Environmental SEM at Present[J].

Journal of Microscopy(3): 391-402.

ENGLAND G L, HUSSEY M J L, GIBSON R E, 1967. The Theory of One-Dimensional Consolidation of Saturated Clays: I, Finite Nonlinear Consolidation of Thin Homogeneous Layers[J]. Géotechnique(3): 261-273.

FREDLUND D G, MORGENSTERN N R, WIDGER R A, 1978. The Shear Strength of Unsaturated Soils[J]. Canadian Geotechnical Journal (3): 313-321.

FRIEDMAN S P, 2005. Soil Properties Influencing Apparent Electrical Conductivity: A Review[J]. Computers & Electronics in Agriculture(1-3): 45 - 70.

GHILARDI P, KAI A K, MENDUNI G, 1993. Self-similar Heterogeneity in Granular Porous Media at the Representative Elementary Volume Scale[J]. Water Resources Research(4): 1205-1214.

GRANICK S, ZHU Y X, LEE H J, 2003. Slippery Questions about Complex Fluids Flowing Past Solids[J]. Nature Materials: 221-227.

HEFTER G, MAY P M, SIPOS P, et al, 2003. Viscosities of Concentrated Electrolyte Solutions[J]. Journal of Molecular Liquids(103-104): 261-271.

HERVET H, LÉGER L, 2003. Flow with Slip at the Wall: from Simple to Complex Fluids[J]. Comptes Rendus Physique(2): 241-249.

HUANG P, BREUER K S, 2007. Direct Measurement of slip length in electrolyte solutions[J]. Physics of Fluids(02) .

JAYADEVA M S, SRIDHARAN A, 1982. Double Layer Theory and Compressibility of Clays[J]. Géotechnique(2): 133-144.

JU F, LI M, ZHANG J X, et al, 2014. Construction and Stability of an Extra-large Section Chamber in Solid Backfill Mining[J]. International Journal of Mining Science and Technology(6): 763-768.

KEEDWELL M J, 1984. Rheology and Soil Mechanics[M]. London: Elsevier Applied Science Publishers.

LAKE C B, ROWE R K, 2000. Diffusion of Sodium and Chloride through Geosynthetic Clay Liners[J]. Geotextiles and Geomembranes(2-4): 103-131.

LAMBE T W, 1958. The Structure of Compacted Clay [J]. Journal of Soil Mechanics and Foundation Division, ASCE(2): 1-35.

LI L, AUBERTIN M, 2014. An Improved Method to Assess the Required Strength of Cemented Backfill in Underground Stopes with An Open Face[J]. International Journal of Mining Science and Technology, (4): 549-558.

LOW P F, 1961. Physical Chemistry of Clay-water Interaction[J]. Advances in Agronomy: 269-327.

MARCIAL D，DELAGE P，CUI Y J，2011. On the High Stress Compression of Bentonites[J]. Canadian Geotechnical Journal(4)：812-820.

MCNAMME J，GIBSON R E，1960. Displacement Function and Linear Transforms Applied to Diffusion Through Porous Elastic Media[J]. The Quarterly Journal of Mechanics and Applied Mathematics(1)：98-111.

MITCHELL J K，1993. Fundamentals of Soil Behavior[M]. 2nd ed. New York：John Wiley & Sons，Inc. .

MUALEM Y，1976. A New Model for Predicting the Hydraulic Conductivity of Unsaturated Porous Media[J]. Water Resources Research(3)：513-522.

NETO C，EVANS D R，BONACCURSO E，et al，2005. Boundary Slip in Newtonian Liquids：a Review of Experimental Studies[J]. Reports on Progress in Physics(12)：2859-2898.

NEUMAN S P，1990. Universal Scaling of Hydraulic Conductivities and Dispersivities in Geologic Media[J]. Water Resources Research(8)：1749-1758.

OU J，PEROT B，ROTHSTEIN J P，2004. Laminar Drag Reduction in Microchannels Using Ultra Hydrophobic Surfaces[J]. Physics of Fluids(12)：4635-4643.

PRATIBHA L G，1997. In-situ Microscopy in Materials Research：Leading International Research in Electron and Scanning Probe Microscopies[M]. Boston：Kluwer Academic Publishers.

RENDULIC L，2021. Porenziffer und Porenwasserdruck in Tonen[J]. Der Bauingenieur：559-564.

SANDHU R S，WILSON E L，1969. Finite Element Analysis of Seepage in Elastic Media[J]. Journal of the Engineering Mechanics Division(3)：641-652.

SHEAR D L，OLSEN H W，NELSON K R，1992. Effects of Desiccation on the Hydraulic Conductivity Versus Void Ratio Relationship for A Natural Clay[J]. Transportation Research Record：130-135.

SHENG D C，FREDLUND D D，GENS A，2008. A New Modeling Approach to Unsaturated Soils Using Independent Stress Variables[J]. Canadian Geotechnical Journal(4)：511-534.

SHI J B，MALIK J，2000. Normalized Cuts and Image Segmentation[J]. IEEE Transactions on Pattern Analysis and Machine Intelligence(8)：888-905.

SKEMPTON A W，1964. Long-term Stability of Clay Slopes[J]. Géotechnique(2)：77-102.

SMART P，1967. Soil Structure，Mechanical Properties and Electron-microscopy[D]. Cambridge：University of Cambridge.

SMART R，BAI X，1997. Change in Microstructure of Kaolin in Consolidation and Undrained Shear[J]. Géotechnique(5)：1009-1017.

TANAKA H，SHIWAKOTI D R，OMUKAI N，et al，2003. Pore Size Distribution of Clayey Soils Measured by Mercury Intrusion Porosimetry and Its Relation to Hydraulic Conductivity[J]. Journal of The Japanese Geotechnical Society of Soils and Foundations，43(6)：63-73.

TAYLOR D W，MERCHANT W A，1940. Theory of Clay Consolidation Accounting for Secondary Compression[J]. Journal of Mathematics and Physics(1-4)：167-185.

TERZAGHI K，1925. Erdbaumechanik Auf Bodenphysikalischer Grundlage[M]. Leipzig：Deuticke.

VINOGRADOVA O I，1999. Slippage of Water over Hydrophobic Surfaces[J]. International Journal of Mineral Processing (1)：31-60.

VYALOV S S，1986. Rheological Fundamentals of Soil Mechanics[M]. Amsterdam：Elsevier Applied Science Publishers.

WEBER L J，NEUGEBAUER H，1928. Theoretische Betrachtungen über Das Traube-Whangsche Phänomen[J]. Zeitschrift für Physikalische Chemie(1)：161-168.

WEN B P，AYDIN A，2003. Microstructural Study of a Natural Slip Zone：Quantification and Deformation History[J]. Engineering Geology：289-317.

YIMSIRI S，SOGA K，2002. Micromechanics- based Stress- strain Behavior of Soils at Small Strains [J]. Géotechnique (5)：559-571.

ZHOU G L，WU J J，MIAO Z Y，et al，2013. Effects of Process Parameters on Pore Structure of Semi-coke Prepared by Solid Heat Carrier with Dry Distillation[J]. International Journal of Mining Science and Technology(3)：423-427.